电能质量讲座

林海雪 编著

中国电力出版社
CHINA ELECTRIC POWER PRESS

内 容 提 要

电能质量关系到国民经济的总体效益，日益引起广泛关注。为了使电能质量专业和管理人员获得必要的基础知识，以便尽快掌握相关技能，特编写了本书。

本书从 10 个方面对电能质量进行了系统全面的介绍，包括电能质量的基本概念、电能质量的重要性、电能质量的影响、电能质量干扰源的特性、敏感性负荷的供电问题、电能质量主要标准、改善电能质量的技术措施、电能质量测量、电能质量的经济评估、电功率理论的概况与发展。

本书深入浅出、逻辑清晰，每个章节自成体系，又彼此呼应，适合作为电能质量专业和管理人员的培训教材，也适合作为高等院校电气专业师生的参考书。

图书在版编目（CIP）数据

电能质量讲座 / 林海雪编著. —北京：中国电力出版社，2017.1

ISBN 978-7-5123-8136-0

Ⅰ. ①电… Ⅱ. ①林… Ⅲ. ①电能-质量 Ⅳ. ①TM60

中国版本图书馆 CIP 数据核字（2016）第 130467 号

中国电力出版社出版、发行

（北京市东城区北京站西街 19 号 100005 http://www.cepp.sgcc.com.cn）

北京九天众诚印刷有限公司印刷

各地新华书店经售

*

2017 年 1 月第一版 2017 年 1 月北京第一次印刷

710 毫米×980 毫米 16 开本 15.625 印张 241 千字

印数 0001—1500 册 定价 **75.00** 元

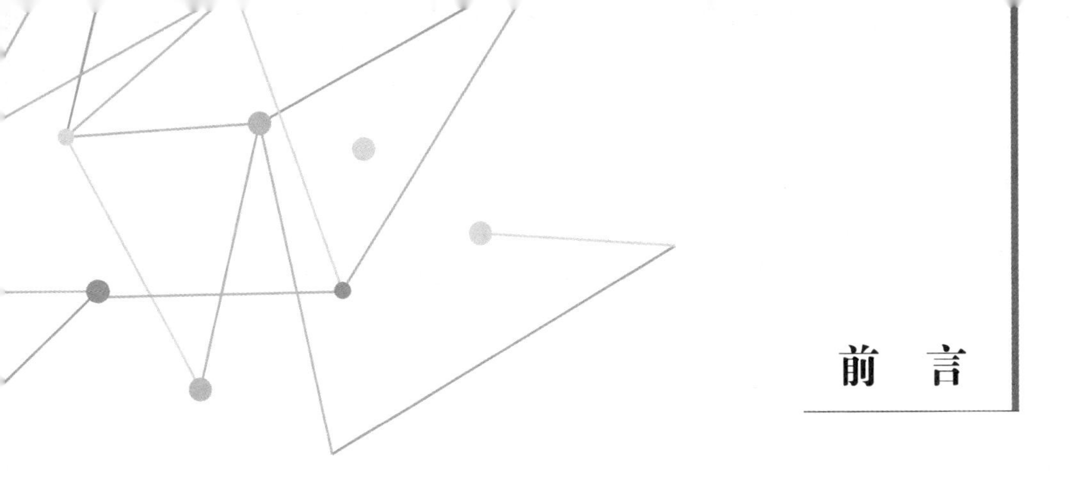

前 言

现今社会的发展对电力的需求正在迅速增长。与此同时，对电能质量的要求也越来越高，这是由于现代电网负荷的结构发生了“质”变：一方面非线性和冲击性负荷比重不断增加，这些负荷对供电系统电能质量造成了严重的污染，恶化了电气设备的电磁环境；另一方面，以微电子控制技术为核心的现代高度自动化和智能化的电气设备、新型的电力电子装置和 IT 产业对电能质量的变化十分敏感。许多电能质量问题会导致产品质量的下降，生产流程的中断，甚至产品报废、设备损坏，给用户造成巨大的损失。实际上，目前电能质量已经关系到国民经济的总体效益了。

当前国内外的经济形势、能源形势正在发生深刻的变化，面对新形势、新挑战，国家电网公司根据我国的能源结构、资源和用电负荷分布的特点，加速开发以风电为代表的清洁能源，提出了建设以特高压电网为骨架、各级电网协调发展，以信息化、自动化、互动化为特征的坚强智能电网的战略目标。围绕这个宏伟目标，电力建设各方面工作正在加快前进的步伐，而保障电能质量将面临更为严峻的挑战。

本书的内容涉及以下 10 个方面：① 电能质量的基本概念；② 电能质量的重要性；③ 电能质量的影响；④ 电能质量干扰源的特性；⑤ 敏感性负荷的供电问题；⑥ 电能质量主要标准；⑦ 改善电能质量的技术措施；⑧ 电能质量测量；⑨ 电能质量的经济评估；⑩ 电功率理论的概况与发展。

电能质量问题是一个覆盖诸多技术领域的系统工程，需要各级电力企业、相关电力用户、科研、设计、制造企业以及管理部门协同努力。为此，对广大电气技术人员普及电能质量知识是十分必要的。编写本书的目的是使参与电能质量工作的员工获得必要基础知识，以便尽快掌握相关专业技能，提高工作水平。因此，本书可以作为电能质量的入门培训教材。本书从应用角度出发，结合作者对相关问题的研究心得，尽量全面反映电能质量基本技术概况，同时力图跟踪最新动态，对从事电能质量专业技术人员或高等院校相关专业的师生也是有参考价值的。

由于编者的水平有限，书中的不足之处在所难免，敬请读者批评指正。

作　者

2016 年 9 月

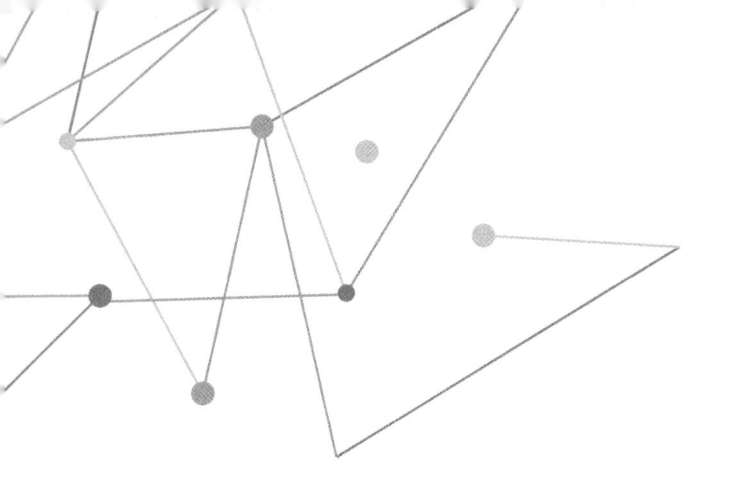

目　录

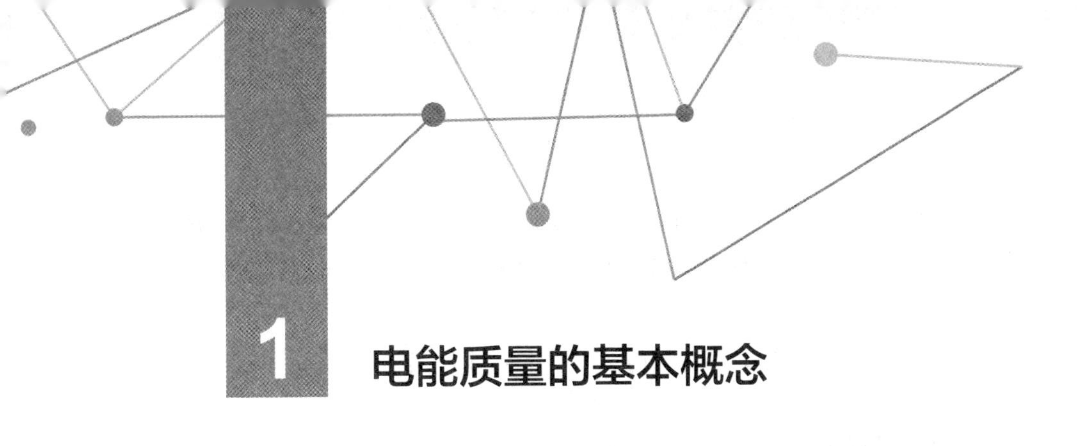

1 电能质量的基本概念

1.1 电力系统的组成

电力系统主要有五个组成部分：发电机、变压器、输电线、配电网及负荷，或者说，发电厂中发电机所产生的电力（电功率），升压后经过输电线送出，而后降压由配电网把电力分配到电能用户（负荷），这样的一个统一整体叫作电力系统。用一个简单的线路图来表示电力系统，如图 1–1 所示。

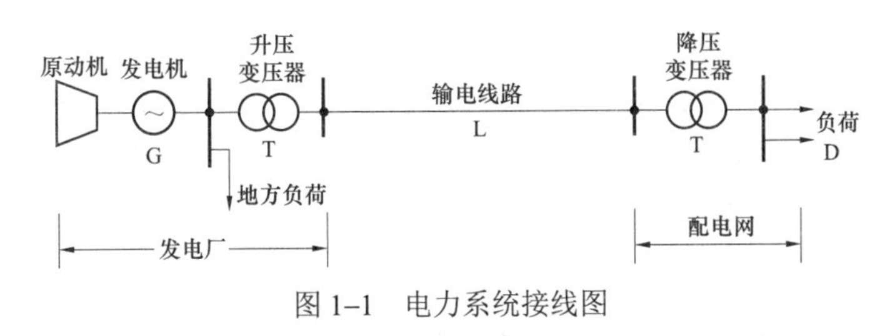

图 1–1　电力系统接线图

发电厂的基本任务是通过原动机和发电机把一次能源转变成电能（这里指的是常规的发电方式）。现在我国用于发电的能源（即原动机的消耗）主要是火力（煤炭、天然气、石油等）、水力和核能，其他如地热、风力、生物质、太阳能、潮汐、波浪、电池等分布式能源比例还很小（发电量不到 2%），目前尚处于大力发展阶段。

以上概述的电力系统五个组成部分构成了电力系统的躯干，叫做“一次系统”。电力系统在运行中需要对其状态工况进行测量、监视和调控以保证供电的质量。另外电力系统在运行中经常要进行运行操作（例如启停发电机、切换变压器、投切线路等），同时也不可避免要发生事故或异常，引起过（或低）电压或大电流，以致损坏电力设备，中断对用户供电。因此，电力系统中设有调度、通信以及保护和自动控制装置。这些都是电力系统不可缺少的组成部分，通常叫做“二次系统”。电力系统是由一、二次系统组成的特殊电磁环境，其中存在着多种电磁现象和相互作用。

1.2 电力系统运行特点

1.2.1 功率平衡

电能与其他能量不同，一般不能大量储存，其生产过程是连续的，发、输、变、配电与用电在同一瞬间进行并完成。电力系统输送电能过程一定服从能量守恒定律。具体表现为有功功率平衡和无功功率平衡。

电力系统中所有发电机的有功功率之和，与所有连接的有功负荷及所有电网元件中有功功率损耗之和相等。有功负荷是指将电能转换为其他形式能量的用电设备。例如：电动机可将电能转换为机械能；电热设备可将电能转化为热能（电网的有功功率损耗也包括在内）；电解设备可将电能转换为化学能；照明设备可将电能转换为光能等。

电力系统中所有发出的无功功率之和，与所有无功负荷（包括所有电网元件中无功功率损耗）之和相等。无功负荷一般指需要感性功率（建立磁场用）的设备，例如电动机、变压器、线路电感、串并联电抗器等，而发出的无功功率则指容性功率（建立电场用），即由发电机、调相机（包括同步电动机）、并联和串联电容器、电气设备或线路电容等产生。无功功率平衡是电力系统内部磁场和电场能量的交换，并没有将电能转换为其他形式的能量，故而称之为“无功”。电磁能量的变换只存在于交流电网中，当电流瞬时为零时，磁场消失；而当电压为零时，电场消失。因而无功功率平衡是交流电网的一种特殊能量平衡形式。在不加任何补偿装置条件下（即只是由发电机提供无功功率），电网自然无功负荷系数$k=\dfrac{Q_{\mathrm{M}}}{P_{\mathrm{M}}}\approx 1\sim 1.4$，式中$Q_{\mathrm{M}}$为无补偿时的最大无功负荷；$P_{\mathrm{M}}$为最大有功负荷。一般电网中发电机的功率因数为 0.8～0.9，也就是发电的无功功率比有功功率小，因此电网中必须增加无功补偿设备，以维持正常无功功率平衡。

1.2.2 功率平衡对频率和电压的影响

电力系统运行中一般因负荷不断地变化以及各种扰动而使功率平衡发生

变化。有功负荷的变化（或发电机有功功率的变化）将引起系统频率波动（这是由于原动机功率不能马上改变，变化负荷的能量只能由系统转动的动能提供），不断地使有功功率在某一新的频率上达到平衡。据研究，频率降低 1%时，有功负荷变化约减小 1%～2%。但频率不能偏离标称值（50Hz）过大，为了恢复到正常频率，电力系统通过调节装置（调速器和频率调节器）作用，使原动机增加输入量（例如，在火电厂中增加蒸汽的输入量，加大汽轮机出力），从而增加了发电机的有功功率，使系统频率恢复正常。这个过程约需几十秒时间。为了减小负荷变化引起的频率波动，就应使负荷变化量相对于系统容量的比例很小。因此电力系统总体上是向高电压、大容量发展。现代大电力系统（例如我国的东北、华北、华东、华中、西北以及南方电网系统）频率对标称值 50Hz 的偏差一般能控制在±0.1Hz 以内。

无功功率的平衡影响系统的电压水平。负荷的无功功率是随电压降低而减少的，一般综合负荷的无功功率—电压静特性如图 1–2 中实线所示。正常运行在 Q_n 和 U_n 位置，从图可以看出，要想保持负荷端电压水平，就得向负荷供应所需要的无功功率，当供应不足时，负荷端电压将被迫降低，如图中的 Q_1 和 U_1 所示。当无功负荷增加时，无功负荷的电压静特性要平行上移，如图中虚线所示。但如果系统对负荷所供应的无功功率不能相应地增加 ΔQ，则负荷端电压也将被迫降低，如图中的 U_2。

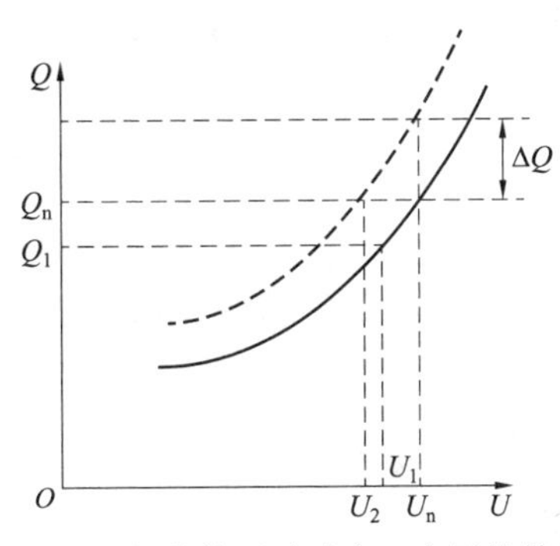

图 1–2　负荷的无功功率—电压静特性

由此可知，电力系统的无功功率必需保持正常的平衡，即正常发出的无功功率要与无功负荷（即负荷吸收的无功功率）需求（包括无功损耗）平衡，这是维持电力系统电压水平的必要条件。

1.2.3　运行状态变化的多样性、复杂性和传播的快速性

电力系统运行状态处在经常变动之中，其首要原因是用电负荷是变化的。由于用电负荷容量不同，性能各异，其变化直接影响系统有功功率和无功功率的平衡，从而引起电网频率和电压的各种变化。另外，电网中运行操作（投切线路、变压器，开停机组等）是经常发生的，各种事故和雷击等也

是不可避免的。所有这些，我们均称为对电网的扰动。扰动必然要破坏正常的功率平衡。只有电网恢复正常平衡才能保持合格的供电频率和电压。恢复期间有一个暂态过程。暂态过程的快慢取决于扰动的性质、大小以及电网参数和运行调控手段。一般暂态过程相当迅速。电磁暂态过程将在毫秒级甚至微秒级时间内完成，而短路、开关切换、发电机振荡和系统丧失稳定的过程，则在几个周波至几秒内完成[1]。由于整个电网通过线路、变压器等元件连在一起，因此某处的扰动或暂态会迅速传播到别处。特别是近区电网首当其冲，会受到显著的影响。在电网参数不利的配合下，甚至某些远处供电点也会受到严重波及，可能会大大降低其供电性能（电压状态），使用电设备受到损伤。

1.2.4 运行可靠性和供电连续性

电力是国民经济的命脉，它和工农业生产、国防、信息产业、交通和日常生活等都密切相关，电力的这一特点就要求电网能够保证足够高的运行可靠性和供电连续性。考虑到电能生产、使用的同时性和可变性，因此系统的各元件（发电机、变压器和线路等）应具有经济上合理的备用容量，同时要求电力系统的发展应超前于国民经济其他部门的发展。据国际上统计，1kWh（一度）电能可以创造比电能自身价值高 44 倍的产值[2]，因此缺电或停电给国民经济带来的损失绝不能仅仅用电能费用来衡量。

1.3 电力系统中的电磁现象

电力系统中的各种电气设备通过电的或磁的关系彼此紧密相联，相互影响。由于运行方式的改变、开关操作、故障、雷击等引起电磁振荡会很快（以μs、ms 和 s 计）波及很多电气设备，使其工作受到影响或遭到破坏，甚至危及人体的健康。即使在正常运行状态下，某些整流及非线性设备产生的谐波、冲击负荷引起的电压波动和闪变、单相负荷造成电压不平衡也会危害其他设备。因此，电力系统内部存在着大量的电磁兼容问题，所有一次回路都面对非常复杂的高电压、强电磁环境，而一次回路中开关操作、雷电流及短路电流在接地网上引起的电位升高，甚至二次回路的操作通过电缆之间的电磁耦合，都会对二次回路产生干扰。电力系统中存在大量的电场干扰、磁场干扰、静电干扰以及谐波、电压波动和闪变、不平衡、电压暂降和短时中断、过电压、频率变化等传导性干扰，均可能造成一次设备以及微机保护、综合自动化系统和调度自动化系统等二次设备异常或故障，特别是二次装置系统大都是以微电子元件为核心，对电磁干扰十分敏感。同时这些干扰会对用电设备、IT 产业及现代自动化生产线的正常工作带来威胁，可能造成巨大的损失。

电能质量的研究以电力系统中的电磁现象为基础。国际电工委员会（IEC）把电磁现象按其来源和频率分成如下几大类[3]：

（1）低频传导现象：谐波、间谐波（或谐间波），信号电压，电压波动，电压暂降和短时中断，电压不平衡，电源频率变化，低频感应电压，交流电网中的直流。

（2）低频辐射现象：磁场、电场。

（3）高频传导现象：感应连续波（CW）电压和电流、单向瞬态、振荡瞬态。

（4）高频辐射现象：磁场、电场、电磁场（连续波、瞬态）。

（5）静电放电（ESD）现象。

（6）核电磁脉冲（NEMP）。

美国 IEEE 标准协调委员会（IEEE SCC22）提出电力系统电磁现象的分类，如表 1-1 所列[4]。

表 1-1　　　　电力系统电磁现象的分类和典型特征

种　类		典型频谱成分	典型持续时间	典型电压幅值
电磁冲击瞬态	ns 级 μs 级 ms 级	5ns 上升 1μs 上升 0.1ms 上升	＜50ns 50ns～1ms ＞1ms	
电磁振荡瞬态	低频 中频 高频	＜5kHz 5～500kHz 0.5～5MHz	0.3～50ms 20μs 5μs	0～4p.u.① 0～8p.u. 0～4p.u.
瞬时电压变动（rms）	暂降 暂升		0.5～30 周波 0.5～30 周波	0.1～0.9p.u. 1.1～1.8p.u.
暂时电压变动（rms）	中断 暂降 暂升		0.5 周波～3s 30 周波～3s 30 周波～3s	＜0.1p.u. 0.1～0.9p.u. 1.1～1.4p.u.

续表

种　　类		典型频谱成分	典型持续时间	典型电压幅值
短时电压变动（rms）	中断 暂降 暂升		3s～1min 3s～1min 3s～1min	<0.1p.u. 0.1～0.9p.u. 1.1～1.2p.u.
长期电压变动（rms）	持续中断 欠电压 过电压 过电流		>1min >1min >1min >1min	0.0p.u. 0.8～0.9p.u. 1.1～1.2p.u.
不平衡	电压		稳态	0.5%～2%
	电流		稳态	1.0%～30%
波形畸变	直流偏移		稳态③	0～0.1%
	谐波	0～9kHz	稳态③	0～20%
	间谐波	0～9kHz	稳态③	0～2%
	缺口		稳态③	
	噪声	宽带	稳态③	0～1%
电压波动		<25Hz	间歇	0.1%～7% 0.2～2 P_{st}②
工频变动			<10s	

① 本表中 p.u.为标幺值，对于瞬态，以标称峰值为基值；对于方均根值（rms，或称有效值），以标称 rms 为基值。所谓“标称”，一般指“标称电压”。

② 闪变指标 P_{st} 在 IEC61000–4–15 中定义。

③ 表中所谓的“稳态”是指经常存在，不是恒定不变。

对于表 1–1 中列出的各种现象，可以进一步用其适当的属性来描述。对于稳态现象，可利用以下属性来描述：幅值、频率、频谱、调制、电源阻抗、缺口深度、缺口面积；对于非稳态现象，可能需要另外一些属性来描述：上升率、幅值、持续时间、频谱、频率、发生率、能量、电源阻抗等。

1.4　电能质量的定义

迄今为止，对电能质量的技术含义还存在着不同的看法。

什么是电能质量？这一研究领域的许多文献和报告中使用过的相关术语如下：① 电压质量（voltage quality）即用实际电压与理想电压间的偏差（应理解为广义偏差，即包含幅值、波形、相位等），反映供电企业向用户供给的电力是否合格。此定义虽然能表达电能质量实质，但不直接反映用电（电流）对质量的影响。② 电流质量（current quality）即对用户取用电流提出恒定频率、正弦波形要求，并要求电流波形与供电电压同相位，以保证系统以高功率因数运行。这个术语有助于用电质量的改善，并降低线损，但不能概括基本上由电压原因造成的质量问题，而后者并不总是由用电造成的。③ 供电质量（quality of supply）应包含技术含义和非技术含义两部分：技术含义有电压质量和供电可靠性；非技术含义是指服务质量（quality of service），包括供电企业对用户投诉的及时处理和电能价格的合理性、透明度等。④ 用电质量（quality of consumption）应包括电流质量和非技术含义，如用户是否遵守用电规则、是否按时缴纳电费等，它反映用电方的责任和义务。

需指出，“power”一词通常译为“功率”“电力”“电源”等，在国家标准中将“power quality”和“电能质量”相对应，是考虑到电能作为商品在市场上流通，其质量问题和国际上这个术语（power quality）的含义，是完全吻合的，尽管国内不少文献资料中仍有用“电力质量”“电源质量”等不太规范的译法。

IEEE 标准协调委员会（SCC22）已正式采用“power quality”这一术语，并且给出了相应的技术定义：“合格电能质量的概念是指给敏感设备提供的电力和设置的接地系统是均适合于该设备正常工作的”。这个定义的缺点是不够直接和简明。有的文献采用的电能质量定义为：“导致用户设备故障或不能正常工作的电压、电流或频率偏差”。这个定义的主要缺点是不全面（只提用户设备），且未将频率偏差归入电压参数（即电压的周期）。还有文献定义为：“对比一组基准技术参数进行评估的电力系统某一指定点上电的特性”。对于基准技术参数不明确是这个定义的缺点。另一文献则定义为：“关系到供用电设备正常工作（或运行）的电压、电流的各种指标偏离规定范围的程度”。作为质量的好坏，用一个范围来衡量是不确切的。这个定义中如把“规定范围”改为“基准技术参数”，同时加注说明基准技术参数一般是指理想供电状态下的指标值就较为完整了。定义中“理想指标值”有多种含义，但均比较确切。例如标称电压值，频率 50Hz，波形正弦（谐波含量为零），三相对称（不平衡度为零）等。此定义突出了“供用电设备正常工作（或运行）”，这是评判电能质量的出发点。从这个定义出发，所有涉及供电可靠性即供电连续性的问题，也应属于电能质量范畴，但在电力企业中，供电可靠性和电能质量是分别管理和统计的。本书基本上不涉及可靠性问题。该定义将电压和电流并列为质量内容，虽然从电气设备正常工作角度，只要保证电压各种指标合格就可以了，但考虑到电网中电流和电压密切相关，例如用电电流非正弦是引起电压畸变的主要原因，而这部分责任在用户。全面保证电能质量是供用电双方的职责，因此在定义中将电流也包括在内是有积极意义的。此外，在某些情况下，电压不是影响设备安全性的唯一因素，例如雷击影响中必须考虑雷电流的大小。

电能是一种特殊产品，同样具有产品的若干特征，如其质量可以用各种指标加以描述、可被测量等。但电能质量与一般产品质量不同，有如下特点：① 不完全取决于电力生产企业，甚至有的质量指标（例如谐波、电压波动和闪变，三相电压不平衡）往往由用户的负载决定，还有一部分是由难以预测的事故和外力（如雷击）引起的；② 对于不同的供（或用）电点和不同的供（或用）电时刻，电能质量指标往往是不同的。也就是说，电能质量在空间上和时间上均处于动态变化之中，且变化形态具有多样性。

特点①说明，全面保障电能质量既是电力企业的责任，也是用户（干扰性负荷）以及设备制造商应尽的义务。

特点②说明电能质量指标测量的复杂性，一般宜用概率统计结果来衡量，并且需要指明监测点或衡量点。国内外大多取 95%概率值作为衡量依据。这样一个指标特点也对用电设备性能提出了相应的要求，即电气设备不仅应能在规定范围之内正常运行，而且应具备承受一定的短时超标运行的能力（即抗扰度）。图 1–3 以不同的波形畸变形式反映几种主要的电能质量状况。

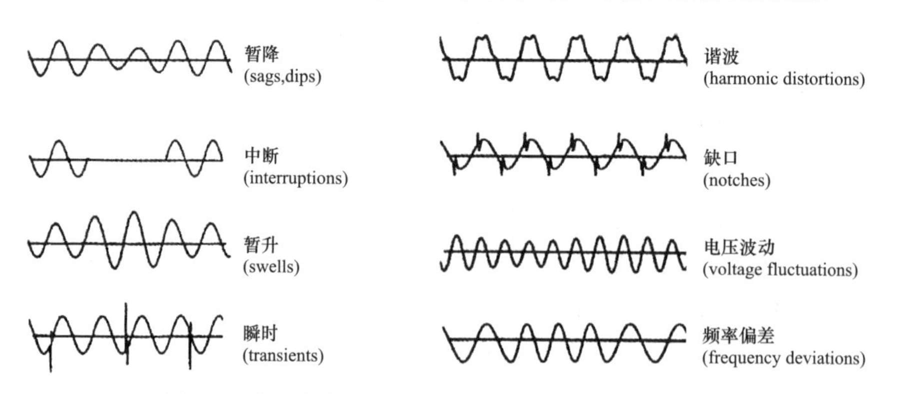

图 1–3　与不良电能质量有关的几个最重要的波形畸变

1.5 电能质量的分类

在 1.3 中，已将电力系统电磁现象做了分类描述。电能质量基本上属于低频和高频传导范围。下面将更详细地描述电能质量现象。

根据扰动的性质和持续时间长短，可以把电能质量分为稳态电能质量和动态电能质量两大类。稳态电能质量是以稳态（即经常或相当长时间内存在）的扰动引起电压或电流幅值和波形变化为特征的电能质量现象，包括：① 电压偏差（即电压水平偏离标称电压的程度）；② 频率偏差（即频率水平偏离标称频率的程度）；③ 谐波（即电压或电流波形发生畸变含有工频频率整数倍的成分）；④ 电压波动和闪变（即电压幅值快速变化以及引起灯光闪烁现象）；⑤ 三相电压不平衡（主要指三相电压中含有负序分量的大小）；⑥ 间谐波（即电压或电流波形发生畸变，含有非工频频率整数倍的成分）；⑦ 电压换相缺口（也称电压切痕，指工频电压波形上周期性地出现缺口现象，以缺口的深度和持续时间为特征）；⑧ 电网信号传输（指输配电线路上传输的通信、测量、控制等附加的信号电压）；⑨ 高频（50 次谐波以上）电压畸变；⑩ 直流分量。

动态电能质量是突然发生的，以快速变化且短时存在的扰动引起电压或电流幅值和波形变化为特征的电能质量现象，包括：① 电压暂降和短时中断；② 暂时过电压和瞬态过电压。

IEEE 将电力系统中主要电磁现象根据典型的频谱成分、持续时间和电压幅值将其分为瞬态、瞬时、暂时、短时和长期 5 大类。在此基础上又细分出 18 个子类，如表 1–1 所列。其中瞬时和暂时电压变化，尤其是电压暂降或中断已成为国际上共同关注的问题。这类问题对于具有较强耐受性的传统机电设备也许没有明显的影响，但对日益增加的敏感用电负荷（如微电子控制的生产流程、集成电路芯片制造等）将可能造成极大的危害。因此近二十年来，对此类问题的研究已成为电工界的热门，第 3 章将对此作较为详细的介绍。

1.6 我国电能质量标准概况

从 20 世纪 80 年代开始，改革开放促进了我国经济快速发展，电网负荷结构发生很大的变化。随之，电能质量问题渐显突出，国家标准主管部门将制定电能质量系列标准列为重点项目之一，同时大量引进以 IEC 61000 系列为主的先进国际标准（基本上为等同采用）。至今由国内标准化技术委员会及相关行业标委会组织制定的电能质量方面主要标准有：

（1）电能质量指标国家标准八项：①《电能质量　供电电压偏差》（GB/T 12325—2008）；②《电能质量　电压波动和闪变》（GB/T 12326—2008）；③《电能质量　公用电网谐波》（GB/T 14549—1993）；④《电能质量　三相电压不平衡》（GB/T 15543—2008）；⑤《电能质量　电力系统频率偏差》（GB/T 15945—2008）；⑥《电能质量　暂时过电压和瞬态过电压》（GB/T 18481—2001）；⑦《电能质量　公用电网间谐波》（GB/T 24337—2009）；⑧《电能质量　电压暂降与短时中断》（GB/T 30137—2013）。

（2）电能质量测量国家标准一项：《电能质量监测设备通用要求》（GB/T 19862—2005）。

（3）相关设备的国家标准一项：《半导体变流器与供电系统的兼容及干扰防护导则》（GB/T 10236—2006）。

（4）分布式电源接入电网的国家标准三项：①《地热电站接入电力系统技术规定》（GB/T 19962—2005）；②《风电场接入电力系统技术规定》（GB/T 19963—2011）；《光伏发电站接入电力系统技术规定》（GB/Z 19964—2005）。

（5）电能质量治理设备（装置）国家标准四项：①《静止型无功功率补偿装置（SVC）现场试验》（GB/T 20297—2006）；②《静止型无功功率补偿装置（SVC）功能特性》（GB/T 20298—2006）；③《输配电系统静止无功补偿器用晶闸管阀的试验》（GB/T 20995—2007）；④《高压滤波装置设计与应用导则》（GB/T 26868—2011）。

（6）电能质量经济评估国家标准（制定中）：①《电能质量经济数据收集方法》；②《电能质量经济性评估　第 1 部分：面向用户的经济性评估方法》；③《电能质量经济性评估　第 2 部分：面向配电网的经济性评估方法》。

（7）能源行业标准八项：①《电能质量现象分类》（NB/T 41004—2014）；②《电能质量控制设备通用技术要求》（NB/T 41005—2014）；③《低压有源无功综合补偿装置》（NB/T 41006—2014）；④《交流电弧炉供电技术导则　第 1 部分：通则》（制定中）；⑤《交流电弧炉供电技术导则　第 2 部分：供电设

计与技术》（制定中）；⑥《交流电弧炉供电技术导则　第 3 部分：电能质量测试评估技术》（制定中）；⑦《交流电弧炉供电技术导则　第 4 部分：电能质量控制技术》（制定中）；⑧《交流电弧炉供电技术导则　第 5 部分：供电运行技术》（制定中）。

（8）电力行业标准计有 39 项（见表 1–2）。

表 1–2　　电力行业标准

序号	标准名称	备注
1	低压并联电容器装置使用技术条件	DL/T 842—2003
2	高压并联电容器使用技术条件	DL/T 840—2003
3	高压并联电容器装置使用技术条件	DL/T 604—2009
4	电压监测仪使用技术条件	DL/T 500—2009
5	35kV～220kV 变电站无功补偿设计技术规定	DL/T 5242—2010
6	330kV～750kV 变电站无功补偿设计技术规定	DL/T 5014—2010
7	电能质量测试分析仪检定规程	DL/T 1028—2006
8	电能质量技术监督规程	DL/ 1053—2007
9	高压静止无功补偿装置　第 1 部分：系统设计	DL/T 1010.1—2006
10	高压静止无功补偿装置　第 2 部分：晶闸管阀试验	DL/T 1010.2—2006
11	高压静止无功补偿装置　第 3 部分：控制系统	DL/T 1010.3—2006
12	高压静止无功补偿装置　第 4 部分：现场试验	DL/T 1010.4—2006
13	高压静止无功补偿装置　第 5 部分：密封式水冷却装置	DL/T 1010.5—2006
14	串联电容器补偿装置　控制保护系统现场检验规程	DL/T 365—2010
15	串联电容器补偿装置　一次设备预防性试验规程	DL/T 366—2010
16	低压晶闸管投切滤波装置技术规范	DL/T 379—2010
17	柔性输电术语	DL/T 1193—2012
18	电能质量术语	DL/T 1194—2012
19	电能质量监测装置运行规程	DL/T 1228—2013
20	电能质量监测装置技术规范	DL/T 1227—2013
21	电能质量评估技术导则　供电电压偏差	DL/T 1208—2013
22	链式静止同步补偿器　第 1 部分：功能规范导则	DL/T 1215.1—2013
23	链式静止同步补偿器　第 2 部分：换流链试验	DL/T 1215.2—2013
24	链式静止同步补偿器　第 3 部分：控制保护监测系统	DL/T 1215.3—2013
25	链式静止同步补偿器　第 4 部分：现场试验	DL/T 1215.4—2013

续表

序号	标 准 名 称	备 注
26	链式静止同步补偿器　第5部分：运行检修导则	DL/T 1215.5—2013
27	电力系统电能质量技术管理规定	DL/T 1198—2013
28	固态切换开关技术规范	DL/T 1226—2013
29	串联电容器补偿装置　设计导则	DL/T 1219—2013
30	配电网静止同步补偿装置技术规范	DL/T 1216—2013
31	动态电压恢复器技术规范	DL/T 1229—2013
32	磁控型可控并联电抗器技术规范	DL/T 1217—2013
33	固定式直流融冰装置通用技术条件	DL/T 1218—2013
34	串联电容器补偿装置　交接试验及验收规范	DL/T 1220—2013
35	串联谐振型故障电流限制器技术规范	DL/T 1296—2013
36	电能质量监测系统技术规范	DL/T 1297—2013
37	静止无功补偿装置运行规程	DL/T 1298—2013
38	直流融冰装置试验导则	DL/T 1299—2013
39	500kV串联电容器补偿装置系统调试规程	DL/T 1304—2013

行业标准是国家标准的必要补充和细化。从上述统计中可看出，近年来，在电能质量领域，行业标准已受到关注，并有长足进展，这个趋势随着电能质量产业（监测和治理装置等方面）的崛起，智能电网和微电网的发展，分布式电源的广泛应用，必将有更大的发展。除了国标和行标，大量的企标也必须关注。实际上，行标和国标的形成往往以企标为基础。

2 电能质量的重要性

2.1 电能质量关系到国民经济总体效益

现代社会中，电能是一种最为广泛使用的能源，随着科学技术和国民经济的发展，对电能质量的要求越来越高。电能质量的指标若偏离正常水平过大，会给发电、输变电和用电带来不同程度的危害。

据统计，电网用电负荷中异步电动机占的比例最大。电网电压和频率的偏差、谐波、三相电压不平衡以及电压波动和闪变等，均会直接影响电机的转速、力矩和发热，从而影响生产工效和产品质量。

电网谐波含量增加，导致了电气设备寿命缩短，网损增大，系统发生谐波谐振的可能性增加，并联电容器不能正常运行，同时可能引发继电保护和自动装置的非故障性动作，导致仪表指示和电能计量不准以及计算机、通信受干扰等一系列问题。

随着计算机、电力电子和信息技术等高新产业的发展和普及，对电能质量提出了越来越高的要求。过去电力企业不甚关注的电能质量某些指标，例如电网中电压暂降（dip，sag）和短时中断已成为一个突出的问题。一个计算中心失去电压 2s 就可能破坏几十个小时的数据处理结果或者损失几十万美元的产值。当今半导体芯片制造厂、自动化精加工生产线，对配电系统中电能质量的异常十分敏感，甚至几分之一秒的电压暂降就可能使生产停顿损坏设备或出次品，在工厂内部造成混乱，而每次电压暂降可能造成百万美元级的损失，这些用户对不合格电能的容许度可以严格到 1～2 个周波。

美国电能质量方面一位知名专家 M. F. McGranaghan 的一段话可以概括本节内容：“电能质量意味着经济问题，这一点特别重要，……电能质量问题会造成用户生产力下降，竞争力减弱，还影响到员工的就业，他们会影响到整个经济社会”[6]。

2.2 现代负荷结构导致电能质量矛盾尖锐化

传统意义上，电力发展是以电能供求平衡为出发点，然而现代电网中负荷结构已发生了质的变化，电力电子技术的广泛使用、家用电器的普及以及诸如工业电弧炉、电气化铁道的发展，使主要负荷日趋非线性化与时变化，大量干扰源给电网的电能质量带来严重的“污染”，这和 2.1 节所述的情况形成了一对尖锐的矛盾。电网中因电能质量问题引发的诸多问题，包括造成电网大面积停电事故，在国内外屡见不鲜。这说明，仅从“供求平衡”来考虑电网的发展是不够的。目前，电能质量作为供电可靠性的一个重要组成部分（或者反之，将可靠性纳入供电电能质量范畴中）已受到广泛关注。电力可靠性传统上限于研究供电电压完全丧失的概率和平均故障时间的问题，目前则延伸到研究保证电能质量、使电力系统和用户的生产过程可以连续，不致受到干扰等问题。在欧洲，欧盟委员会（European Commission）建议电力市场委员会（The Council on the electricity market）发布导则，要求电力系统运行部门应该就电能质量及其服务方面作出年度报告并公开出版。电力市场委员会还应建立适当准则来评价报告的内容，以保证电能质量达标[7]。

2.3 保证电能质量是电力可持续发展的必要条件

2.3.1 概述

随着国民经济的快速增长，电网的发展正面临新的挑战：一方面以消耗化石能源（即煤炭、石油等）为主的发电方式面临能源枯竭和环境污染（即温室气体排放）的双重压力；另一方面以微电子技术为核心的大量新技术、新产业的发展以及用电智能化对供电可靠性和电能质量提出很高的要求。在这个背景下，面对世界电力发展的新动向，国家电网公司提出建设“坚强智能电网”的理念。智能电网的建设也得到政府的高度重视。2010 年政府工作报告中明确提出要“加强智能电网建设”[8]。

2.3.2 分布式电源接入电网问题

所谓分布式电源（发电），主要指以天然气为燃料的燃气轮机、内燃机、微型汽轮机发电，太阳能光伏发电，以氢气为燃料的燃料电池发电，风力发电等，其容量规模一般不大，大约在几十千瓦至几十兆瓦。分布式电源的利用是缓解能源危机，减少环境污染，提高供电可靠性和电能质量的关键之一。

智能电网不仅兼容大的、集中的电厂，还应该兼容不断增加的分布式电源。

智能电网涉及大量新能源的利用，特别是可再生能源（例如风能、太阳能），由于其分散性、不确定性给电能质量带来一系列问题，主要有：

（1）电压偏差的控制和调整。可再生电源往往在中、低压配电线并网，这就改变了一般配网单向供电模式。以风力发电为例，其注入电网的功率直接影响电压水平。电压偏差的大小与电网的短路容量以及风力发电装置的有功与无功功率有关。当较大的风力发电电源与用户在同一母线（连接点）上时，有可能造成用户电压偏差超标。

小容量的分布式发电通常也无能力进行电压调节，往往以恒定功率因数或恒定无功功率的方式运行；大容量的分布式发电虽然可以用来调节公共连接点处的电压，但必须将有关信号和信息传到配电系统的调度中心，以进行调节和控制的协调。问题是分布式发电的启停往往受用户控制，若要其来承担公共连接点处的电压调节任务，一旦停运，公共连接点处的电压调节就有可能成问题。因此智能电网建设中解决好电压控制和调整十分关键。

（2）电压波动和闪变。风力发电中风况及塔影效应对并网风电机组影响很大，尤其以平均风速和电网阻抗相角为主要影响因素。太阳能发电受环境的影响是众所周知的。加之一般分布式发电是由用户来控制的，用户根据自身需要启停电源，就会导致配电线上负荷潮流快速变化，从而引起电压波动和闪变，特别是当分布式电源系统切换成“孤岛”方式运行时，如无储能装置或储能装置容量太小时，就很易发生电压波动和闪变，导致用户不能正常用电。

（3）谐波和直流偏磁。众所周知，变流器等电力电子设备是利用开关器件，通过频繁的开通和关断来实现电力变换功能的，则在开关频率附近产生高频谐波分量，同时根据主电路结构特点产生相应的特征谐波和非特征谐波，这些均对电网造成谐波污染。一个带有电力电子变换器的变速风力发电机组（如图 2–1 所示），在运行中将产生一定量的谐波和间谐波畸变。因此，谐波电流发射必须加以规定。各次谐波电流以及最大总谐波电流畸变的频率一般应规定到电网基波频率的 50 倍。此外，在变流器参数不均衡、开关器件触发脉冲不对称等情况下，输出电流中还可能出现直流分量，若这一直流分量流入配电变压器，可能造成变压器的直流偏磁，进而造成感应电压波形畸变和变压器的异常响声和发热。

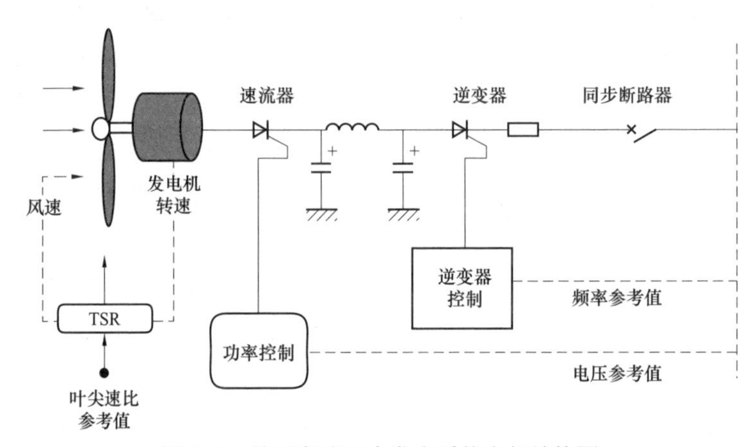

图 2–1　并网变速风力发电系统电气结构图

（4）供电的短暂中断和可靠性。分布式发电可能对配电网可靠性产生不利的影响，也可能产生有利的作用，需视具体情况而定，不能一概而论。不利情况包括：① 大系统停电时，由于燃料（如天然气）中断或辅机电源失去，部分分布式发电会同时停运，这种情况下无法提高供电的可靠性。② 分布式发电与配电网的继电保护配合不好，可能使继电保护误动，反而使可靠性降低。③ 不适当的安装地点、容量和连接方式会降低配电网可靠性。

（5）频率稳定性。大型电网具有足够的备用容量和调节能力，分布式电源接入，一般不必考虑频率稳定性问题，但是对于孤立运行的小型电网以及分布式电源装机容量（这里指不稳定的风电机组）达到或超过电网装机容量的 20%时，带来的频率偏移和稳定性问题是不容忽视的。

为保证电网安全稳定运行，电网正常应留有 2%～3%的机组旋转备用容量。由于风电具有随机波动特性，其发电功率随风力大小变化，为保证正常供电，电网需根据并网的风电容量增加相应的旋转备用容量，风电上网越多，旋转备用容量也越大。为了保证风电机组运行的安全稳定和提高整个电网的运行经济性，必须考虑适当的应对措施。

相对于风电机组来说，太阳能电站一般容量规模较小，现阶段对接入电网反映出的电能质量问题还不大。例如上海闵行紫竹科学园区 1MW 太阳能发电系统示范工程，如图 2–2 所示。

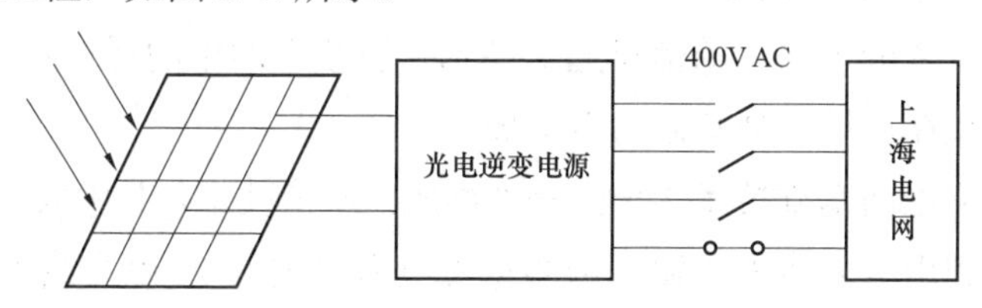

图 2–2 1MW 太阳能发电系统

该太阳能发电系统最大功率输出时，光伏逆变器 400V 输出电流的频谱见图 2–3。主要是 2、3、4、5、6、7、8、9 次谐波电流成分。

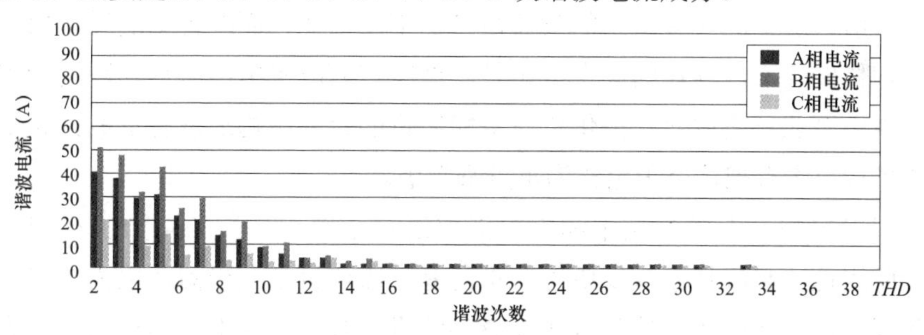

图 2–3 400V 电流频谱

测试发现，采用绝缘栅双极晶体管（IGBT）的光伏逆变器，仍有约 10%的谐波电流注入电网，且三相谐波电流明显不平衡（相差 2 倍以上），低次偶次谐波电流值较大。因此在太阳能发电系统独立运行，或与其他发电系统构成小系统运行时，其产生的谐波电流应受到足够的重视。

2.3.3 电力电子技术的应用

智能电网中的谐波源除了分布式电源接入外，还应用大量的电力电子技术，作为其快速、灵活的控制手段，以提高供电可靠性和电能质量。例如高压直流输电（HVDC）、灵活（柔性）交流输电系统（FACTS）、柔性直流输电（VSC–HVDC）、定制电力（custom power，CP）、智能高压设备等，这些装置（系统）或设备大多数均采取一定措施，例如提高器件的开关频率、采用脉宽调制（PWM）技术、多重化和多电平技术以及滤波技术等，减小谐波发生量。但仍是谐波源，其谐波的影响以及瞬态干扰需要特别关注。大量电力电子的应用，涉及合理配置、相互影响、控制协调以及和继电保护配合等诸多复杂的问题，这在构建智能电网时必须仔细研究。

2.3.4 集成通信技术的应用

智能电网依赖于强大的信息通信技术。要使电网中的通信系统高效应用，整个通信必须在通用标准基础上全集成。

作为智能电网基础技术之一——“集成”通信技术，其中大量（海量）数据、信息将利用电力线来传输（例如宽带电力载波），对电力线来说，这是一种谐波或间谐波，为了保证这些信号的电磁兼容性，在 IEC 61000–2–2 标准中给出了一些限值规定，这在构建智能电网时是需要关注的。

2.3.5 用电智能化的挑战

目前，对电能质量敏感的负荷数量在不断增加，而改善电能质量问题的费用却依然较高。存在的一个争论是，谁应该为改进电能质量问题的费用买单，电力企业还是用户，提供优质电能质量的费率结构还没有形成，各电力相关机构也没有把这个争论作为重点来考虑。

智能电网具有多种技术和设备能够适用于每一层次的电力生产和输送上。应用这些高级技术减少电能质量问题，需要设备制造商、电力公司、用户和标准机构之间的支持和合作。最终的设计和工业标准必须适用于电力系统的各个层次，包括用户侧负荷。这将保证输送的电能质量与电力供应商的能力和用户的需求相一致。

未来，智能电网将根据用户需要的电能质量的等级来收费。用户需要的电能质量等级是不同的，这和他们的设备的复杂性和敏感性或运行的安全性有关。因此，定制优质电力应该继续发展以满足不同的用户需求。并不是所有的公司，当然也不是所有的居民用户是需要优质电力的。但电能质量的科学分级和合理评估又涉及大量的研究和开发工作。

2.3.6 微电网技术的应用

分布式电源尽管优点突出，但本身存在一些问题。例如，分布式电源单机接入成本高、控制困难等。同时由于分布式电源的不可控性及随机波动性，其渗透率的提高也增加了对电力系统稳定性的负面影响。分布式电源相对大电网来说是一个不可控电源，因此目前的国际规范和标准对分布式电源大多采取限制、隔离的方式来处理，以期减小其对大电网的冲击。为协调大电网与分布式电源间的矛盾，最大限度地发掘分布式发电技术在经济、能源和环境中的优势，在 21 世纪初学者们提出了微电网的概念。

微电网从系统观点看问题，将发电机、负荷、储能装置及控制装置等结合，形成一个单一可控的独立供电系统。它采用了大量的现代电力电子技术，将微型电源和储能设备并在一起，直接接在用户侧。对于大电网来说，微电网可被视为电网中的一个可控单元，可以在数秒钟内动作以满足外部输配电网络的需求；对用户来说，微电网可以满足他们特定的需求，如降低馈线损耗、增加本地供电可靠性、保持电压稳定、通过利用余热提高能量利用的效率等。微电网中分布式电源由于规模较小，多种形式并存，大多依赖逆变器并网，并且在并网运行模式下没有电压和频率的支撑能力等原因，其电能质量受外界的干扰较为明显，主要包括电压波动和闪变、三相电压不平衡、频率波动以及谐波。

实际上，解决好智能电网中的电能质量问题，是保证电力可持续发展的必要条件。

2.4 由电能质量问题造成的经济损失巨大

美国 EPRI（电力研究院）在 2001～2003 年调查后发现，电压暂降、暂升，瞬时过电压和短时中断是美国电网中普遍存在的电能质量问题；欧洲 LPQI（莱昂纳多电能质量工作组）通过对欧洲 8 国 1400 个监测点的电能质量调查后认为，谐波畸变、电压闪变、供电可靠性、电压暂降和电磁兼容性是欧洲电能质量的主要问题。从经济角度分析、核算发现，电压暂降造成的损失最大。由图 2–4 可以看出，1s 时间的电力中断会造成 56.8%的用户设备停运 1～30min，14%以上的用户设备停运时间超过 30min。仅电压暂降和短时间中断引发的无序停电和恢复所造成的直接经济损失使其成为工业发达国家电能质量的第一问题，而其引起的设备非正常工作引发的供电可靠性问题未纳入计算。

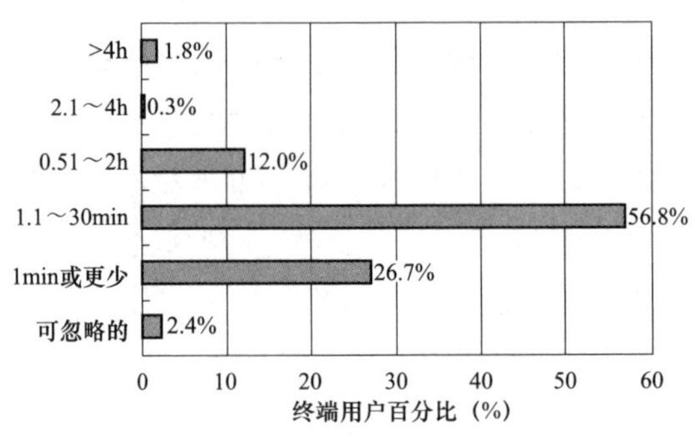

图 2–4　1s 短时停电引起的设备停运持续时间

CIGRE（国际大电网组织）和 CIRED（国际供电会议组织）的联合工作组就劣质电能成本的评估建立了一套系统化的分析方法，并将电能质量分为两大类（准稳态连续变化型和事件型），采用两种不同的方法评估劣质电能所造成的经济影响（如图 2–5 和图 2–6 所示）。由欧盟委员会发起成立的 LPQI 对欧盟 25 国电能质量影响进行经济评估，结果发现劣质电能总成本高达 1517 亿欧元[9]。EPRI 对美国的调查结果显示全美总计年停电及电能质量损失为 1200 亿～1900 亿美元。在我国，关于电能质量造成的经济损失与影响调查尚未全面进行。

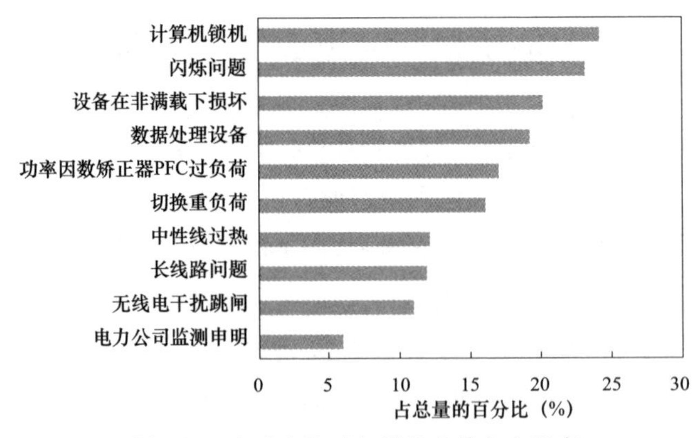

图 2–5　劣质电能对各类设备的危害程度

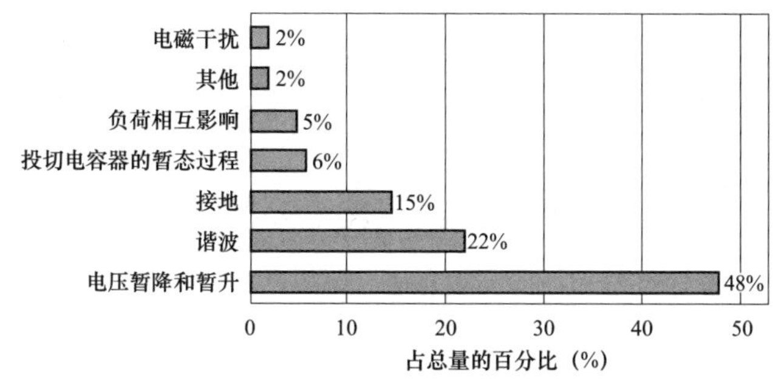

图 2-6　各种电力扰动的影响严重度

2.5　电力市场机制必将推动电能质量提高

从 20 世纪 90 年代以来，世界上许多国家都在对传统的电力管理体制进行改革，其目标是打破垄断，建立开放的电力市场，通过引进竞争机制，提高电力生产各个环节的效率，降低运营成本，最终加快电力的发展，使广大用户受益[7]。我国从 2003 年开始，已正式将国家电力公司改组为十一个独立的企业实体，向开放式的电力市场迈出了重要的一步。在开放的电力市场中，电网可以选择高质量、低价格的电厂上网，用户可以从电价、质量和可靠性等方面选择适合自身需要的供电公司购电。在这种环境下，最大限度地满足用户需求是提高电力企业竞争力的必要条件。只有不断增强服务意识，提高电能质量管理水平，才能使电力企业树立良好的社会形象，从而使企业更多地从不断扩大的市场中获利。

3 电能质量的影响

3.1 电 压 水 平

电力系统由发电厂、升压变压器、输电线、各级降压变压器和配电线以及各种用电设备所组成。由于用电负荷不断变化，所以电力系统运行中有功功率和无功功率始终处于动态平衡中，系统各点的电压水平也时时变化，但这种变化是有一定范围限制的，这就是供电电压偏差限值，即规定的供电电压对系统标称电压偏差的百分数。

电压偏差过大，会对电气设备和电力系统运行带来一系列的危害：

（1）对照明设备的影响。电气设备都是按照额定电压下运行设计、制造的。照明常用的白炽灯、荧光灯，其发光效率、光通量和使用寿命，均与电压有关。图 3–1 所示的曲线表示白炽灯和荧光灯端电压变化时，其光通量、发光效率和寿命的变化。白炽灯对电压变动很敏感，从图 3–1（a）可看到：当电压较额定电压降低 5%时，白炽灯的光通量减少 18%；当电压降低 10%时，光通量减少约 40%，使照度显著降低。当电压比额定电压升高 5%时，白炽灯的寿命减少 30%以上；当电压升高 10%时，寿命约减少一半，这将使白炽灯的损坏显著增加。

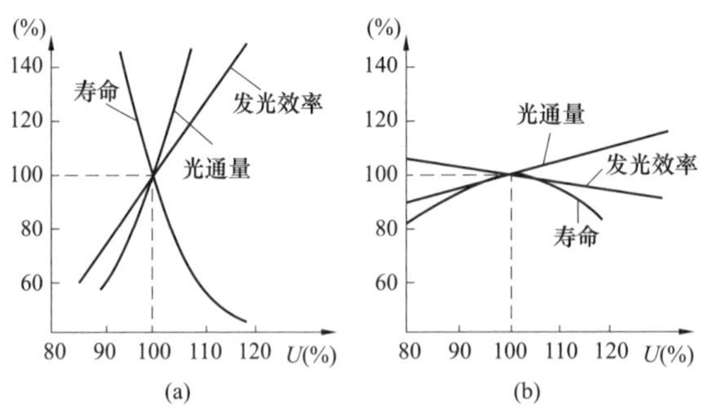

图 3–1 照明灯的电压特性

（a）白炽灯；（b）荧光灯

对于荧光灯而言，灯管的寿命与其通过的工作电流有关，电压增大、电流增加，则寿命降低。反之，电压降低，由于灯丝预热温度过低，灯丝发射物质发生飞溅也会使灯管寿命降低。

（2）对电动机的影响。用户中大量使用的异步电动机，当其端电压改变时，电动机的转矩、效率和电流都会发生变化。异步电动机的最大转矩（功率）与端电压的平方成正比。如电动机在额定电压时的转矩为100%，则在端电压为 90%额定电压时，它的转矩将为额定转矩的 81%，如电压降低过多，电动机可能停止运转，使由它带动的生产设备运行不正常。有些载重设备（起重机、碎磨机）的电动机，还会因电压降低而不能启动。此外，电压降低，电动机电流将显著增大，绕组温度升高，在严重情况下，会使电动机烧毁。图 3–2 示出异步电动机的电流、效率和功率因数与电压的关系。电压偏差对同步电动机的影响和异步电动机相似，端电压变化虽不引起同步电动机的转速变动，然而，其启动转矩与端电压平方成正比，而其最大转矩与端电压成正比，即端电压变化–10%或+10%，最大转矩也相应变化–10%或+10%。如果同步电动机励磁电流由与同步电动机共电源的晶闸管整流器供给，则其最大转矩将与端电压的平方成正比变化。

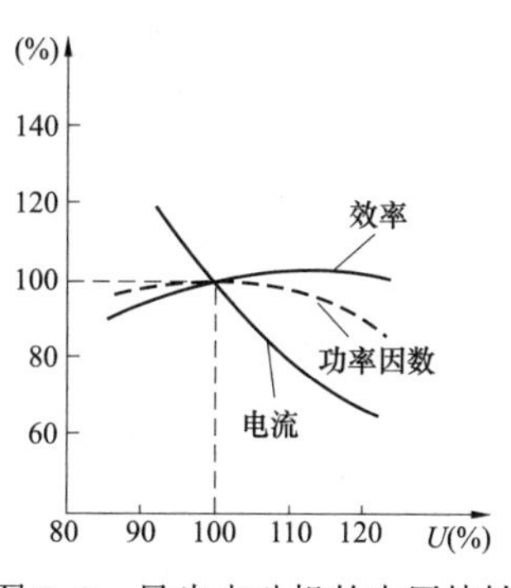

图 3–2　异步电动机的电压特性

（3）对变压器、互感器的影响。当电压升高时，影响主要有两方面：① 励磁电流增加，使铁芯中磁感应强度增加，导致铁损增加、铁芯温升增加。② 油中和绕组表面电场强度增加，促使油和绕组绝缘老化加速，严重时导致绝缘损坏。当电压降低时，在传输同样功率条件下，绕组电流增加，绕组损耗与电流平方成比例地增加。

（4）对并联电容器的影响。电容的无功功率与电压平方成比例，电压降低使其无功功率输出大大降低。电压上升虽然其无功功率提高，但由于电场增强使局部放电加强，导致绝缘寿命降低。若长期在 $1.1U_N$ 下工作，其寿命约降至额定寿命的 44%。电容器的爆炸及外壳鼓肚等，就是由于局部放电及绝缘老化积累效应引起的。

（5）对家用电器的影响。电压降低使电视机色彩变坏、亮度变暗；电压升高使电子显像管阴极加热电流增加，寿命降低；阴极电压升高 5%，寿命约缩短一半。电压偏移过大时，也会使电子计算机和控制设备出现错误结果和误动等。

（6）对其他用电设备的影响。实际上电压的变化广泛地影响各种工业用电设备，例如电阻炉热能输出与外施电压平方成正比，当电压降低时，熔化和加热时间显著延长，降低了生产效率。电解设备通过整流装置供给直流电流，电压的下降会使电解槽工况恶化。表 3–1 为某电解铝生产状况统计表[10]。

表 3–1　　电压偏差与电解铝生产状况的统计表

交流电压偏差（%）	0	–0.8	–1.7	–2.8	–4.0	–4.7	–5.7	–6.7	–7.6	–8.6
电耗（kWh/t）	17 200	17 300	17 300	17 500	17 600	17 900	18 100	18 250	18 400	18 600
电解槽生产率（%）	100	99.4	99.0	97.5	96.0	93.9	91.9	90.0	88.7	87.0

综上所述，过大的电压偏差在不同程度上影响电气设备输出功率和使用寿命，会使电耗增加，产品质量下降，产量减少，甚至设备损坏，对生产影响很大。

（7）对电力系统运行的影响。电压降低时，电压负偏差增大，对系统运行的影响主要有三个方面：

1）由于输电线路输送功率的静态稳定功率极限（$P_M=EU/X$）与发电机电势 E 和系统电压 U 成正比，与组合电抗 X 成反比。系统电压越低稳定功率极限越低，功率极限与线路输送功率的差值（即功率储备）越低，容易发生不稳定现象，严重时会造成系统瓦解的重大事故。

2）当电网缺乏无功功率，电网运行电压偏低时，系统发出的无功功率小于负荷正常吸收的功率，迫使负荷电流增大而电压下降，电压下降电流进一步增大又使无功缺额更大，这种恶性循环会导致电压崩溃。

3）输电线路和变压器在输送相同功率的条件下，其电流大小与运行电压成反比。电网低电压运行，会使线路和变压器电流增大。线路和变压器绕组的有功和无功损耗与电流平方成正比。低电压运行会使电网有功功率损耗和无功功率损耗大大增加，从而加大了线损率，增加了供电成本。反之，电压正偏差大，系统电压过高时，也会带来一系列危害，例如使电气设备过热烧损。

3.2 频 率 水 平

电力系统频率是电能质量的基本指标之一。根据电工学理论，正弦量在单位时间内交变的次数称为频率，用 f 表示，单位为 Hz（赫兹）。交变（含正负半波的变化）一次所需要的时间称为周期，用 T 表示，单位为 s（秒）。频率和周期互为倒数，即 $f=\frac{1}{T}$。电力系统的电源来自各同步发电机。在稳态条件下各发电机同步运行，整个电力系统的频率可以视为相同，它是一个全系统一致的运行参数。电力系统的标称频率为 50Hz 或 60Hz，中国大陆（包括港、澳地区）及欧洲地区采用 50Hz，北美及中国台湾地区多采用 60Hz，日本则有 50Hz 和 60Hz 两种。频率对电力系统负荷的正常工作有广泛的影响，系统某些负荷以及发电厂厂用电负荷对频率的要求非常严格。要保证用户和发电厂的正常工作就必须严格控制系统频率，即使系统频率偏差控制在允许范围之内。系统频率偏差 $\Delta f=f_{\mathrm{m}}-f_{\mathrm{N}}$，式中 f_{m} 为实际频率（Hz）；f_{N} 为系统标称频率（Hz）。

一般讲，电力系统频率仅当所有发电机的总有功功率与总有功负荷（包括电网的所有损耗）相等时，才能保持不变，而当总有功功率与总负荷发生不平衡时，各发电机组的转速及相应的频率就要发生变化。电力系统的负荷是时刻变化的，任何一处负荷的变化，都要引起全系统功率的不平衡，导致频率的变化。电力系统运行时，要及时调节各发电机的功率（通过调节原动机动力元素——蒸汽或水等的输入量），以保证频率的偏移在允许的范围之内。

电力系统中的发电与用电设备都是按照额定频率设计和制造的，只有在额定频率附近运行时，才能发挥最好的性能。系统频率过大的变动，对用户和发电厂的运行都将产生不利影响。系统频率变化的不利影响，主要表现在以下几个方面[10]：

（1）频率变化将引起电动机转速的变化，由这些电动机驱动的纺织、造纸等机械的产品质量将受到影响，甚至出现残、次品。

（2）系统频率降低将使电动机的转速和功率降低，导致传动机械的功率降低，影响生产效率；无功补偿用电容器的补偿容量与频率成正比，当系统频率下降时，电容器的无功功率成比例降低，此时电容器对电压的支持作用受到削弱，不利于系统电压的调整。

（3）频率偏差的积累会在电钟指示的误差中表现出来。工业和科技部门使用的测量、控制等电子设备将受系统频率的波动而影响其准确性和工作性能，频率过低时甚至无法工作。频率偏差大使感应式电能表的计量误差加大。研究表明：频率改变1%，感应式电能表的计量误差约增大0.1%。频率加大，感应式电能表将少计电量。

（4）电力系统频率降低时，会对发电厂和系统的安全运行带来影响，例如：频率下降时，汽轮机叶片的振动变大，影响使用寿命，甚至产生裂纹而断裂。又如：频率降低时，由电动机驱动的机械（如风机、水泵及磨煤机等）的功率降低，导致发电机功率下降，使系统的频率进一步下降。当频率降到47Hz以下时，可能在几分钟内使火电厂的正常运行受到破坏，系统功率缺额更大，使频率下降更快，从而发生频率崩溃现象。再如：系统频率降低时，异步电动机和变压器的励磁电流增加，所消耗的无功功率增大，结果更引起电压下降。当频率下降到45～46Hz时，各发电机及励磁的转速均显著下降，致使各发电机的电动势下降，全系统的电压水平大为降低，可能出现电压崩溃现象。发生频率或电压崩溃，会使整个系统瓦解，造成大面积停电。

（5）系统频率过高也是不行的。一般大中型发电机组均有过频率保护跳闸装置，以免机组超速而损坏。美国西北联合电网在设计低频减负荷装置时，规定了低频切负荷后的频率超调不得超过61Hz（额定60Hz）。据此认为，在大约61Hz以上，某些火电厂将可能因锅炉问题跳闸。同时，当发电机组在带负荷运行条件下发生过频率情况时，调速系统的动态行为如何，也很难在事先掌握。美国佛罗里达电力系统，为了与某些机组配备的数字式电液调整器协调，规定了低频切负荷后引起的频率超调不超过62Hz。国内引进的元宝山600MW机组、华能福州电厂350MW机组等均有过频率运行的明确限制。

3.3 谐　　波

现代社会的电气化水平在迅速提高，其中非线性电力负荷在大量增加。例如：随着电力电子技术的发展，晶闸管换流和变频技术得到广泛的应用，冶金、化工、矿山部门大量使用晶闸管整流电源；工业中大量使用变频调速装置；电气化铁路中采用单相交流整流供电的机车；高压大容量直流输电中的换流站；家用电器（电视机、电冰箱、空调、电子节能灯）等。炼钢电弧炉的容量不断扩大，相应的电弧炉变压器容量也由几个兆伏·安发展到几十甚至一二百兆伏·安。此外，工业中广泛使用的电弧和接触焊设备、矿热炉、硅铁炉、中频炉等也均属非线性电力负荷。随着电网的发展，电力变压器容量和数量在不断增加，已成为电网中又一个重要非线性负荷。

非线性负荷从电网吸收非正弦电流，引起电网电压畸变，因此通称为谐波源。谐波对各种电气设备、继电保护、自动装置、计算机、测量和计量仪器以及通信系统均有不利的影响。目前，国际上公认谐波“污染”是电网的公害，必须采取措施加以限制。

在电网中通常遇到周期性或准周期性的电气量。对于非正弦周期电压和电流的瞬时值，可用三角级数表示，即

$$u(t)=U_0+\sum_{h=1}^{\infty}\sqrt{2}U_h\sin(h\omega_1 t+\alpha_h) \tag{3-1}$$

$$i(t)=I_0+\sum_{h=1}^{\infty}\sqrt{2}I_h\sin(h\omega_1 t+\beta_h) \tag{3-2}$$

式中　h——谐波次数，h=1，2，3，…（h=1 为基波）；

U_0、U_h、I_0、I_h——直流和 h 次谐波分量电压、电流有效值；

ω_1——基波角频率，电网中 $\omega_1=2\pi f=100\pi$ （rad/s）；

α_h、β_h——h 次谐波分量的初相角。

为了表示畸变波形偏离正弦波形的程度，最常用的特征量有谐波含量、谐波电压总畸变率和谐波电压含有率。

谐波含量就是各次谐波的平方和开方。谐波电压含量为

$$U_H=\sqrt{\sum_{h=2}^{\infty}U_h^2} \tag{3-3}$$

谐波电压总畸变率为

$$THD_{\mathrm{U}}=\frac{U_H}{U_1}\times 100\% \quad (3\text{–}4)$$

第 h 次谐波电压含有率为

$$HRU_h=\frac{U_h}{U_1}\times 100\% \quad (3\text{–}5)$$

同理可以写出谐波电流的相应表达式 I_{H}、THD_{I}、HRI_h。

谐波的危害有以下 8 个方面：

（1）对电力设备的影响。谐波对并联电容器组影响最为显著。据统计，大约有 70%的谐波故障是和电容器有关。研究指出，对矿物油浸绝缘的电容器，在电压总畸变率为 5%条件下运行二年，介损系数约提高一倍。

在谐波作用下，电力电缆的泄漏电流加大，损坏也显著增多。

由于高次谐波旋转磁场产生的涡流，使旋转电机的铁损增加，使同步电机的阻尼线圈过热，或使感应电机定子和转子产生附加损耗。另外，高次谐波电流还会引起振动力矩，使电机转速发生周期性的变化。在畸变电压作用下，电机和变压器的绝缘寿命将缩短。国内外经验表明，当谐波电压总畸变达 10%～20%，可以导致电动机在短期内损坏。

由于谐波发热，馈供给整流负荷的普通电力变压器，其容量应作相应的降低。降低值和变压器的杂损比（即附加损耗与基本损耗之比）有关，如表 3–2 所列。

表 3–2　　馈供整流负荷时变压器容量降低（%）

整流器脉动数 \ 杂损比	0.5	1.0	1.5
6	33	40	45
12	20	24	28

普通变压器在严重的谐波负荷下往往会产生局部过热，并有噪声增大等现象。

（2）对继电保护和自动装置的影响。在谐波和负序共同作用下，电力系统中以负序滤过器为启动元件的许多保护及自动装置会发生误动作。有的保护闭锁装置因频繁误动作不得不解除运行。

（3）对通信的干扰。谐波通过电磁感应干扰通信。通常 2000～5000Hz 的谐波引起通信噪声，而 1000Hz 以上的谐波导致电话回路信号的误动。谐波干扰的强度取决于谐波电压、电流、频率的大小以及输电线和通信线的距离、并架长度等。

（4）对电能计量及常用仪表指示的影响。研究证明，感应式电能表对高次谐波有负的频率误差，即频率越高的谐波，计量测得的谐波电能越偏小，而电子式电能表的频响特性一般较好。但由于谐波功率在谐波源负荷（如整流器）中和基波功率流向相反，因此对这类用户电能计量将偏小；反之，对于一般线性负荷，电能计量大体上等于基波和谐波电能之和，故谐波电能增加了这些用户的电费支出。有关在谐波条件下正确计量的问题，国内外均已做了大量研究，但尚无适当的解决办法。

在电网正常条件下，谐波含量不太大（电压总畸变一般不大于 5%）时，各型常用仪表的指示，大致可以与仪表的精确等级相符，但在严重畸变（电流畸变率有时很大）时误差将变大（一般针对平均值响应的仪表，随着高频成分增加，对同一有效值的指示会明显下降）。旧式电磁系仪表频率特性最差，电动系仪表频率特性较好，而数字式测量仪表的指示一般具有精度高、频带宽、不受波形影响等优点。

（5）对电网损耗的影响。谐波在电力系统和用户电气设备上要造成附加损耗。谐波功率本身可以说完全是损耗，从而增大了网损。研究指出，若谐波电压和电流都控制在一般标准范围时，则可估出非线性用户注入电网的谐波功率和其用电负荷之比是在 0.1%这个数量级，这和某些实测数据相符。但若谐波过大或发生谐振，则损耗将大大增加。

（6）谐振。电力系统中广泛使用补偿功率因数的电容器，同时设备和线路存在分布电容，它们与系统的感性部分（例如线路、变压器的电抗）组合，在一定的频率下，可能存在串联或并联的谐振条件。当系统中该次频率的谐波足够大时，就会造成危险的谐波过电压或过电流。

通常把谐波源看成为恒定电流源。最常见的谐波谐振是在接有谐波源的母线上，因为母线上除谐波源外还有并联电容器、电缆、供电变压器及电动机等负载，而且这些设备处于经常变动中，容易构成谐振条件。最简单的情况是当直接接于母线上电容器的容量为 Q_C，而母线的短路容量为 S_{sc} 时，则产生并联谐振的谐波次数 h_0 可由下式近似决定

$$h_0=\sqrt{\frac{S_{sc}}{Q_C}} \tag{3-6}$$

例如，当 $Q_C=0.1S_{sc}$ 时，则可能发生接近于 3 次谐波的谐振。此时电容器和电网均将流过很大的 3 次谐波电流。该次谐波叠加在基波上就产生很高的过电压，可能导致设备损坏。

电网中也可能存在某次谐波的串联谐振回路，例如从电源看，用户的供电变压器和其二次侧的补偿电容器（再加上与其并联的负荷）是串联关系。若此回路对某次谐波呈现很低的阻抗（即串联谐振），则将从电源吸收大量的该次谐波电流，同样会造成该回路设备（例如变压器、断路器、线路、电容器等）的谐波过负荷。

电网的有功负荷（等效电阻）对谐波谐振有一定的阻尼作用。实测表明，在轻负荷（阻尼小）时往往容易发生谐振现象。

（7）对用电设备的影响：

1）电视机。电压波形中含有较大谐波时可能会使电视机的图像畸变，画面及亮度发生变化，甚至使电视机图像“翻滚”。

2）照明灯。带镇流器的日光灯及水银灯，为了改善功率因数，往往装有电容器，它们与镇流器和供电线路的电感组合有一自然振荡频率，如某次谐波的频率正好与此相近，就会因谐振而过热，甚至造成损坏；普通的白炽灯，在频率为 5～20Hz 的谐波作用下会产生闪烁，引起人们视感不适（称为“闪变”）。

3）计算机。计算机的电源中谐波电压含量过大会导致计算错误或程序出格。为此一些厂家规定了计算机及数据处理系统可以接受的谐波电压限值。关于计算机房的电源条件，国内已有专门的标准，其中分不同等级对谐波电压含量作了规定。

4）变流装置。变流装置本身是谐波源，除了根据整流脉动数产生特征谐波及小量非特征谐波外，在整流换相过程中暂短时间（几个微秒）内将交流供电网络相间短路，这就造成电压波形的陷波畸变（换相缺口）。陷波畸变可能影响交流装置的同步或以电压过零进行控制的其他装置正常工作。

5）低压中性线过负荷。在三相四线制低压配电系统向大量单相负荷供电时，由于某些负荷（例如电视机、电冰箱等家用电器）产生很大的 3 次谐波电流（零序性），三相回路中 3 次谐波加在中性线，可能使中性线电流达 1.7～2 倍相电流，而按过去常规设计，中性线导线一般和相导线的截面积相同甚至更小，故会造成中性线严重过负荷。

（8）互感器的误差。电压和电流互感器是测量高电压和大电流的传感设备，其谐波频率特性直接影响测量结果。

电流互感器的误差决定于励磁电流与损耗（铁损），频率越高，励磁电流越小。一般认为，电流互感器可以用于 5000Hz 以下电流测量而不会引起显著的附加误差。

对于 110kV 及以下电压等级，一般用电磁感应式电压互感器，这种互感器误差主要由一、二次侧的漏阻抗以及一、二次侧间的电容和二次侧负荷所引起。大体上，1000Hz 以下的电压测量能保持变比相对误差（相对于基波时变比）在 5%以内。

在 110kV 以上系统中，出于经济上的考虑，多采用电容式电压互感器（TVC）。TVC 由一个电容分压器和一个电磁式电压互感器组成。TVC 在基波频率下有较准确的变比关系。由于分压电容和电磁式电压互感器在某些频率下会产生谐振，故 TVC 一般不能用于谐波测量。

3.4 电压波动和闪变

3.4.1 电压波动

随着国民经济的不断发展，电力系统负荷快速增长，其中冲击性负荷（诸如电弧炉、轧机、电焊机、电力机车以及大电动机启动等）的广泛使用，使得某些供电系统的电压波动达到了不能容忍的程度。电压波动的危害表现在[11]：① 照明灯光闪烁（称为“闪变”）引起人的视觉不适和疲劳，影响工效；② 电视机画面亮度变化，垂直和水平幅度振动；③ 电动机转速不均匀，影响电机寿命和产品质量；④ 影响对电压波动较敏感的工艺或试验结果。

电压波动是由一系列电压（方均根值）变动引起的，如图 3–3 所示。电压变动（或通称为电压波动）值 d 为波动特性曲线上相邻两个极值电压之差

$(U_{max}-U_{min})$，以其占标称电压 U_N 的百分数表示，即

$$d=\frac{U_{max}-U_{min}}{U_N}\times 100\% \tag{3-7}$$

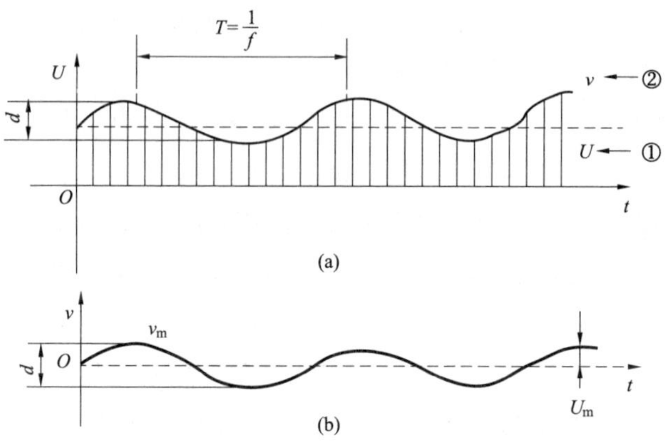

图 3–3　波动电压 v 对方均根值电压 U 的调制

（a）电网方均根电压 $U(t)$；（b）调幅波电压 $v(t)$

①—方均根值电压；②—正弦调幅波

图 3–3（a）表示方均根值波动电压 $U(t)$（每个波形的方均根值用竖线表示）可以看作由一个调幅波电压 $v(t)$ 对正常电压[$U(t)$ 为常数]调制的结果；图 3–3（b）表示正弦调幅波，其横坐标相当于 $U(t)$ 的平均值，d 值为 $v(t)$ 的峰谷差值，以其占 U_N 的百分数表示。单位时间内电压变动的次数称为频度 r，一般用 min^{-1} 或 s^{-1} 作为频度的单位。注意，电压由大到小或由小到大各算一次变动，因此对于正弦波形频度 r 和频率 f 的关系为

$$f(\text{Hz})=\frac{r(\text{s}^{-1})}{2}=\frac{r(\text{min}^{-1})}{120} \tag{3-8}$$

当调幅波 $v(t)$ 为周期性任意波形时，可以将 $v(t)$ 按傅里叶级数分解为各频率的正弦波形分量，对于每个频率分量，都有其相应的 d 值和 r 值。

3.4.2　闪变

灯光照度不稳定造成的视感叫闪变。闪变不仅与电压波动的大小（d 值）有关，而且与波动频度、波形、照明灯具的型式和参数（电压、功率）有关，此外还和人的视感灵敏性有关。一般认为白炽灯照明对电压波动最灵敏。为了制定闪变标准，IEC 工作组采用不同波形、频度和幅值的调幅波对正常工频

电压进行调制，向 230V 60W 白炽灯供电，对观察者（＞500 人）的视觉反应作抽样调查，用下式求出闪变觉察率 F（%）的统计值

$$F=\frac{C+D}{A+B+C+D}\times 100\% \tag{3-9}$$

式中　A——没有觉察的人数；

B——略有觉察的人数；

C——有明显觉察的人数；

D——不能忍受的人数。

取 $F=50\%$ 作为瞬时闪变视感度（instantaneous flicker sensation level）S 的衡量单位，称为觉察单位（unit of perceptibility）。与 $S=1$ 觉察单位相应的不同频度的电压波动值 d（%）如图 3–4 所示。图中画出 $S=1$ 觉察单位的正弦和矩形电压波动曲线，这是确定闪变值的实验依据。由图 3–4 可以看出，当 $r=1056\,\text{min}^{-1}$（$f=8.8\text{Hz}$），为矩形调幅波时，电压波动值 $d_{\min}=0.199\%\approx 0.20\%$；为正弦调幅波时 $d_{\min}=0.25\%$。两条曲线下凹部分对应闪变较为敏感的频率范围约为 6～12Hz。

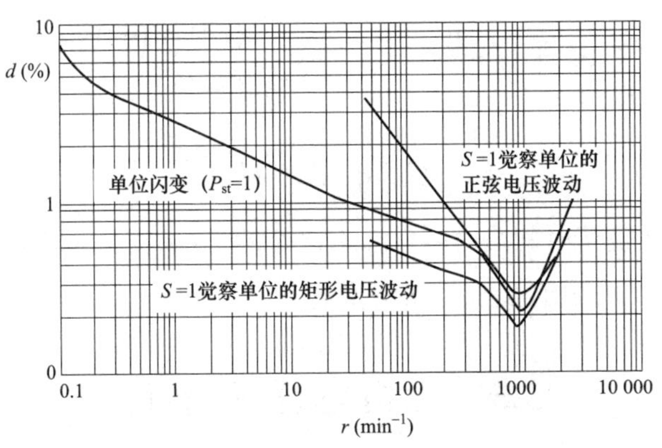

图 3–4　S=1 觉察单位的电压波动与频度的关系曲线

由于人的视感有一定的记忆效应，对于闪变影响的评定必须取足够长的时间。国标规定，对于短时间闪变值 P_{st} 求法为：取 10min 内 $s(t)$，作出 $s(t)$ 的累积概率函数（CPF）曲线（见图 3–5）。CPF 曲线的纵坐标为超过相应横坐标 $s(t)$ 值的时间占测量时段（10min）的百分数。P_{st} 值用下式计算

$$P_{st}=\sqrt{0.0314P_{0.1}+0.0525P_{1}+0.0657P_{3}+0.28P_{10}+0.08P_{50}} \tag{3-10}$$

式中　$P_{0.1}$、P_1、P_3、P_{10} 和 P_{50}——CPF 曲线上等于 0.1%、1%、3%、10%和 50%时间的 $s(t)$ 值。

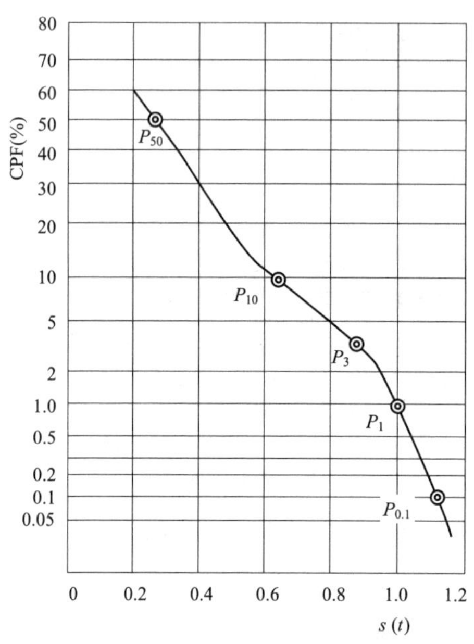

图 3-5　10min CPF 曲线示例

每项前面的常数为规定的加权系数，它们是根据典型的电弧炉工况 CPF 曲线推求出的（因为电弧炉引起的电压波动和闪变最为严重，IEC 制定的闪变标准主要针对电弧炉负荷）。因此短时间闪变值 P_{st} 是反映规定时段（10min）内闪变强度的一个综合统计量。研究指出，对于采用 230V 60W 的白炽灯照明，当 $P_{st}<0.7$ 时，一般觉察不出闪变；当 $P_{st}>1.3$ 时，则闪变使人普遍感到不舒服，所以 IEC 推荐 $P_{st}=1$ 作为低压供电的闪变限值，称为单位闪变（unit flicker）。

长时间闪变值 P_{lt} 由测量时间段（规定为 2h）内短时间闪变值 P_{st} 推算出

$$P_{lt}=\sqrt[3]{\frac{1}{n}\sum_{j=1}^{n}(P_{stj})^3} \tag{3-11}$$

式中　n——P_{lt} 测量时间段内所包含的 P_{st} 个数（$n=12$）。实际上 P_{st} 和 P_{lt} 一般均可以由闪变仪直接测量输出。

3.5　三相电压不平衡

电力系统中三相电压不平衡主要是由负荷不平衡、系统三相阻抗不对称以及消弧线圈的不正确调谐所引起的。由于系统阻抗不对称而引起的背景电压不平衡度，很少超过 0.5%，一般架空电网的不平衡度或不平衡电压不超出 0.5%～1.5%的范围，其中 1%以上的情况往往是分段的架空电网，其换位是在变电站母线上实现的。电缆线路的不对称度等于零，因为无论是三芯电缆或单芯电缆，各相芯线对接地表皮来说都处于平衡的位置。

电力系统三相电压平衡程度是电能质量的主要指标之一。三相电压不平衡过大将导致一系列危害[12]。

在中性点不接地系统（6、10、35、66kV）中，当消弧线圈调谐不当，和系统对地电容处于串联谐振状态时，会引起中性点电压过高，从而引起三相对地电压的严重不平衡。《交流电气装置的过电压保护和绝缘配合》（DL/T 620—1997）规定，中性点电压位移率应小于 15%相电压。需要指出，这种由零序电压引起的三相电压不平衡并不影响三相线电压的平衡性，因此不影响用户的正常供电，但对输电线、变压器、互感器、避雷器等设备的安全是有威胁的，也必须及时消除，这方面内容不属于本节的范围。本节论述由负序电压引起的三相电压不平衡的危害，主要有：

（1）当电机承受三相不平衡电压时，将产生和正序电压相反的旋转磁场，在转子中感应出两倍频电压，从而引起定子、转子铜损和转子铁损的增加，使电机附加发热，并引起二倍频的附加振动力矩，危及安全运行。据国外文献介绍，当电动机在额定转矩下负序电压为 4%运行时，仅根据附加发热，其绝缘寿命就缩短一半。

（2）如果在电力系统中有较大的不平衡电压，特别是一些动态的非线性不平衡负荷（如电弧炉、电气化铁路、电焊机等），则将在其近区电网中出现较高的负序和谐波水平。在负序和谐波的共同作用下，就会造成以负序滤过器为启动元件的继电保护和自动装置误动作，这对电网安全运行是有严重威胁的。

（3）电压不平衡使换流设备产生附加的谐波电流（非特征谐波），而这种设备一般在设计上只允许 2%的不平衡度（见 IEC 出版物 146《半导体换流器》❶）。

（4）电压不平衡使发电机和变压器的容量利用率下降：由于不平衡时最大相电流不能超过额定值，在极端情况下，只带单相负荷时则设备利用率仅为 $\frac{1}{\sqrt{3}}=0.577$。

变压器的三相负荷不平衡不仅使负荷较大的一相绕组可能绝缘过热导致

❶ IEC 146-1-1 Semiconductor convertors General requirement and line commutated convertors Part 1-1:Specifications of basic requirements.

寿命缩短，而且还会由于磁路不平衡，大量漏磁通经箱壁使其严重发热，造成附加损耗。

（5）对计算机系统的干扰。通常我国低压采用三相四线制 TN–C 系统供电。TN–C 系统的主要特点是将载流的工作中性线 N 与保护地线 PE 共用一条导线。由于三相不平衡必然引起在中性线上出现不平衡电流，同时还有波形畸变等因素引起的 3 倍数次谐波电流。在不平衡较严重时，中性线过负荷发热，不仅增加损耗，降低效率，还会引起零电位漂移，产生电噪声干扰，致使计算机无法正常运行。变压器运行规程规定 Yyn0 连接的变压器中性线电流限值为额定电流的 25%，而对于计算机电源，这个限值应更严一些，在 5%～20%范围为宜。

（6）电力损耗（线损率）是电网运行经济性的标志。当电网给不对称负荷供电时，会使电力损耗增加。研究指出，在理想电源条件下，在不平衡和平衡电流下运行的损耗之比约为$(1+\varepsilon_1^2)$[12]，如果三相电流不平衡，负序电流为 25%，则有功功率损耗将达（$1+0.25^2$）=1.06 倍。显然三相电流越不平衡，则造成的损耗越大。

（7）在低压系统中如三相电压不平衡，对照明和家用电器正常安全用电会造成威胁，因为这类设备大多数为单相用电。如接在电压过高的相上用电，则会使设备寿命缩短，以致烧坏；如接在电压过低的相上用电，则设备不能正常运转或灯光照度不足。

三相电量的不平衡度通常以负序分量与正序分量的百分比表示。

根据电工理论，任何一组不对称的三相相量（如电压、电流等）$\dot{A}$、$\dot{B}$和$\dot{C}$都可以分解为三组对称的相量，即

$$\text{零序}\quad \dot{A}_0, \dot{B}_0 = \dot{A}_0, \dot{C}_0 = \dot{A}_0$$

$$\text{正序}\quad \dot{A}_1, \dot{B}_1 = a^2\dot{A}_1, \dot{C}_1 = a\dot{A}_1$$

$$\text{负序}\quad \dot{A}_2, \dot{B}_2 = a\dot{A}_2, \dot{C}_2 = a^2\dot{A}_2$$

式中　a——相角旋转$120°\left(\dfrac{2\pi}{3}\right)$的算子。

而

$$\left.\begin{aligned}&\text{零序分量}\ \dot{A}_0=\frac{1}{3}(\dot{A}+\dot{B}+\dot{C})\\&\text{正序分量}\ \dot{A}_1=\frac{1}{3}(\dot{A}+a\dot{B}+a^2\dot{C})\\&\text{负序分量}\ \dot{A}_2=\frac{1}{3}(\dot{A}+a^2\dot{B}+a\dot{C})\end{aligned}\right\}\tag{3-12}$$

当三相电量 K、L、M 中不含零序分量时（例如三相线电压，无中线的三相线电流），可以利用解析几何的方法推导出求三相不平衡度的更为简洁的计算式（即国标中推荐的准确算式）

$$\frac{A_2}{A_1}=\sqrt{\frac{1-\sqrt{3-6\beta}}{1+\sqrt{3-6\beta}}}\tag{3-13}$$

及

$$\varepsilon_{\mathrm{U}}=\frac{A_2}{A_1}\times 100\%\tag{3-14}$$

式中 $\beta=\dfrac{K^4+L^4+M^4}{(K^2+L^2+M^2)^2}$

与此类似，三相电流不平衡度 ε_1，也可用其相应的公式计算。

工程上为了估计某个不对称负荷在公共连接点上造成的不平衡度，可用下列公式

$$\varepsilon_{\mathrm{U}}=\frac{\sqrt{3}I_2U}{10S_{\mathrm{SC}}}\tag{3-15}$$

式中 I_2 ——负荷电流的负序分量（A）；

U ——线电压（kV）；

S_{SC} ——公共连接点的短路容量（MVA）。

实际上

$$\begin{aligned}\varepsilon_{\mathrm{U}}&=\frac{U_2}{U_1}\times 100\%=\frac{I_2Z}{U_1}\times 100\%\approx\frac{I_2}{I_{\mathrm{SC}}}\times 100\%\\&=\frac{\sqrt{3}I_2U}{10S_{\mathrm{SC}}}\end{aligned}$$

（公式推导中近似认为 $U_1=U$；$Z_2=Z$，Z 为系统等值阻抗）

接于相间的单相负荷为S_L（MVA）时，其所引起的不平衡度可用更为简单的近似公式计算

$$\varepsilon_U = \frac{S_L}{S_{SC}} \times 100\% \qquad (3\text{–}16)$$

事实上，已知单相负荷电流I时，由式（3–12）很易求得负序电流I_2和I的关系为$I_2 = I / \sqrt{3}$，于是

$$\varepsilon_U = \frac{U_2}{U_1} \times 100\% \approx \frac{I_2}{I_{SC}} \times 100\% = \frac{S_L}{S_{SC}} \times 100\%$$

式（3–13）、式（3–15）和式（3–16）均为国标中推荐的公式。

3.6 过 电 压

电力系统中因运行操作、雷击和故障等原因，过电压是经常发生的。这是供电特性之一。减少或杜绝过电压引发的事故是电力工作者面临的长期任务。围绕过电压问题，有关设备绝缘、试验和过电压保护方面已有不少国家标准或行业标准，但将过电压作为电能质量指标之一，予以标准化，在国内还是首次尝试。一方面这是客观地反映了供电的特性，另一方面，在市场经济条件下，电能作为商品，其质量问题引起的纠纷不可避免，而由于过电压造成的问题涉及面广，发生频繁，关系到供用电和制造部门的权益。

当峰值电压超过系统正常运行的最高峰值电压时的工况叫过电压。电力系统中过电压是经常发生的。作用于设备的过电压传统的分类是按其来源分为内过电压和外过电压。内过电压是由于操作（如开、合闸）、事故（如接地、断线）或其他原因，引起电力系统的状态突然从一种稳态转变为另一种稳态的过渡过程中出现的过电压。这种过电压是由于系统内部原因造成并且能量又来自电网本身，所以叫内过电压。内过电压又可以分为工频过电压、操作过电压和谐振过电压等；外过电压又叫大气过电压或雷电过电压，它又分为直击雷过电压和感应雷过电压两种类型。

按过电压的波形特点可分为两大类，因为是过电压波形，幅值和持续时间决定了对设备绝缘和保护装置的影响。暂时过电压是指其频率为工频或某谐波（或间谐波）频率，且在其持续时间范围内无衰减或慢衰减的过电压；

瞬态过电压为振荡的或非振荡的，通常衰减很快，持续时间只有几毫秒且为缓波前的（例如一些操作产生）或几十个微秒且为快波前的（例如一些雷电产生）过电压。但需指出，操作过电压、雷电过电压虽然通常分别由操作（或故障）及雷击放电所引起，但其波形特征未必总是如此。例如，当变压器一侧有雷电波作用时，经绕组间耦合的电感性传递过电压，会有接近于操作过电压的缓波前特征；而当单相接地时，由于相间的电磁耦合，可在正常相上产生接近于雷电过电压的快波前特征。因此所谓的“操作”“雷电”过电压是指可分别用缓波前的操作冲击和快波前的雷电冲击来代表的过电压（见表3–3)。此外《绝缘配合　第 1 部分：定义、原则和规则》(GB 311.1—2012）中还有一种“陡波前”瞬态过电压，其波前上升时间在 3～100ns，持续时间≤3ms，对于这种过电压的标准电压波形和耐受试验波形均在考虑中，暂不涉及。

表 3–3　　　　各类过电压的典型波形

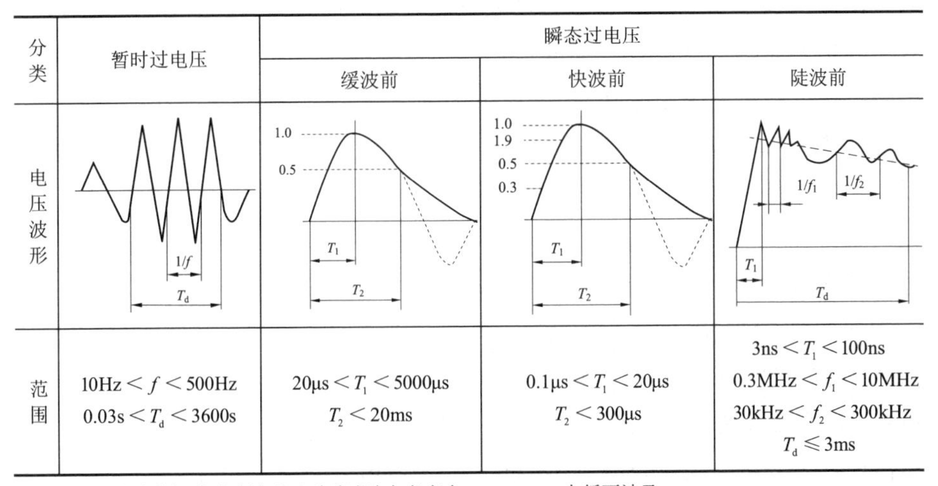

分类	暂时过电压	瞬态过电压		
		缓波前	快波前	陡波前
电压波形				
范围	10Hz < f < 500Hz 0.03s < T_d < 3600s	20μs < T_1 < 5000μs T_2 < 20ms	0.1μs < T_1 < 20μs T_2 < 300μs	3ns < T_1 < 100ns 0.3MHz < f_1 < 10MHz 30kHz < f_2 < 300kHz T_d ≤ 3ms

注　陡波前的标准试验波形及耐受试验在考虑中，GB 311.1 中暂不涉及。

3.7　间　谐　波

工程上广泛使用“谐波”的概念。谐波含量（或总畸变率）是波形畸变程度的表征。根据傅里叶分析理论，只有周期性的非正弦量才可以分解为基波（指工频量）和谐波（一般指工频整数倍分量）。在频谱图上，谱线的间隔为 50Hz。实际上许多负载（无论是线性的或是非线性的）是波动的，例如电弧炉、电焊机、轧机类负载就是快速变化的冲击负载，其电气量（电压或电流，包括幅值和相角）的变化在几毫秒或几十毫秒内就能观察到。在这种情况下，对于工频，“周期性”的前提已不存在，用傅里叶理论分析出的“谐波”显然不符合或不完全符合实际。于是就产生了“间谐波”的概念。间谐波是指非整数倍基波频率的谐波，这类谐波仍是用傅里叶分析方法求取的，只不过分析的周期采用波动（或调幅波）的周期。例如一个以 10 个工频周期为波动周期的电气量，可以用 200ms 的时间窗口（10×20ms=200ms）进行傅里叶分析，得到 5Hz 频率分辨率$\left(f=\frac{10^3}{200}=5\text{Hz}\right)$的频谱成分，也就是可以分析出 5、10、15、…、50、55、…、100Hz、…的成分。可以看出，这里有工频频谱成分（50Hz），也有谐波成分（100、150Hz…），还有间谐波成分（5、10Hz…）。另外，应注意工程上常把低于工频（50Hz）的间谐波称为次谐波。

在电网中，间谐波的发生源包括[13]：波动负载、电弧类负载（电弧炉、电弧焊机、具有磁力镇流器放电类型的照明等）、静止变频装置（交—直—交和交—交变频器等）、感应电动机、整周波控制的晶闸管装置、电源信号电压以及某些异常工况下的间谐波（例如铁磁谐振、串补系统中的低频振荡）。因此间谐波在电网中广泛存在。随着分布式电源的接入，智能电网的发展，间谐波的含量有增大趋势。

间谐波的影响尚在探讨中，已知最主要的影响有：引起电压波动和闪变，无源滤波器的过载（间谐波的谐振放大所致），干扰电力线上控制、保护和通信信号，引起机电系统低频振荡，影响以电压过零点为同步信号的控制设备以及某些家用电器正常工作等。因此电网的间谐波电压必须控制在一定水平以下。

3.8 电压暂降和短时供电中断

3.8.1 概述

20 世纪 80 年代以来，随着新型电力负荷的迅速发展以及它们对电能质量不断增加的要求，使电能质量成为电力企业和用户共同关心的问题。电压暂降（voltage dip）和短时中断（short interruption）已被认为是影响许多用电设备正常、安全运行的最主要的电能质量问题之一。

电压暂降是指供电电压有效值在短时间内突然下降又回升恢复的现象，在电网中这种现象的持续时间大多为 0.5 周波（10ms）～1s。美国电气与电子工程师协会（IEEE）将电压暂降定义为供电电压有效值快速下降到额定值（U_n）的 90%～10%，然后回升至正常值附近；而国际电工委员会（IEC）则将其定义为下降到额定值的 90%～1%。持续时间均规定为 10ms～1min。

短时供电中断则指电压有效值快速降低到接近于零，然后又回升恢复的现象。IEEE 和 IEC 对于“接近于零”的定义分别为电压低于 10%U_n 和 1%U_n。其持续时间 IEEE 规定为小于 1min，IEC 规定为小于 3min。

目前在国内外电工界，对电压暂降（包括短时中断，下同）的研究已相当广泛和深入，在国际性电工会议和专业期刊上，这方面的研究成果层出不穷，主要包括：电网中电压暂降的监测和统计分析、暂降的危害、暂降过程的仿真计算、暂降域的研究、不平衡暂降的特性、暂降在不同电压等级之间的传播、暂降对配电系统可靠性的影响、减小暂降的技术措施以及暂降的标准等[14]。

3.8.2 电压暂降的原因

供电系统任意点上发生的电气短路是公共电网上观察到的电压暂降的主要来源。

短路引起电流的急剧升高，随之引起供电系统阻抗上大幅度的电压降。短路故障在电力系统中是不可避免的，引发的原因有很多，但基本原因是本应相互绝缘且在正常情况下具有不同电位的两个结构之间介质的击穿。

许多短路是由超出了绝缘体耐压能力的过电压引起的。大气中的闪电是引起过电压的重要原因。或者，其他天气因素（风、雪、冰、盐雾等），或者动物、车辆、挖掘设备等的撞击或接触，以及老化的影响，都能使绝缘减弱、破坏或桥接。

典型的供电系统由多个电源（发电站）向许多负载（电动机、照明及电热等电阻性设备、电子装置的电源模块等）传递能量。整个系统，包括发电机、负载和两者间的设备，是一个单一的、集成的和动态的系统，在某一点上电压、电流、阻抗等的任何变化，都会在瞬间引起系统中其他点的变化。

绝大多数的供电系统是三相系统。短路会发生在相线与相线之间，相线与中线之间，或者相线与大地之间，也包括任何多相短路。

在短路点上，电压几乎完全突降为零。同时，系统上几乎所有其他点的电压同样要降低，但一般来说，其降低的程度相对较小。

供电系统所配备的保护装置将短路点从电源上断开。断开一旦发生，断开点以外的每一点上的电压立即恢复到接近于原先的值。某些故障可以自行清除：在断开之前短路消失并且电压恢复。

刚刚描述的这种电压突然降低，随后电压恢复的现象称为电压暂降（也称为电压跌落）。

大负载的切换、变压器的通电、大型电动机的启动以及某些负载特性造成的大幅度波动，都可以产生与短路电流的效果类似的大电流变化。尽管通常这类现象对发生点的影响不如短路严重，但在特定点上观察到的电压变化与短路引起的现象不易区分。这种情况也被划分为电压暂降（然而在公共电网的管理上，作为供电的条件，由此引起的允许电压波动是有限制的）。当感应电动机在某一电压下直接启动时机端最低电压

$$U_{\min}=\frac{US_{\mathrm{SC}}}{S_{\mathrm{St}}+S_{\mathrm{SC}}} \tag{3-17}$$

这里 U 为实际电压，S_{St} 和 S_{SC} 分别为电机堵转功率和机端短路容量。

3.8.3 电压暂降的危害

电压暂降会引起变速驱动装置（ASD）跳闸、程序逻辑控制器（PLC）损坏、各种数字式自动控制装置误动、计算机系统失常、数据丢失；导致相关加工生产线（例如石化、玻璃、纺织、造纸、塑料、半导体以及橡胶等）停顿，大型场所照明失电（例如镝灯，灯灭后需冷却几分钟后才能启动）等。表 3–4 列出电压暂降对一些设备的危害。

表 3–4　　　　电压暂降对一些设备的危害

设　备	电压暂降造成的影响
冷却控制器	当电压低于 80%时，控制器动作将制冷电机切除，导致巨大生产损失
可编程控制器	当电压低于 81%时，PLC 停止工作；一些 I/O 设备，当电压低于 90%、持续时间仅几十毫秒，就会被切除
精密机械工具	由机器人控制对金属部件进行钻、切割等精密加工的机械工具，为保证产品质量和安全，工作电压门槛值（阈值）一般设为 90%，当电压低于此值，持续时间超过 40～60ms 时，被跳闸

续表

设　　备	电压暂降造成的影响
直流电机	当电压低于 80%时被跳闸
变频调速器	当电压低于 70%且持续时间超过 120ms 时，ASD 被切除。而对于一些精加工业中的电机，当电压低于 90%且持续时间超过 60ms 时，电机就会跳闸而退出运行
电动机接触器	当电压低于 50%，持续时间超过 20ms，接触器就会脱扣；有的研究表明，当电压低于 70%，甚至更高，接触器就会脱扣
计算机	当电压低于 60%，持续时间超过 240ms 时，计算工作将受到影响，例如数据丢失等
高压气体放电灯	通用的高压钠灯会因低于 45%U_n 持续大约 40ms 的电压暂降而熄灭，重新点燃则需要 1 到几分钟的冷却时间

3.8.4　电压暂降的特征量及其测量和统计

在描述电压暂降时，常用下降幅值（或深度）、持续时间和发生频次这三大特征量。如图 3–6 所示，电压暂降的深度 d 定义为电压额定值（U_n）与电压下降的最小值之差 ΔU，以额定值的百分数表示。而暂降的持续时间 Δt 则定义为低于 90% U_n 至回升到 90% U_n 的时间。上述定义比较粗略，只对矩形的电压暂降来说是准确的，但对非矩形的暂降则显不足。即使暂降深度和持续时间相同，不同的暂降曲线引起的危害对某些用户可能是不同的。另外，电压暂降通常都伴随相位的偏移或跳变，大多数设备对此并不是十分敏感，但是对于使用相位信息决定触发时刻的控制系统，可能会造成极大的影响，这方面问题尚待深入分析、归纳。

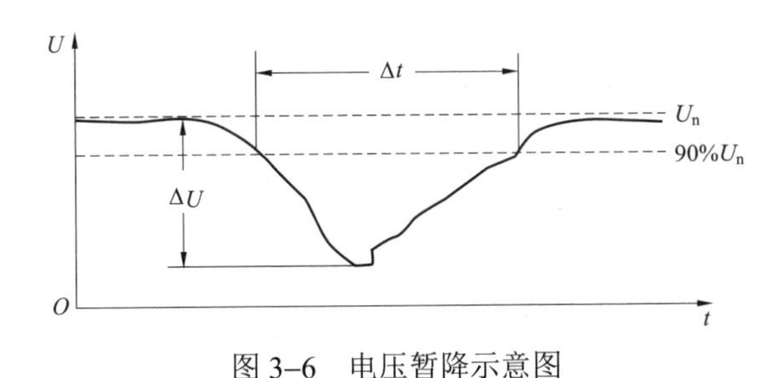

图 3–6　电压暂降示意图

孤立地谈电压暂降频次是没有意义的，因为不同用户对电压暂降的幅值、持续时间的敏感程度不同。所以在描述暂降频次时应考虑用户的敏感程度。电力公司和用户配合进行长期的监测和统计分析，即测量记录电压暂降发生的准确时间以及电压暂降的深度和持续时间，用户则记录设备异常运行的准确时间，从而确定各种设备对电压暂降的敏感度。这种监测可以为分析电压暂降的起因和减少事故次数提供依据，同时为用户及设备制造商提高设备的抗扰能力积累资料。

3.8.5 暂降过程的仿真计算

一般来讲，大负荷投切、感应电动机启动等引起的电压暂降值较小，持续时间较长，一般不会带来较大的事故和损失。实际系统中，危害性较大的电压暂降主要是由系统短路故障引起的，其传播距离远、暂降幅值大。因此选取、建立相关的负荷模型（如典型电动机模型、整流器模型）和系统模型（如变压器模型、线路模型等），仿真各种类型的电压暂降事故，如对各种故障类型、不同的故障地点、不同的电压等级引起的电压暂降以及电动机启动、变压器充电等问题引起的电压暂降现象，量化分析它们之间的联系与区别，将对电压暂降监测数据的分析辨识、负荷敏感曲线的测试以及电压暂降事故原因分析等方面都会有很大帮助。表 3–5 列出电压暂降分析的建模准则。

表 3–5　　电压暂降分析的建模准则

元　件	建　模　准　则
网络等值	极大多数馈供配电网的输电系统，可用其频率响应特性（即频率阻抗特性）准确描述；但当模拟低频瞬态（即电压暂降瞬态）时，由短路容量求出的三相戴维南等值（即等值短路阻抗）就足够了
线路和电缆	采用分布参数的模型最为准确，但一般也可以用集中参数模型，在概率研究时，一般就用集中参数模型
变压器	当电压暂降的原因是变压器充电所致时，应考虑变压器饱和特性；当研究短路引起的暂降时，用线性模型就足够了
保护装置	在研究低频瞬态时，断路器、重合器和任何类型的开断器可以用理想开关表示；熔断器则需要用非线性电阻表示。保护继电器模型只是考虑时延和重合时间
负载	许多暂降研究中用恒定阻抗（即用一个并联的 R–L）模型就可以了。更为准确的负载模型还能表示电压的关联、动态性能和电压暂降的敏感性；在概率研究中，负载模型应考虑日变化和随机特性

3.8.6 暂降域的研究

暂降域是指系统中发生故障引起电压暂降，使相关敏感负荷不能正常工作的故障点所在区域。分析暂降域，对减小电压暂降对敏感负荷的影响有重要的指导意义。目前主要的分析方法有：临界距离法和故障点法。临界距离法通过确定母线电压降低到所设定的临界电压时故障点与所关心母线之间的距离，从而得到该母线的临界域，若故障发生在此临界域内，则对敏感负荷有不良影响。故障点法先粗略分析各种可能发生的故障对敏感负荷产生的暂降影响，然后对各种故障类型进行仿真或短路计算，得到暂降幅值、相移和持续时间等特征量，再据此准确地判断可能带给所关心负荷不良影响的故障所在区域，即暂降域。

临界距离法原理简单明确，但没有计及暂降持续时间对敏感负荷的影响。故障点法可考虑各种故障情况及各个特征量对暂降域的影响，但较复杂，计算量大。因此研究一种快速、有效地确定电压暂降域的分析方法，十分必要。

3.8.7 不平衡暂降的特性计算

在进行暂降域计算时，需要考虑可能发生的各种故障的情况，包括三相短路、两相短路、单相短路等，一般用正序等效定则来进行故障电压的计算。该定则指出：在不对称短路时，短路点正序电流的大小正好与在短路点串联一附加阻抗 $x_{\Delta}^{(n)}$，并在其后发生三相短路时的短路电流大小相等，即

$$I_{a1}^{(n)} = \frac{E_{a\Sigma}}{x_{1\Sigma} + x_{\Delta}^{(n)}} \tag{3-18}$$

式中　$x_{\Delta}^{(n)}$ ——附加阻抗，与短路类型有关，上角符号（n）表示短路类型，n=1，2，3，1.1 分别代表单相接地短路、两相短路、三相短路和两相接地短路；

$x_{1\Sigma}$ ——短路点的正序网综合阻抗（同样，$x_{2\Sigma}$、$x_{0\Sigma}$ 分别代表负序网、零序网的综合阻抗）；

$E_{a\Sigma}$ ——系统综合相电压。

各种类型短路时 $x_{\Delta}^{(n)}$ 值列于表 3–6。

表 3–6　　各种类型短路时 $x_{\Delta}^{(n)}$ 与 $m^{(n)}$ 的值

短路方式	$x_{\Delta}^{(n)}$	$m^{(n)}$
单相接地短路	$x_{2\Sigma} + x_{0\Sigma}$	3
两相短路	$x_{2\Sigma}$	$\sqrt{3}$
三相短路	0	1
两相接地短路	$\frac{x_{2\Sigma}x_{0\Sigma}}{x_{2\Sigma} + x_{0\Sigma}}$	$\sqrt{3}\times\sqrt{1-\frac{x_{2\Sigma}x_{0\Sigma}}{(x_{2\Sigma}+x_{0\Sigma})^2}}$

在求出短路点的正序电流之后，根据式（3–19）即可计算短路点的短路合成电流

$$I_{\mathrm{a}}^{(n)} = m^{(n)} I_{\mathrm{a1}}^{(n)} \tag{3–19}$$

各种类型短路时的 $m^{(n)}$ 值见表 3–6。

上述计算的是故障处的短路电流。在电压暂降计算中，需要的不是故障处的电压，而是其所连接的母线处的电压，因此必须在各序网中分别计算正序、负序、和零序的电流和电压，最后再加以合成，求出相应考察点处三相电压。

在三相电力系统中，采用对称分量法可同时对三相暂降特征进行分类。瑞典专家 H. J. Bollen 提出了电压暂降“类型”的概念，通过这种方法，电压暂降可分成 A～G 的 7 种类型（见表 3–7）[14]。A 是对称三相电压暂降，单相和相间故障引起 B、C、D 类暂降，另外三种类型对应为两相接地故障。因此，根据供电系统中的不同故障类型，可方便地预测出暂降类型。

表 3–7　　暂降的 7 种类型［k，残压（p.u.）］

暂降类型	向量图（细线：故障前；粗线：发生故障）	故障类型	相　电　压
A	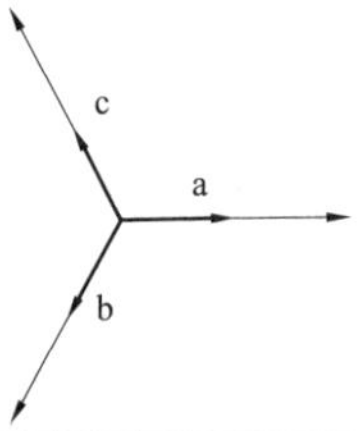 c a b	三相故障	$\dot{U}_{\mathrm{a}} = kU$ $\dot{U}_{\mathrm{b}} = -\frac{1}{2}kU - \mathrm{j}\frac{\sqrt{3}}{2}kU$ $\dot{U}_{\mathrm{c}} = -\frac{1}{2}kU + \mathrm{j}\frac{\sqrt{3}}{2}kU$
B	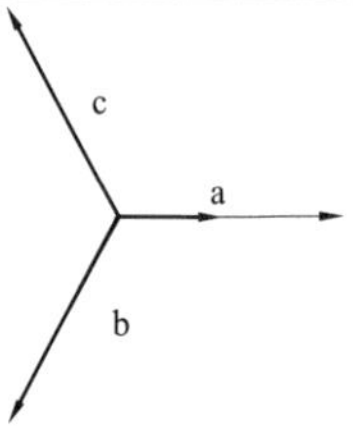 c a b	单相故障	$\dot{U}_{\mathrm{a}} = kU$ $\dot{U}_{\mathrm{b}} = -\frac{1}{2}U - \mathrm{j}\frac{\sqrt{3}}{2}U$ $\dot{U}_{\mathrm{c}} = -\frac{1}{2}U + \mathrm{j}\frac{\sqrt{3}}{2}U$
C	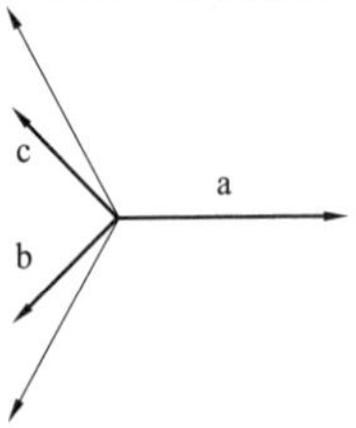 c a b	相间故障	$\dot{U}_{\mathrm{a}} = U$ $\dot{U}_{\mathrm{b}} = -\frac{1}{2}U - \mathrm{j}\frac{\sqrt{3}}{2}kU$ $\dot{U}_{\mathrm{c}} = -\frac{1}{2}U + \mathrm{j}\frac{\sqrt{3}}{2}kU$

续表

暂降类型	向量图（细线：故障前；粗线：发生故障）	故障类型	相电压
D		相间故障	$\dot{U}_a = kU$ $\dot{U}_b = -\frac{1}{2}kU - j\frac{\sqrt{3}}{2}U$ $\dot{U}_c = -\frac{1}{2}kU + j\frac{\sqrt{3}}{2}U$
E		两相接地故障	$\dot{U}_a = U$ $\dot{U}_b = -\frac{1}{2}kU - j\frac{\sqrt{3}}{2}kU$ $\dot{U}_c = -\frac{1}{2}kU + j\frac{\sqrt{3}}{2}kU$
F		两相接地故障	$\ddot{U}_a = kU$ $\ddot{U}_b = -\frac{1}{2}kU - j\frac{1}{\sqrt{12}}(2+k)U$ $\ddot{U}_c = -\frac{1}{2}kU + j\frac{1}{\sqrt{12}}(2+k)U$
G		两相接地故障	$\dot{U}_a = \frac{1}{3}(2+k)U$ $\dot{U}_b = -\frac{1}{6}(2+k)U - j\frac{\sqrt{3}}{2}kU$ $\dot{U}_C = -\frac{1}{6}(2+k)U + j\frac{\sqrt{3}}{2}kU$

3.8.8 暂降在不同电压之间的传递

用户设备接入的电压等级一般低于经常发生短路故障的电压等级。因此，设备终端的电压不仅取决于公共连接点（PCC）处的电压，还取决于 PCC 与设备终端之间的变压器绕组联结方式。表 3–8 总结了不同暂降类型，在不同变压器绕组联结方式下向较低电压等级变换后的状况。

表 3–8　　电压暂降类型向较低电压等级的变换

变压器联结	一次侧电压暂降类型						
	A	B	C	D	E	F	G
YN；yn	A	B	C	D	E	F	G
Yy；Dd；Dz	A	D	C	D	G	F	G
Yd；Dy；Yz	A	C	D	C	F	G	F

3.8.9　负荷连接方式的影响

三相负荷有星形（一般中性点不接地）和三角形连接方式，对于电网中不同故障感受到的电压暂降类型是不同的，如表 3–9 所列。

由此可知，在研究电压暂降对用户影响时，要考虑故障点和考察点的电气距离、电网结构、故障类型、变压器接线方式、负荷连接方式以及相关的继电保护和自动重合闸动作时限等。

表 3–9　　故障类型、电压暂降类型与负荷连接关系

负荷连接方式 / 故障类型	星　形	三角形
三相故障	A	A
两相接地故障	E	F
相间故障	C	D
单相故障	B	C

3.8.10　暂降对供电可靠性的影响

传统供（配）电可靠性只以超过 1min 或 5min 的停电为依据，我国现行《供电系统用户供电可靠性评价规程》（DL/T 836—2003）明确规定自动重合闸重合成功，或备用电源自动投入成功，不视为对用户停电。但是单一以停电时间来衡量的供电可靠性指标，并没有体现电压暂降对用户及社会造成的危害，没有反映现代电力系统条件下电力敏感负荷受其影响的严重性。

在电力市场环境下，定制电力需求方在购买电能时，必然会考虑诸如电压暂降等对其造成经济损失和社会（品牌）影响，必然会对传统的供电可靠性指标的定义和计算提出质疑。以停电时间为衡量指标的传统供电可靠性定

义已不能满足工业与科技发展的要求，建立合理科学的、能反映供用双方利益的、符合现代电力负荷对供电质量要求的、可操作性的供电系统可靠性评估体系已成为当前重要的研究课题。

表征电压暂降的特征量主要为有效值变化及电压暂降持续时间，因此衡量电压暂降的指标主要采用 SARFI 指数（System Average RMS Variation Frequency Index）。它有两种形式：一种是针对某一阈值电压 x 的统计指数 $SARFI_x$，另一种是针对某一设备的敏感曲线的统计指数［SARFI（curve）］。SARFI（curve）指数主要统计电压有效值低于相应的设备敏感曲线的概率。不同的敏感曲线对应不同的 SARFI 指数，比如 SARFI（SEMI）、SARFI（ITI）等。$SARFI_x$ 指数主要统计电压有效值低于阈值电压 x 的概率。如

$$SARFI_x = \frac{\sum N_i}{N_T} \tag{3-20}$$

式中　N_i——对于第 i 次测量过程中，研究区域内电压有效值低于阈值电压 x 的用户数；N_T 为研究区域内的用户总数。

此外，实际应用中还有在 $SARFI_x$ 基础上派生出来的 $SIARFI_x$、$SMARFI_x$ 和 $STARFI_x$ 等系数。

目前，世界上还没有可以推广采用的衡量电力系统电压暂降的指标体系，但这一研究已越来越引起相关专业人员的关注。我国学者以概率统计理论为指导，对计及电压暂降（含短时中断）的配（供）电系统可靠性评估指标提出了补充和修正的研究结果，这其中，提出了供电可靠率修正指标 RS^*（RS 为 reliability on service in total 缩写），将电压暂降纳入到可靠性的定义中，体现了电压暂降对供电可靠性的影响。不过结合电力系统和电力市场的实际运营时，其考核的可操作性等方面还待进一步深入的研究[14]。

3.9 电网信号传输

公用电网主要是为了给用户供电而建造的。但供电企业也用电网传送管理信号，例如一些类别的负荷控制。

从技术上讲，电网信号传输是一种间谐波电压源。信号电压加在供电系统的选定部分。发射的信号电压和频率是预先决定的，而且信号在特定时间

传输。

为了保证接到有电网信号的网络上设备的抗扰度，传输信号的电压水平必须有所限制。

利用配电网（高压、中压和低压线路）传输信号的系统，可根据信号的传递频率或类型分成以下四类[15]：

（1）纹波控制系统（110～3000Hz）。纹波控制信号以脉冲序列传输，每个脉冲持续 0.1～7s，整个序列持续 6～180s（一般每个脉冲约 0.5s，整个序列约为30s）。注入电网的正弦波信号值，根据当地情况不同取为标称电压的2%～5%（但发生谐振时可能高达 9%）。新近安装的系统信号频率一般为 110～500Hz。

（2）中频电力线载波系统（3～20kHz）。也使用正弦信号，其频率范围 3～20kHz（最好是 6～8kHz）。这样的系统主要供公用事业用，而且一直在研制中，只有少量输出系统在使用，信号注入到中压电网。这些系统的特性并不统一。兼容水平正在考虑中。

（3）无线电频率电力线载波系统（20～148.5kHz）。使用正弦信号，注入到低压电网。这些系统应用在由独立中压电源供电的公用电网的工业/商业低压设施中（不大于 95kHz），以及民用和商业用户的设施中（如遥控装置、“婴儿警报器”、载波电话等）。兼容水平正在考虑中。

（4）电网传号系统。这种系统在电源电压波形上使用非正弦脉冲信号，注入到中压或低压电网。由于各个系统特性不同。不能提供通用导则，但制造厂家应保证其系统与供电网之间的兼容性。

低频和中频范围内的正弦信号可被认为是类似于 1s 或更短（早期的信号传输系统长达 6s）的谐波和间谐波脉冲，而且会影响无线电设施或电视接收机以及电子调节器、计算机等电子设备。在某些情况下，这些影响可能类似于电源电压有效值的改变，宜按电压波动（闪变）来检验。

无线电频率范围内的信号主要会在无线电设备和电视接收机上引起传导骚扰或辐射骚扰。

电网信号系统可能受到电网骚扰，特别是谐波和间谐波的影响。考虑相邻系统的相互影响也是有必要的。

对于纹波控制系统，除了上述按当地情况采用 2%～5%标称电压外，在有些国家正式认可所谓的 Meister 曲线（见图 3–7）；若不用 Meister 曲线，则限制注入电网的信号不超过相近的奇次谐波（非 3 倍数）电压的兼容水平。

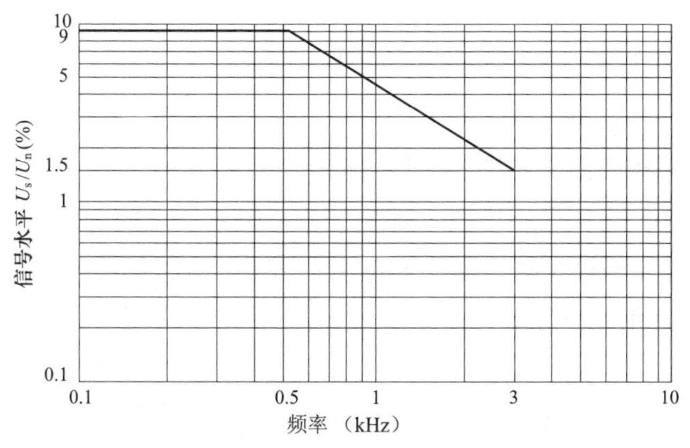

图 3–7　公用电网中纹波控制系统的 Meister 曲线

3.10　高频（50 次谐波以上）电压的畸变

现代用电负荷的发展导致供电电压中无用频率成分大为增加，其中电力电子调节模块是不断增加的主要电源。开关模式电源是最通用的装置，它从交流电源获取所需能量，以直流电压传递出去，这是一种高度非线性设备，其电流中含有大量谐波和间谐波频率成分，频率范围甚至延拓到 50 次以上，结果使供电电压中含有相应的高频成分。

电网上接用的脉宽调制电压源变流器产生调制频率的成分，这些主要是高频开关频率的谐波，一般不大于 2.5kHz，也有更高的离散频率成分。电弧炉是电网中具有连续频谱的谐波和间谐波源，也有 50 次以上谐波成分。

超过 50 次的谐波或间谐波，无论是离散频谱或有一定带宽的频谱，一般影响不大。但考虑到电网中谐振放大的危险性，电网中产生附加电能损耗，纹波控制接收机的灵敏性（响应水平低至 0.3%），以及 1～9kHz 及以上电压谐波成分超过 0.5%会引起设备噪声（具体取决于频率、幅值以及受影响的设备类型）等因素，对于 50 次（2.5kHz）以上至 9kHz 范围内离散频率的单次谐波电压推荐限值为 0.2%；对于 50 次以上至 9kHz 范围内某一频带的谐波，

推荐以中心频率为 F 的任何 200Hz 带宽范围内其谐波电压限值 u_b 为 0.3%，其表达式[15]为：

$$u_b = \frac{1}{U_1} \times \sqrt{\frac{1}{200\text{Hz}} \times \int_{F-100\text{Hz}}^{F+100\text{Hz}} U_f^2 \mathrm{d} f} \tag{3-21}$$

式中　U_1 ——基波电压有效值；

U_f ——频率为 f 的电压有效值；

F——频带的中心频率（频带为超过 50 次以上的谐波）。

以上推荐水平已有些实际经验为佐证（即有超过上列水平引起干扰的实例），但广为适用的兼容水平有待进一步研究。

3.11　直流及地磁干扰

公用电网中直流成分一般很小，可以忽略，但若接入某些非对称的可控负荷或利用大地作为直流输电线以及发生地磁暴时，直流电流可能较大，造成危害。直流电压大小和直流电流以及所考虑的电网接入点的电阻有关，直流输电的地中直流电流对地下金属物体的电解腐蚀比交流严重得多，这在设计中应加以注意。地磁干扰就是由于地球磁场变化引起地磁感应电流（GIC）在电力系统中流动。GIC 的主要来源是太阳[16]。

当太阳发射的带电质点，经过大约三天的传播接近地球时，它们被地球磁场偏转，带电质点和地球磁场相互作用，在电离层和磁层中，围绕地球磁极呈环状运动，这种电流可引起磁骚扰和磁暴，其时间刻度以小时或小于小时计。

据统计，感应的地电场最大值在地磁西–东方向。

此外，地磁骚扰的强度在极光区最高，并且通常是在夜间。不过，这种现象是非常随机的，磁暴的地域性和每日的发生方向可能有大的例外。

GIC 基本上是准直流现象（频率约为几 mHz），当存在以下一或两个条件时，GIC 和电力设施间可以发生大的耦合：

（1）地电阻率高；

（2）系统至少在两点以低电阻接地。通常，直接或有效接地电力系统的长输电线会受到较大的 GIC（每相几十安培）。

GIC 的主要影响是：

（1）GIC 流过变压器绕组，使铁芯过饱和。结果，变压器可能因过热损坏，电压和线路电流畸变，流过电网的无功功率被扰乱。

（2）由于谐波，控制装置和继电器也有可能受干扰，中性点不接地的设备也可能因谐波而运行不正常。

在北美，这种问题曾引起变压器故障，有一次甚至造成大停电。

在北欧电力系统中，引起了数起不希望的线路和变压器断开。

美国科学院的研究报告称："太阳风暴灾害与其他灾害相反，经济越发达的地区，太阳风暴灾害的影响越大"，并将中国列为遭受严重影响的警告国家，其原因也是电力问题。因为经济发达地区的电网规模大，更容易受到太阳风暴的攻击。由于我国经济的飞速发展，2001 年以来，在第 23 太阳周的高峰期，我国江苏、浙江、广东等经济发达地区的电网都发现了大量的 GIC 侵袭事件，造成过被误认为是变压器的故障，因而停电检修，造成相当大的经济损失。表 3–10 是第 23 太阳周峰年期，广东岭澳核电站 GIC 实测数据。其中 2004 年 11 月 7 日和 11 月 9 日两次磁暴引发的 GIC 最大，峰值分别达 47.2A 和 75.5A，其影响的直观现象是导致变压器的强烈振动和严重噪声。

表 3–10　2004～2005 年磁暴发生时广东岭澳核电站变压器中性点的实测 GIC

磁暴类型	起止时间	GIC 峰值/A	1min 最大值/A
急始	04/11/07 10:30～11/08　12:30	47.2	41.4
急始	04/11/09 18:30～11/10　22:30	75.5	50.5
急始	05/01/21 17:00～01/23　00:30	17.9	15.5
急始	05/05/15 02:30～05/16　19:30	27.9	23.9
缓始	05/05/29 20:30～05/31　00:30	5.6	4.7
急始	05/08/24 06:00～08/25　21:30	19.1	11.3
缓始	05/08/31 06:30～09/01　18:30	5.7	5.3

3.12　换　相　缺　口

电网换相变流器在换相期间，参与换相的两相交流端子被瞬时短路，使变流器阀侧线电压突降到接近于零。由于网侧存在电抗，这一电压突变现象将使电网的不同供电点出现电压缺口。电压缺口的宽度等于换相重叠角，其深度取决于供电点的短路阻抗比。

换相引起的电压缺口使电网电压突变，可能激发起高频振荡、干扰通信和电子设备的工作。对变流器本身，若缺口宽度比触发脉冲的宽度还要宽，则会造成触发失败，使逆变器故障和整流器工作不稳定。换相缺口在低压配电系统中尤为明显。换相缺口也是电压的周期性畸变，有的国家用缺口的深度和宽度来限制其危害[17]，例如美国 IEEE Std 519《电力系统中谐波控制推荐规程和要求》就有相应限值规定。

下面借助图 3–8（a）对换相缺口及其影响的计算方法加以简要的说明。

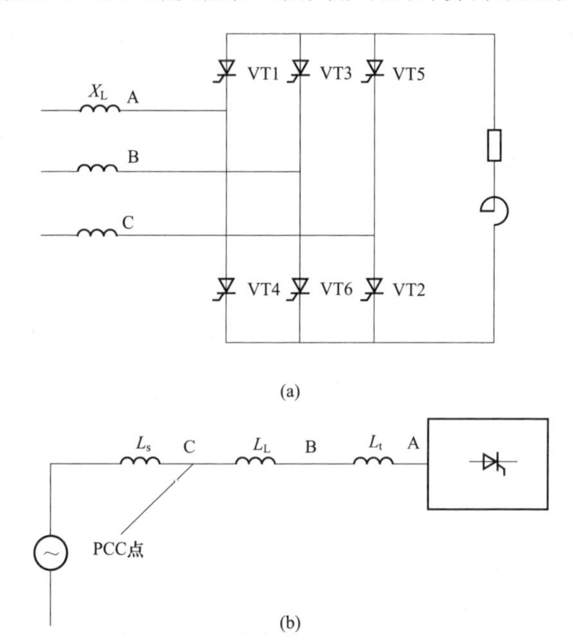

图 3–8　三相全控桥式整流电路和计算换相缺口面积的等效电路

（a）桥式整流电路；（b）等效电路

假定起始时电流由 A 相电源流经晶闸管 VT1，在触发延迟角 $\alpha = 30°$ 时触发使晶闸管 VT3 导通，此时电流开始由 A 相转移到 B 相，实际上在电源中必然存在着电感，故电流的转移要有一定的时间才能完成。结果是：由于退出相的晶闸管 VT1 电流衰减到零和进入相的晶闸管 VT3 电流上升都需要一定的时间，因而电流的换相被延迟。此时有一个时间间隔，退出和进入相的晶闸管 VT1、VT3 均在导通，相当于 AB 两相短路，从而在电压波形上形成缺口。缺口的宽度即等于换相角 μ（也称为换相重叠角）。图 3–8（b）给出了考虑线路电抗时计算换相缺口面积的等效电路。图 3–9为相应的整流电路输出电压波形，图（a）为相电压波形，图（b）为线电压波形，图（c）为换相过程细部的电流波形。

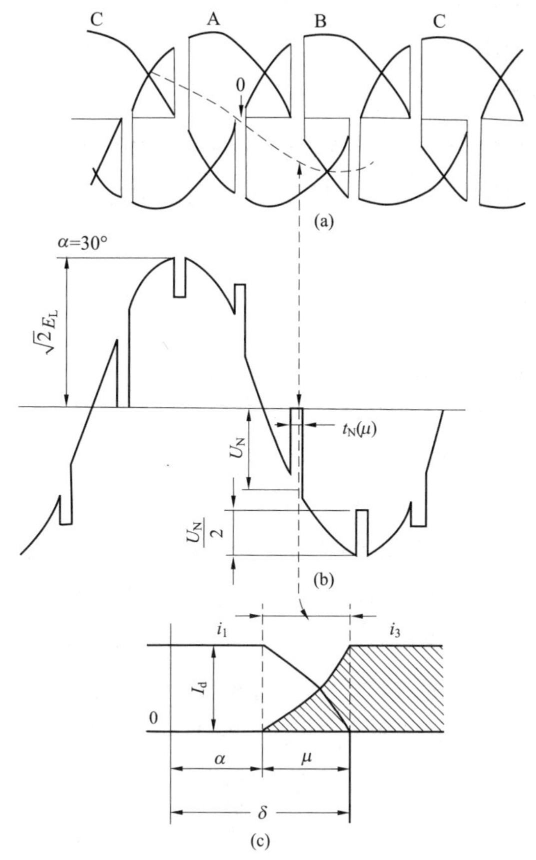

图 3–9　换相电压缺口波形

（a）相电压；（b）线电压；（c）换相过程电流波形

$$U_N = \frac{L_L e}{L_L + L_t + L_s} \tag{3-22}$$

$$t_N = \frac{2(L_L + L_t + L_s)I_d}{e} \tag{3-23}$$

$$A_N = U_N t_N = 2I_d L_L \tag{3-24}$$

式中　U_N ——较深的一个缺口的深度（线电压）（V）；

t_N ——缺口宽度（μs）；

I_d ——变流器的直流电流（A）；

e ——换相缺口产生前瞬间的线电压，$e = \sqrt{2}E_L$；

L_s ——电源电感；

L_L ——线路电感；

L_t ——变流器内部电感（H）；

A_N ——缺口面积，表示整流器对负荷的影响（V·μs）。

带缺口线电压的谐波方均根电压的和可以表示为

$$U_H = \sqrt{3U_N^2 t_N f_1} \tag{3-25}$$

相应的最大畸变率为

$$THD_{max} = 100\sqrt{\frac{3\sqrt{2}\times 10^{-6} A_N f_1}{\rho E_L}}\% = 0.074\sqrt{\frac{A_N}{\rho}}\% \tag{3-26}$$

式中　E_L ——线电压方均根值，$E_L = 380\text{V}$；

f_1 ——电网频率，取 50Hz；

ρ ——总电感与线路电感之比，$\rho = (L_L + L_t + L_s)/L_L$。

我们下面以图 3–10 为例说明一下计算结果。根据系统数据，C 点的缺口深度占变流器缺口深度的百分比为 ρ_d=(34.4+0.64)/(34.4+0.64+30)=54%，远超过 IEEE 519 规定的允许值。而变流器本身的缺口面积可以由其输出电压为 460V 时 372.82kW 电动机的负荷电流 I_d =735A 计算得到。

$$2I_d(L_s + L_{T1} + L_{F1}) = 2\times 735\times 64.94\text{V·μs}=95\,609\text{V·μs}$$

也就是说母线 C 处的缺口面积为：0.54×95 609V·μs=51 628V·μs，远远超出表 3–11 给出的 IEEE 低压换相过程失真的允许值。需要通过增大系统的短路容量，特别是变压器的容量，从而减小变压器的等效电抗 L_{T1} 和馈线电抗 L_{F1} 来满足规范要求。

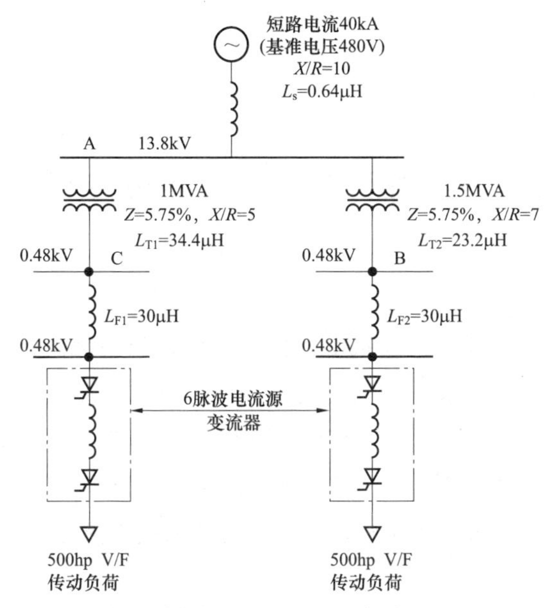

图 3-10　直流传动系统换相缺口面积计算实例（1hp=745.7W）

表 3-11　　IEEE 低压系统换相过程分类和畸变限值

	特殊场合（医院，机场）	一般系统	专用系统
缺口深度（%）	10	20	50
THD（电压）（%）	3	5	10
缺口面积/（V·μs）	16 400	22 800	36 500

注　上述面积限值适用于电压 480V 的系统，对于其他系统该限值应乘上系数 V/480。表中的限值主要应用于低压系统，因为此类系统很容易利用示波器观察。

4 电能质量干扰源的特性

影响电网电能质量的因素很多，大体上可以分为两大类，一类是各种干扰性负荷或设备；另一类是由于电力系统运行操作、参数的不利配合，设备（或线路）故障和雷电等原因。要解决好电能质量问题，首先必须对干扰源特性有深入的了解。本章对电网中电能质量主要干扰源负荷（设备）的特性做介绍，并提供一些工程实用资料，为干扰的评估提供参考。

4.1 主要谐波源

电网中的谐波，都来自于大量的谐波源，为了研究电网中谐波的发生、分布、影响及其抑制，必须掌握各种谐波源的特性，电网中的谐波源在许多情况下可以当作电流源来处理，这是因为供电电压一般相对变化不大（在 $\pm10\%\ U_n$ 内），非线性负荷所产生的谐波电流主要由负荷本身特性所决定。以下简要介绍电网中主要谐波源的特点[18~21]。

4.1.1 变流器

随着电力电子技术的发展，各式各样的整流二极管、晶闸管等电力半导体器件在各行各业中得到日益广泛的应用。化工、冶金工业用的整流装置，直流输电用的整流和逆变器等，我们统称为变流器（或换流器）。变流器从电网吸收有功电流和无功电流的同时，也向电网注入谐波电流，而谐波电流在电网阻抗上产生的谐波电压降，使电网各点电压产生畸变，干扰了电网中其他设备的良好运行。目前以相控变流器为核心的交—直—交、交—交变速驱动器获得广泛应用，是电网中一个重要的谐波和间谐波源，这类装置的谐波特性在本章 4.2 中一并介绍，本节仅介绍不可控变流器的谐波。

电网最基本的变流器是三相桥式 6 脉动整流器（见图 4–1）。在理想条件下（即电源三相电压对称、正弦；直流电流平直；三相等间隔换流等）在电源侧（电网侧）电流中只含 h=6k±1（式中 k 为正整数）次特征谐波。第 h 次谐波电流的理论值为 $I_h=I_{1L}/h$（式中 I_{1L} 为基波值），实际上由于各种非理想因素（电源电压不对称、直流电流脉动、换相重叠现象等），h 次特征谐波可用式（4–1）估算

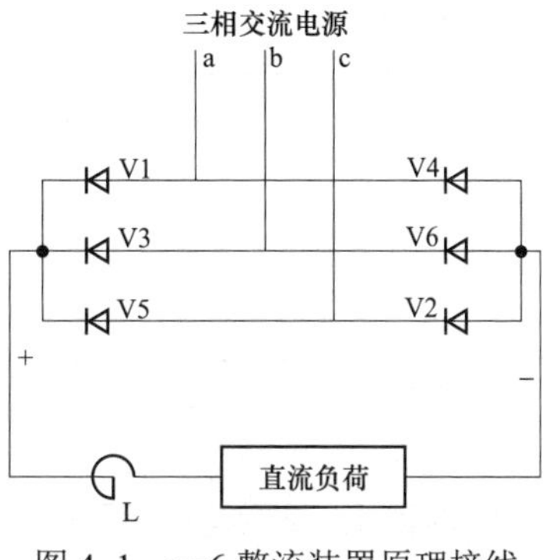

图 4–1　p=6 整流装置原理接线

$$I_h = I_{1L}/(h-5/h)^{1.2} \qquad 5 \leqslant h \leqslant 31 \tag{4–1}$$

其中

$$I_{1L} = S_L/\sqrt{3}U_{LN} \tag{4–2}$$

式中　I_{1L}——网侧基波电流；

S_L——变流器网侧视在功率；

U_{LN}——网侧线电压。

若图 4–1 中二极整流管换为晶闸管，构成可控 6 脉动整流器，则谐波电流和晶闸管的触发延迟角 α、换相重叠角 μ 有关，可以参考有关专业书求解。

对于多台整流器连接在同一母线上，如有相同的脉动数，设所有整流器合成视在功率最大值为 S_{Lmax}，则基波电流为

$$I_{1max} = \frac{S_{Lmax}}{\sqrt{3}U_{LN}} \tag{4–3}$$

对于 6 脉动和 12 脉动整流器，除了可以用式（4–1）计算特征谐波电流外，还可以用式（4–4）求出 5～25 次（奇次）谐波电流。

$$I_h = \frac{\beta}{h} I_{1max} \tag{4–4}$$

式中　β——修正系数，见表 4–1。

表 4–1　　式（4–4）中谐波电流修正系数 β

p \ β \ h	5	7	11	13	17	19	23	25
6	0.95	0.90	0.75	0.72	0.66	0.50	0.40	0.30
12	0.30	0.30	0.80	0.75	0.20	0.15	0.45	0.35

注　表中 p 为整流器脉动数。

理论上 12 脉动整流器不含有 5、7、17、19 次谐波，实际上存在的并非理想情况，会出现这些谐波，但与 6 脉动整流器比较，由表 4–1 可见其幅值要小得多，对于大容量稳定负荷的 12 脉动整流器这些非特征谐波的修正系数还要小，可取 0.10 或 0.15。另外非特征的 3 次谐波在各种整流器中经常存在，表 4–1 中未列出，因其影响因素较复杂，变化范围也较大（一般为 0.05～0.20）。此外少量的偶次谐波（I_2，I_4，…）也经常存在。对于快速波动性的负荷，如由整流器供电，则因存在“旁频”成分，其频谱修正系数和表 4–1 中所列的可能差异较大。最后要指出，变流器的谐波和负荷的大小也有关。在轻负荷时，其谐波电流含有率较重负荷时大。

4.1.2　电弧炉

交流电弧炉一般是三相式，通过专用的电弧炉变压器供电，炉变容量由几 MVA 至几十 MVA（甚至几百 MVA）不等。变压器高压侧 3～35kV 居多，大型的有用 110kV、220kV 的，低压侧（电弧炉侧）为数百伏。

电弧炉的冶炼过程大体上分两个阶段，即熔化期和精炼期。在熔化期，相当多的炉内填料尚未熔化而呈块状固体，电弧阻抗不稳定。有时因电极都插入熔化金属中而在电极间形成金属性短路，并且依靠电弧炉变压器和所串电抗器以及短网的总电抗来限制短路电流，使之不超过电弧炉变压器额定电流的 2～3 倍。不稳定的短路状态使得熔化期电流的波形变化极快，有时每半个工频周期的波形都不相同。严格地说，熔化期的电弧炉电流不适于傅里叶分析法，因为傅里叶分析法只适用于周期性变化的波形。但实际上仍采用基于傅氏分析的方法来测量（例如，一般的谐波分析仪均按傅氏变换来分析波形）和计算电弧炉电流的谐波量，虽然这样做在数学上不严格，但尚无其他更好的替代方法。应当指出，电弧炉电流频谱包含着大量的间谐波，目前多数仪器还不能测出，这种情况必须改变，因为间谐波电压的国标已正式发布实施。

在熔化初期以及熔化的不稳定阶段，电流波形不规律，故谐波含量大，主要是第2、3、4、5、6、7次谐波电流。一些国家测到的交流电弧炉熔化期的谐波电流含有率（以基波电流 I_1 为基值）如下：I_2：5%～12%；I_3：6%～20%；I_4：3%～7%；I_5：4%～9%；I_6：1%～3%；I_7：2%～4%。

表4–2和图4–2所示，为典型的电弧炉在熔化期谐波电流含有率 $\frac{I_h}{I_1}\times 100\%$ 的统计值。

表4–2　典型电弧炉的谐波电流含有率的统计值

h	2	3	4	5	6	7	8	9
含有率 $\frac{I_h}{I_1}\times 100\%$	10.0	11.6	6.0	8.4	2.4	2.2	2.2	1.6

除上述离散频谱外，还含有连续频谱（在图4–2中以虚线表示）。含偶次谐波，表明电弧电流的正、负半周期不对称；含连续频谱，表明电弧电流的变化带有非周期的随机性。当电弧炉接入短路容量相对较小的供电系统时，它所引起的电压波动、三相电压不平衡和谐波，将会危害公共供电点的其他用户的正常用电。

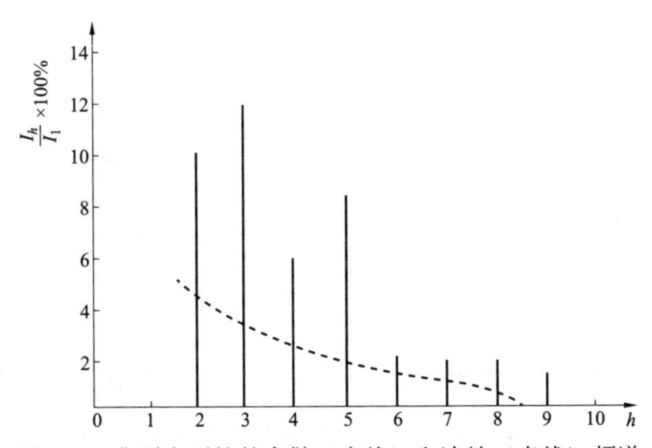

图4–2　典型电弧炉的离散（实线）和连续（虚线）频谱

在精炼期，电弧炉的电流较稳定，且一般不超过额定值，电流中的谐波含有率不大，除 3 次谐波电流外，一般单次谐波电流不超过基波电流的 2%～3%，并以 I_3 和 I_5 较大，I_3 有可能达 7%左右，总的电流畸变率也不超过 3%～4%。

实际上电弧炉对电网的最重要的影响还不是谐波问题，而是电压波动和闪变，关于这方面问题，在第 3 节论述。

4.1.3 铁合金炉、电石炉

铁合金炉和电石炉在配电网中或较小供电网中也可能是重要的谐波源。和炼钢电弧炉相比，铁合金炉的负荷波动和谐波电流含有率较小，电石炉则更小。

铁合金炉的负序电流和正序电流的比值一般不超过 25%，任一次谐波电流含有率一般不超过 10%，电石炉的相应值一般各不超过 20%和 5%。这些炉的主要谐波电流的谐波次数都较低（$h \leqslant 7$）。

4.1.4 电气铁道

电气铁道的供电是在铁道沿线建立若干个牵引变电站，一般由电网 110kV 或 220kV 双电源供电，经牵引变压器降压为 27.5kV 或 55kV 后通过牵引网（接触网）向电力机车单相供电。对于交直型电力机车，采用 25kV 单相工频交流电压，经降压和全波整流后以相控方式驱动直流牵引电动机，带动机车在架空接触导线和钢轨之间行驶。图 4–3 为电气铁道供电系统简图。

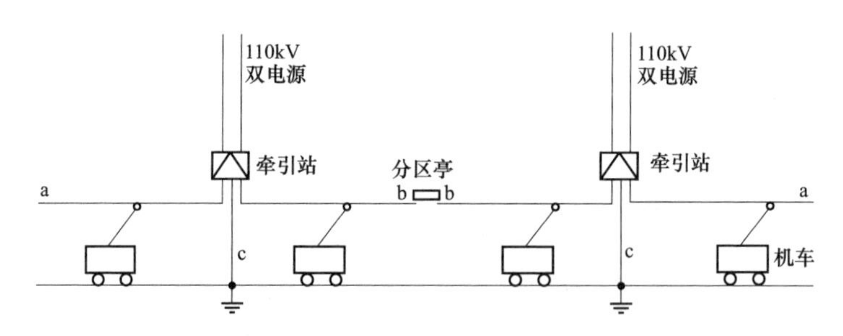

图 4–3　电气铁道供电系统简图

随着我国高速客运专线的飞速发展，交—直—交型电力机车的应用也日益广泛，我国目前客运专线上运行的高速动车组主要为 CRH2、CRH3 型。

牵引变电站（简称牵引站）内安装两台相同型式和容量的牵引变压器，互为备用。

表 4–3 列出我国现有的一些交—直型电力机车谐波（在交流电源侧测量）的典型统计值。表 4–4 为 CRH2 型动车组谐波值[23]。

表 4–3　　交—直型电力机车谐波的典型统计值

机车型号	牵引功率（kW）	满载时谐波含有率（%）				
		3	5	7	9	11
SS1	4200	23	12	7	4	3
SS3	4800					
SS4	6400					
SS7	4800					
8G	6400					
8K	6400					
6K	4800	10	5	4	3	2
6G53	4800	（机车上有 3、5 次滤波器）				

表 4–4　　CRH2 型动车组机车谐波电流值（%）

受电电压	5 次	7 次	11 次	13 次	17 次	19 次	23 次	23 次以上
6.6kV	4.0	2.8	1.8	1.5	1.1	1.0	0.87	0.80
22kV 以上	6.7	4.8	3.1	2.6	1.9	1.8	1.5	1.5

总的来说，由于交—直型电力机车采用了相控整流方式，其正常工作时产生的谐波较大，对电力系统造成的影响也较大；相对而言，交—直—交机车由于采用了 PWM 整流逆变方式，交流侧谐波含量大大降低，对电网的谐波干扰明显降低。但对较高次的谐波在电网中会不会被放大造成危害，仍值得进一步研究。

4.1.5　电力变压器

在额定电压下，大容量变压器的励磁电流约占额定电流的 1%～2%，而小容量变压器可达 10%。励磁电流的大小和材料及外施电压有关。励磁电流中含有较高的谐波成分，如表 4–5 所列。

表 4–5　　变压器励磁电流的谐波含有率

谐波次数	3	5	7	9	11
谐波电流（%）	15～55	10～25	4～10	2～6	1～3

由于变压器的三相磁路不对称，即使有三角接线的绕组，仍有 3 次谐波流入系统。电力变压器的谐波，特别在 220kV 及以上系统中有时会产生谐波放大（特别是 3 次或 5 次谐波），危及系统安全运行。

单台变压器产生的谐波电流一般不超过规定允许值。但电网中变压器的总容量可能为发电机总容量的 4 倍以上。它们的谐波电流总值非常大，可达全部发电机额定电流总和的 1%～2%。当变压器绕组接法以及各绕组和电网各相的连接统一规定时，则各台变压器励磁电流中的同一次谐波电流大致互相叠加，从而成为电网背景谐波的重要来源。

变压器的励磁电流及其所含谐波电流都是随着电压和磁饱和的升高而增大的。由于现代制造的变压器都设计在额定电压时的磁密已接近磁化曲线的拐点，所以当电压超过额定值后，变压器谐波电流随电压升高而迅速提高，尤其是其中的 5 次谐波电流。我国很多电网的电压调整尚未做到逆调压，所以在低谷负荷时电网电压有较大幅度的升高，因此许多电网反映低谷负荷时电网中谐波电压升高。至于一些对电网电压调整做到逆调压的发达国家，则电网谐波电压较大的时刻一般是在工业负荷最大的白天高峰负荷时，以及电视收视率最高的晚间高峰负荷时，而不在低谷负荷时。

4.1.6 家用电器

家用电器由低电压供电，功率小而数量多，可以汇集成为较大的谐波电流馈入电网，使电网的谐波水平升高。单相电力电源有两种通用型式。老的技术是用交流侧电压控制的方法，例如用变压器把电压降到直流母线所需的水平。变压器的电感有平滑输入电流波形，同时降低谐波含量的副作用。较新的技术是开关模式电源（见图 4–4），采用直—直变换技术达到用小而轻的元件做到平滑的直流输出。输入的二极管桥直接接到交流电源线上，而不用变压器，然后用开关将直流电流变成很高频率的交流再整流成直流。个人计算机、打印机、复印机以及大多数其他单相电子设备现在几乎普遍用开关模式电源。这种电源主要优点是重量轻、结构紧凑、体积小、运行效率高，以及不需用变压器。开关模式电源通常能容许输入电压有很大的变化。

因为交流侧没有大电感，而电容器 C_1 在每半个周波往返充电，所以电源的输入电流呈现很短的脉冲。图 4–5 说明供给开关模式电源的各种电子设备整个电路的电流波形和频谱。

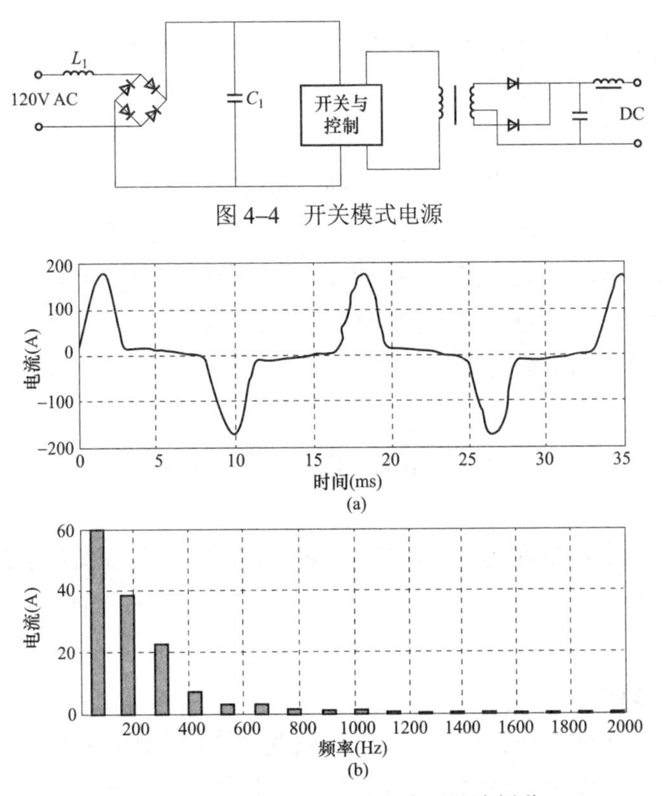

图 4–4　开关模式电源

图 4–5　开关模式电源的电流及谐波频谱

开关模式电源的一个显著特性是电流中 3 次谐波含量很高。由于 3 次谐波电流分量在三相系统的中性线是相加的，开关模式电源不断增加的应用常引发对中性线过负荷的关注，特别是在老建筑物中，一些小截面的中性线也许早已安装好。对于变压器，由于电流的谐波含量、杂散磁通以及很大的中性线电流等因素组合，造成过热问题也应关注。表 4–6 列出一些家用电器的实测结果。

表 4–6　　　　　　　　家用电器的谐波含有率

谐波量 / 名称	I_3（%）	I_5（%）	I_7（%）	I_9（%）	I_{11}（%）	ΣI_n（%）
日光灯	14.1	2.9	1.8	—	—	14.5
洗衣机	10.8	5.3	—	—	—	12.0
彩电	87.9	68.3	45.2	23.5	6.8	122.6
个人计算机	72.0	60.0	40.0	22.6	—	104.4

一些国外专家指出，家用电器的谐波“污染”即将上升为主要地位。下面以电视机为例作补充说明。

电视机的谐波特点是谐波的峰值与基波峰值重合，同一相电压供电的多台电视机产生的谐波相位相同，而且同时间的使用率高，造成电网谐波增大。有关谐波的实测调查表明，在低压电网供有大量电视机负荷的系统中，晚间20 时左右电视收看率达到高峰的时间段内，各级电压的谐波畸变率也明显升高（升高 2%～3%）。此外在电视机供电网的中性线内，因 3 次谐波电流相加使中性线电流大为增加。

4.2 间 谐 波 源

间谐波是指非整数倍基波频率的谐波，这类谐波可以是离散频谱的或连续频谱的。根据傅里叶分解理论，周期性的非正弦量只能分解出（或产生）整数次的谐波。

4.2.1 波动负荷

实际上许多非线性负载是波动的，或其电流的幅值、相位或波形是变化的。例如工业电弧炉、晶闸管整流供电的轧机是快速变化的冲击负荷，其电气量（电压或电流）的变化在几毫秒或几十毫秒内就能观察到。在这种情况下，对于工频，“周期性”的前提已不存在，因而用傅里叶理论分析的结果不符合或不完全符合实际。设某一调幅波电压 $M\cos\Omega t$ 叠加在稳态电压 $\sum_{h=1}^{\infty}A_h\cos(h\omega t+\varphi_h)$ 上，则其合成电压为[13]

$$u(t)=\sum_{h=1}^{\infty}(1+m_h\cos\Omega t)\cdot A_h\cos(h\omega t+\varphi_h) \tag{4–5}$$

式中 m_h——调幅波对 h 次谐波幅值的调制系数，$m_h=\dfrac{M}{A_h}$；

A_h——h 次稳态谐波电压的幅值，h 为正整数；

Ω——调幅波的角频率；

ω——工频角频率；

φ_h——h 次谐波初相角。

由式（4–5）很易推得

$$u(t)=\sum_{h=1}^{\infty}A_h\cos(h\omega t+\varphi_h)+\sum_{h=1}^{\infty}\frac{M}{2}\cos[(h\omega\pm\Omega)t+\varphi_h] \qquad (4\text{–}6)$$

由式（4–6）可以看出，经角频率为Ω（$\Omega<\omega$）的调幅波$M\cos\Omega t$调制后，除了稳态电压中角频率为$h\omega$成分外，各次谐波（包括基波）中增加了旁频（$h\omega\pm\Omega$），其幅值均为$\frac{M}{2}$。

实际上，调幅波很可能存在多个频率成分（设为n个），则调制的结果为各次谐波（包括基波）均增加n对（即$2n$个）旁频成分，这些旁频成分就是间谐波。工业上有些负载的波动具有不规则性（例如电弧炉、电焊机），则产生的间谐波的频谱（幅值和频率）也就具有不确定性，频谱往往呈现连续状态，如图4–2所示。

4.2.2 变频调速装置

大功率晶闸管交流调速装置由于技术经济上的优势，正在取代传统的直流调速装置。交流调速分为两大类，即交—直—交变频器和交—交变频器，其原理示意见图4–6～4–8。交—直—交变频器由整流器、中间滤波环节及逆变器三部分组成。整流器为晶闸管三相桥式电路，它的作用是将交流电变换为可调直流电。逆变器也是晶闸管三相桥式电路，它的作用是将直流变换调制为可调频率的交流电。中间滤波环节由电容器或电抗器组成，它的作用是对整流为直流后的电压或电流进行滤波[18,19]。

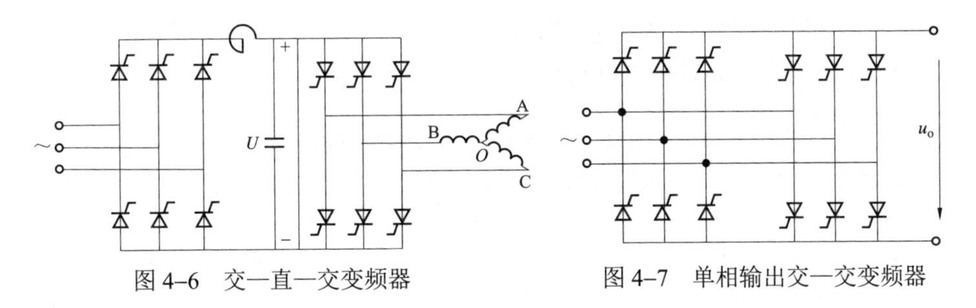

图4–6　交—直—交变频器　　图4–7　单相输出交—交变频器

单相输出的交—交变频器见图4–7，它实质上是一套三相桥式无环流反并联的可逆整流装置。装置中工作晶闸管的关断通过电源交流电压的自然换相实现，输出电压波形和触发装置的控制信号波形是一样的，从而实现单相变

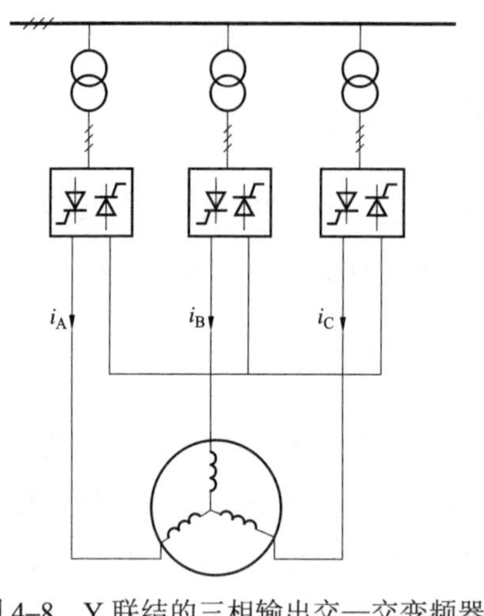

图 4–8　Y 联结的三相输出交—交变频器

频。三相交—交变频器由三组可逆整流器（一般用桥式电路）组成，见图 4–8。若三个控制移相信号是一组频率和幅值可调的三相正弦信号，则变频器输出相应的三相交流电压，实现三相变频。

这两种变频器使用中在其供电电流中均有谐波成分，产生的谐波频率 f_h 均和输出频率 f_0 有关（一般 $f_0 < f$ ），可以统一表达为式（4–7）[20]：

$$f_h=(pk\pm 1)f_1\pm lmf_0 \tag{4–7}$$

式中　k，m=0, 1, 2…；

l——和变频器负载相数有关的系数，l=6 为三相负载；l=2 为单相负载；

p——输入换流器脉动数（一般 p=6）；

f_1——电源输入的基波频率。

由式（4–7）可以看出，供电电流的谐波频率并不全是输入频率 f_1 与输出频率 f_0 的整数倍，而是这两种频率的和或差。其中有一般整流装置所具有的特征谐波（当 m=0），但次谐波与特征谐波附近的旁频谐波幅值也很大，尤其是频率很高的旁频谐波引起的电流畸变不容忽视。表 4–7 为某台 6 脉动交—交变频器在输入工频为 60Hz，输出频率为 5Hz 时输入电流的频谱。从表中可以看出电流含有很多的间谐波分量。

表 4–7　　　　6 相变速驱动器输入电流的频谱值

f（Hz）	I_f（%）	f（Hz）	I_f（%）
30	0.4	200	3
40	1	300	2
50	11	400	2
60	100	500	10
70	3	600	1.5

注　I_f 为谐波电流含有率。

间谐波电流的计算涉及很多参数，一般需要建立数学模型进行详细分析。

相控三相电力电子变流器和单相变流器不同，主要是不产生 3 次谐波电流，这是一大优点，因为 3 次谐波电流是最大的谐波分量。但是，这种变流器仍可能是其特征频率处的重要谐波源，如图 4–9 所示。这是一种变速驱动装置的典型电流源。图 4–9 中给出的谐波频谱也是直流马达驱动装置输入电流的典型频谱。电压源变流驱动装置（例如 PWM 型驱动器）可能有高得多的畸变水平，如图 4–10 所示[21]。

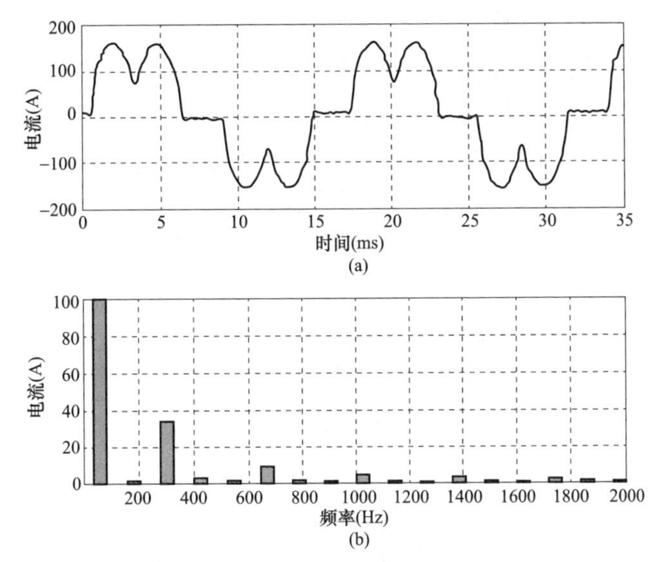

图 4–9　CSI 型变速驱动装置电流和谐波频谱

PWM 驱动器的输入，一般设计成像一台计算机中三相型开关模式电源，整流器直接从交流母线馈供到直流母线的一个大电容器上。充电回路中稍有一点电感，所以电容器以非常短的脉冲充电，于是交流侧电流波形呈明显的“兔耳”型，这种波形畸变很大。然而，开关模式电源一般用于很小的负荷。PWM 驱动器目前只在 500 马力（hp，1hp=735.499W）以下负荷中使用。

4.2.3　感应电动机

感应电动机的定子和转子中的线槽会由于铁芯饱和而产生不规则的磁化电流，从而在低压电网中产生间谐波。在电机正常转速下，其干扰频率在 500～2000Hz 范围内，但电机启动时干扰频率范围更宽。这种电动机当装在

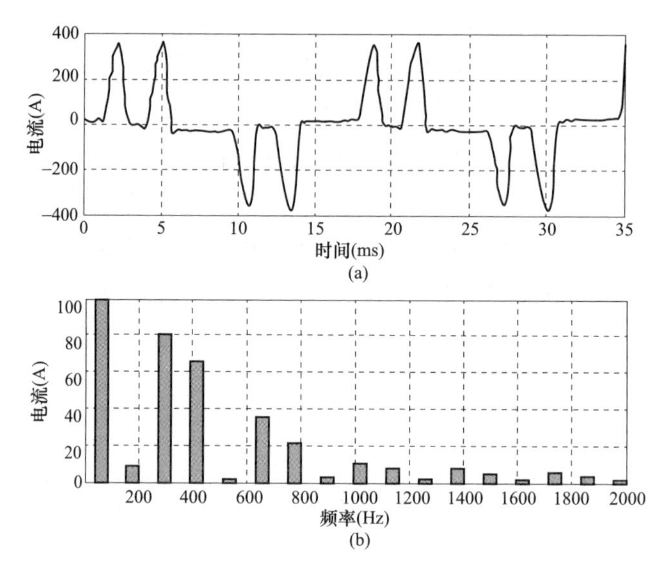

图 4–10　PWM 型变速驱动装置电流和谐波频谱

较长（＞1km）低压架空线末端时会使电网受到干扰，间谐波电压可以达到1%，这么高的电压引起脉动控制接收机的异常已有若干实例。

需指出，感应电动机产生的谐波虽然不大，但在一定条件下会对补偿设备（电容器）造成损坏。例如安徽省某抽水站，安装了 3 台 180kW 异步电动机，由于该站地处电网末端，电压较低，电机经常启动困难。为了提高功率因数和电压，用自愈式并联电容器进行无功补偿。但是当电容器接入电网运行后，时间不长，就出现电容器损坏现象，经测试发现，电动机产生的 16 次和 17 次谐波电流为基波电流的 5%和 12%（由于仪器原因，间谐波无法测得），而并联电容器投入，发生严重的谐波放大，电容器回路的 16 次和 17 次谐波电流分别高达基波电流的 129%和 237%，电容器过电流约 3 倍（国际允许过电流为 1.3 倍），因此很快损坏。

4.2.4　整周波控制的晶闸管装置

这种控制方式是利用一对背靠背晶闸管去开关完整的半周波电压，而不是用改变波形（即相控）来控制，如图 4–11 所示[22]。它应用于长时间恒稳的负荷（例如电弧炉的温度控制），常称为“猝发开通”（Burst Firing）控制。

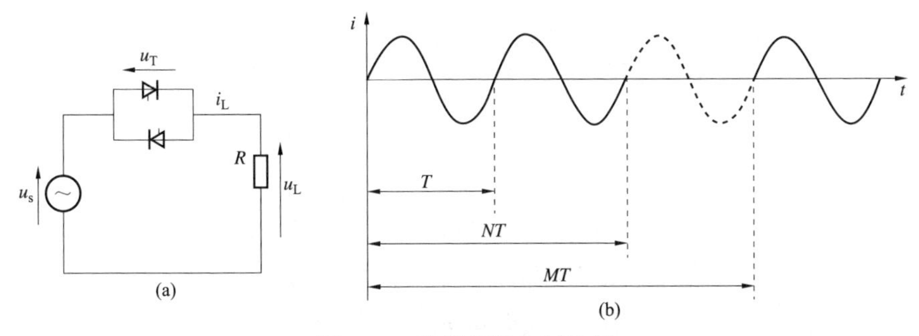

图 4–11 整数周波控制装置

（a）基本电路；（b）负载电流的波形：N=2，M=3

在这种情况下，电源的基波频率不能用作傅里叶分析的基础。因为重复周期亦即所产生的最低频率现在是可变的次谐波频率。

若导通的周波数为 N，重复波形所经历的周波数为 M，则重复周期为 M/f，其中 f 为电源频率。低频率 f/M 成为基本频率。以此最低频率为基准，进行傅里叶分析，可以得到电流的谐波成分。装置的频谱示例见图 4–12。该图对应 N=2，M=3 的控制。可以看出，主要分量是电源电压频率的谐波和频率为 $2f/3$ 的次谐波，而工频基波（f=50Hz）整数倍的谐波（例如 f=100Hz，150Hz，……）均为零。

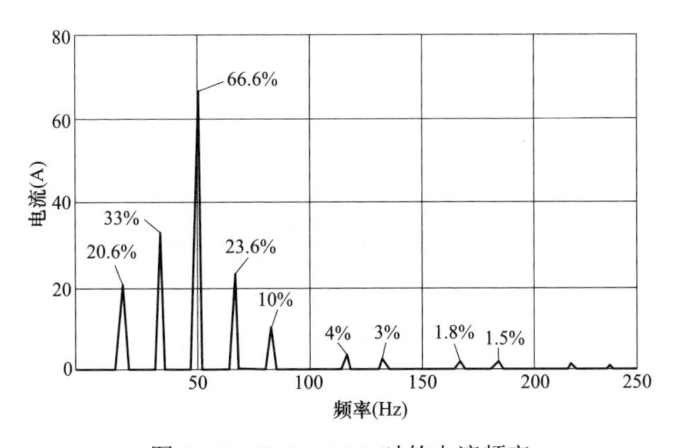

图 4–12 N=2，M=3 时的电流频率

4.2.5 电源信号电压

公用电网主要用于为用户提供电力。然而，经常用它传输系统管理信号，例如控制一定类型的负载（路灯、远方负载开关等）或遥测数据。

从技术观点看，这些信号是间谐波源，持续时间为 0.5～2s（在早期系统最大到 7s），在 6～180s 的时段内反复。在大部分情况下脉冲持续时间为 0.5s，整个顺序的时间是大约 30s。信号的电压和频率是预先确定好的，信号在特定时间内传输。

图 4–13 所示为在 175Hz 频率进行数据传输系统的电压频谱（U_{ih}=1.35%）。在这个示例中，其他间谐波是与谐波频率的互相作用而产生的。在 2 次谐波以上的分量不太重要（它们不干扰负载），而在 200Hz 以下的间谐波可能会引起问题。

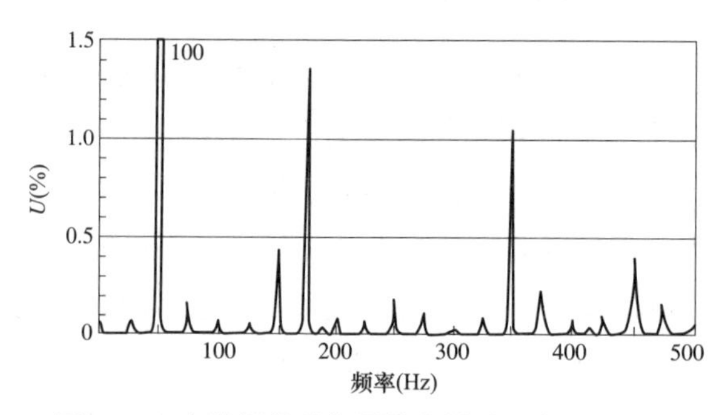

图 4–13　在数据传送信号的发射过程中电压 FFT（快速傅里叶变换）结果

除了上述五类间谐波源外，用于绕线式异步电动机的低同步串级调速方法也会产生间谐波，这种方法用于取代传统的转子回路中串电阻的调速方法，具有效率高、损耗小、调速范围宽等特点。

4.3　主 要 波 动 源

电力系统中电压的快速变化（波动）主要是由于冲击性负荷引起的，特别是当负荷的无功功率较大时（即负荷的功率因数较低时）对电压变化的影响较明显。主要由下列负荷造成较大的无功功率冲击：① 电弧类负荷，如交流电弧炉、直流电弧炉、电弧焊机等；② 采用直流或交流变流器传动的波动负荷，如轧机、压延机、矿井提升机以及电力机车等；③ 大型异步电动机或同步电动机的启动；④ 其他一切间歇（断续）用电的负荷。

下面介绍这几类负荷的主要用电特性。

4.3.1 电弧炉

（1）普通炼钢电弧炉。普通交流电弧炉的冶炼周期约为2～4h，取决于供电电路参数、电弧炉容量和冶炼的工艺等，见图4–14。熔化期约0.5～2h。电弧炉为三相不对称的冲击负荷，电流极不稳定，消耗电能大、约占总耗电量的60%～70%。氧化和还原的精炼期电压波动显著降低。电弧炉的电流控制，是由电弧炉变压器高压侧绕组分接头的切换和电极的升降来达到的。容量小于10MVA的电弧炉变压器，有时在其高压侧装有串联电抗器，以降低短路电流和稳定电弧。对于较大容量的电弧炉变压器，它本身的漏电抗已足够大，一般不需再串联电抗器。

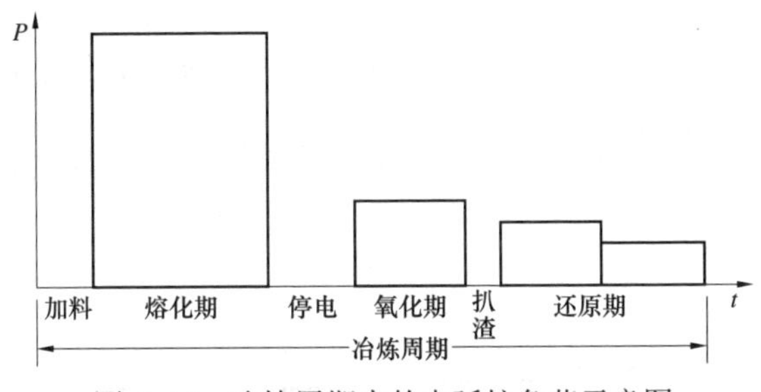

图4–14 冶炼周期内的电弧炉负荷示意图

普通功率的电弧炉与其电弧炉变压器容量如表4–8所列。

表4–8 电弧炉和变压器容量

电弧炉额定容量（t）	0.5	1.5	3	5	10	20	30	50	75	100
电弧炉变压器型式容量①（MVA）	1.0	1.8	3.0	4.2	7.2	13	20	30	40	50
电弧炉变压器额定容量②（MVA）	0.65	1.25	2.2	3.2	5.5	9	12.5	18	25	32

① 型式容量是将电弧炉变压器的材料消耗折算成三组电力变压器的相当容量。

② 额定容量为二次电压最高时的数值，在其他分接位置时以二次侧为等电流输出，则其容量随二次电压成比例地降低。

电弧炉为非线性负荷，尤其在熔化期产生随机变化的谐波电流（参见4.1.2）。

在熔化期三相不平衡电流含有较大的负序分量。这将引起公共连接点的电压不平衡，对电机的安全运行影响较大，尤其对大电机的影响更为严重。

电弧炉负荷的功率因数较低而且变化较大。在电极短路时约为 0.1～0.2，额定运行时约为 0.7～0.85。

（2）高功率和直流电弧炉。

1）高功率电弧炉。高功率和超高功率交流电弧炉是 20 世纪 60 年代后期开始兴起的大功率炼钢设备。因其生产率高、电耗低和单位功率水平（指熔化每吨炉料所需的功率）高而得到较快发展。以 100t 电弧炉为例，普通功率炉的每吨千瓦数约为 300kW/t，高功率炉约为 400～500kW/t，超高功率炉约为 600kW/t 以上。因此，采用超高功率电弧炉，对供电网的容量要求将会更大。

超高功率电弧炉炼钢，分几次加料能减低电弧炉容积和负荷冲击并提高热电效率，如图 4–15 所示。

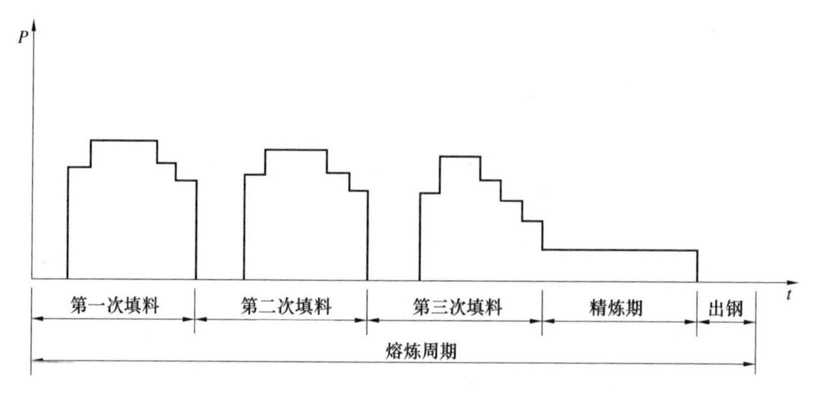

图 4–15　超高功率电弧炉的炉变负荷示意图

熔化期一般 60～80min，精炼期普通钢约 15～30min，特种钢能达 2h。

2）直流电弧炉。目前，有些场合使用大功率直流炼钢电弧炉，这种电弧炉采用单电极接在多相整流器的直流侧。直流电弧电流比交流稳定，功率变动小。从整流器交流侧看，直流电弧炉是三相平衡负荷，对电网没有基波负序电流干扰，仅有谐波电流干扰。直流电弧炉对交流电网的谐波干扰主要是电弧炉整流器的特征谐波和其受到直流侧电弧电流的调制所产生的谐波，所以它比交流电弧炉的谐波干扰小。直流电弧炉引起交流电网的电压波动和闪变，与同容量交流电弧炉相比约可降低一半。

直流电弧炉的主电路，如图 4–16 所示。整流电路是由两个 6 脉动三相桥式整流器并联构成 12 脉动的整流器，通常电弧炉的电极均与整流器的负极相接而炉壳与整流的正极相连，两个6脉动的整流器并联时需分别串接平波电抗器。

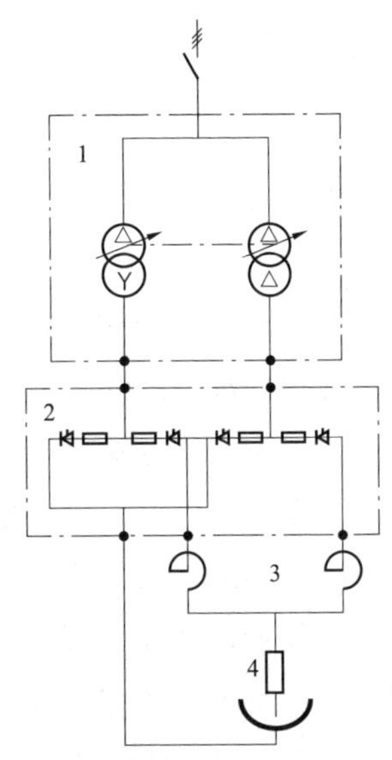

图 4–16 直流电弧炉的主电路

1—整流变压器；2—三相桥式整流器；3—平波电抗器；4—直流单电极电弧炉

直流电弧炉的设备投资比交流电弧炉约高30%以上，但其生产率较高，电极单耗降低至50%以下，电能单耗降低 5%～10%，它是减小对电网谐波、负序和闪变干扰的有效技术措施。

（3）交流电弧炉的无功功率和有功功率冲击估算。

1）无功功率冲击[24]。交流电弧炉在运行过程中，特别是在熔化期，随机且大幅度波动的无功功率会引起供电母线电压的严重波动，并构成闪变干扰。图 4–17 为最简化的电弧炉等值电路单线图。图中 U_0 为供电电压；X_0 为电弧炉供电回路的总阻抗（包括供电系统、电弧炉变压器、串联电抗器和短网阻抗）；R 为回路的总电阻，以可变的电弧电阻 R_A 为主；P+jQ 为电路复功率。

不难证明，当 R 变化时，电弧炉运行的功率 P、Q 如图 4–18 所示，按半

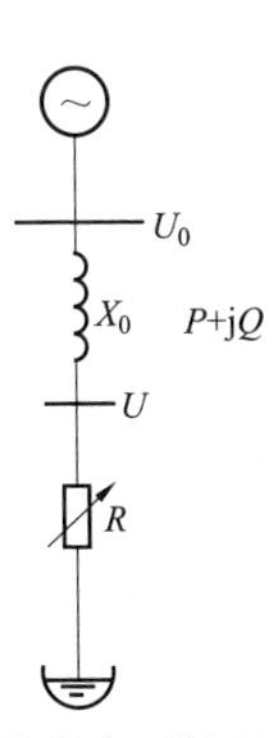

图 4–17 最简化的电弧炉等值电路单线图

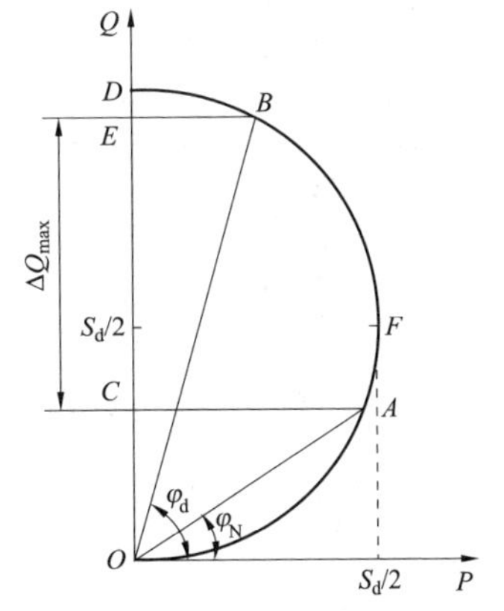

图 4–18 电弧炉运行的功率圆图

圆轨迹移动，其直径

$$\overline{OD}=S_{\mathrm{d}}=\frac{U_0^2}{X_0} \tag{4-8}$$

为理想的最大短路（R=0）容量。图中 A 为熔化期的额定运行点，φ_{N} 为相应的回路阻抗角，$\cos\varphi_{\mathrm{N}}=0.7\sim0.85$；$B$ 点为电极三相短路运行点，此时电弧电阻 R_{A} 为 0，φ_{d} 为短路阻抗角，$\cos\varphi_{\mathrm{d}}=0.1\sim0.2$。

预测计算时可以取最大无功变动量为

$$\begin{aligned}\Delta Q_{\max}&=\overline{CE}=\overline{OE}-\overline{OC}=\overline{OB}\sin\varphi_{\mathrm{d}}-\overline{OA}\sin\varphi_{\mathrm{N}}\\&=\overline{OD}(\sin^2\varphi_{\mathrm{d}}-\sin^2\varphi_{\mathrm{N}})\end{aligned} \tag{4-9}$$

由于 $\sin\varphi_{\mathrm{d}}\approx1$，则有 $\Delta Q_{\max}\approx S_{\mathrm{d}}\cos^2\varphi_{\mathrm{N}}$

实际上电弧炉在熔化期电极和炉料（或熔化后钢水）接触可以有开路（$R=\infty$，对应与 O 点）和短路（$R_{\mathrm{A}}=0$，$R\approx0$，对应于 D 点）两种极端状态。当相继出现这两种状态时则得到

$$\Delta Q_{\max}=S_{\mathrm{d}} \tag{4-10}$$

显然，由式（4–9）和式（4–10）求得的 $\Delta Q_{\max}$ 相差较大，这在应用中需要加倍注意的。

2）有功功率冲击[25]。为了估算 EAF 的有功功率冲击，首先应了解在冶炼过程中有功功率变化曲线。图 4–19 为 A 钢厂一份研究报告中提供的一台 70t 超高功率 EAF 炉一次填料后冶炼中功率变化过程。以此为例，来深入了解冲击发生过程。

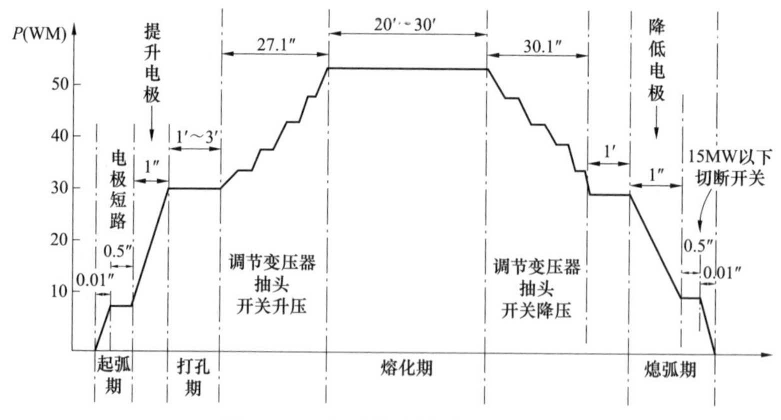

图 4–19　电弧炉冶炼过程示意图

（炼每炉钢重复两次此过程）

电弧炉所产生的有功功率冲击包括：

a. 电弧炉正常工况 1（起弧期）：70t 电弧炉从空载降压起弧（短网电抗 2.9mΩ），短路时间 0.5s，有功功率从零升至 6MW，无功功率从零升到 60Mvar；再经过 1s（即从 0.5s 至 1.5s），有功功率从 6MW 升至 30MW，无功功率从 60Mvar 降至 40Mvar，进入打孔期（即穿井），停留 1～3min，上述过程是模拟计算“炉变合闸拉弧至打孔期”。这种工况炼每炉钢至少发生两次，每天发生几十次。

从打孔期逐步升压提高功率，使有功功率从 30MW 提高到 52.5MW，进入熔化期，每步有功变化幅值相对比较小。

b. 电弧炉正常运行工况 2（熔化期）：电弧炉熔化期长达 20～30min，电弧炉在熔化期的有功功率波动和无功功率波动频繁发生。本报告模拟在 0.1s 内，有功功率从额定功率 53MW 瞬时减少到 42.5MW；无功功率从 40Mvar 瞬时上升到 60Mvar，即有功功率瞬时下降 10.5MW；无功功率瞬时上升 20Mvar（参考制造厂意大利达涅利公司提供的冶炼曲线）。

从熔化期逐步降压降低功率，使有功功率从额定功率 52.5MW 逐步减少到 33MW，然后降低电极使有功功率减小到 15MW 以下再跳开炉变断路器，这个功率下降过程与 a 中阐述的功率上升过程有点相似，但是功率变化幅值较小，整个变化过程较为平缓。

c. 电弧炉异常运行工况 1：电弧炉在起弧期至打孔期因炉料塌陷导致三相短路导致炉变断路器跳闸，电弧炉有功功率瞬时从 30～35MW 降为零。

对于这种工况，电弧炉制造厂认为，如果炉子的废钢加料适当，且在炉子的上方区域是加优质的和较碎废钢的话，现代电极控制系统的响应足够快，能够避免在废钢塌向中心，引起三相短路而致断路器跳闸。实际上，因炉料等原因，还是有可能发生这种工况的。

d. 电弧异常运行工况 2：电弧炉在熔化期由于三相短路造成炉变断路器跳闸，电弧炉有功功率瞬时从额定功率 52.5MW 降为零，这是最大的有功功率冲击，虽然现代电弧炉发生这种故障工况的概率较小，但还是应当进行验算的，因为有功功率冲击危及近区电厂中发电机组的安全，这是一个重大的隐患。

由于一般电弧炉制造厂，均能提供典型的冶炼过程有功功率变化曲线，单台电弧炉的有功功率冲击数值是不难获得的。如果涉及多台电弧炉（或者还有轧钢机等冲击负荷）同时工作，则需要根据实际工况（例如几台电弧炉熔化期叠加的可能性）将冲击功率进行合成处理。

电弧炉变压器是电弧炉电气设备中最主要也是最有标志性的设备。实际上，从电弧炉变压器参数也可以推断其最大有功功率冲击概数。

电弧炉变压器额定容量是以变压器二次侧最高电压和二次侧额定电流设计的；电弧炉变压器型式容量，是根据变压器的材料消耗折算成三相双绕组电力变压器的相当容量；电弧炉变压器额定电流，是变压器二次侧最高电压时的最大工作电流，在较低二次侧电压工作时，其二次额定电流保持不变；电弧炉变压器阻抗(%)，是指变压器二次侧最高电压时的阻抗值，通常在6%～11%的范围内，随变压器容量的减小，阻抗会增大；电弧炉变压器过载能力，在熔化期内设计允许过载为20%。过载持续时间和冶炼周期 T 有关，如表4–9所示。此外，炉变具有短路承载能力：当短路电流整定在 3 倍额定电流时，持续时间不超过6s，应无损伤。

表4–9　　炉变允许过载时间

冶炼周期 T	允许过载时间
$T<4.5$h	55%T
$T>4.5$h	2.5h

电弧炉在炼钢中，起弧、打孔、熔化、降碳、精炼以及钢水保温等阶段需要不同的功率。不同的功率是通过改变电极电压（即二次电压）以及电弧电阻（即电极升降）来达到的。因此炉变高压侧配有电压调节装置，电压的调压级数一般在10级以上，其二次电压的最低值约为最高值的 $\frac{1}{2}$～$\frac{1}{3}$。受制于绝缘等因素，二次电压不超过1000V，一般在100～800V之间。表4–10中列出若干台超高功率（UHP）电弧炉所采用的二次电压范围。表4–10中列出一台60t的UHP炉变二次电压与电弧电流、$\cos\varphi$ 之间关系的实例。表4–12列出国内三个较大EAF工程中对UHP电弧炉最大有功功率冲击 ($\Delta P_{max}=P_{max}$) 所采用的数据，表中炉变容量 S_T 是实际额定容量；ΔP_{max} 由厂家给出（即熔化

期最大平均功率），$\cos\varphi = \frac{P_{max}}{1.2S_T}$，1.2 是考虑熔化期炉变允许的过载系数。

表 4–10　　UHP 电弧炉变压器二次电压范围表

炉容（t）	40	50	60	60	70	70
变压器容量（MVA）	25	30	36	60	42	60
二次电压（V）	460～145	550～150	525～175	685～285	500～145	550～261

表 4–11　　60t UHP 电弧炉二次电压与电弧电流、cosφ 关系

电压分级序号	1	2	3	4	5	6	7	8	…	17
变压器容量（MVA）	60	60	60	60	60	60	60	57.4	…	
线电压（V）	685	660	635	610	585	560	535	510	…	285
相电压（V）	396	382	367	353	338	324	309	295	…	
电弧电流（kA）	50.7	52.5	54.6	56.9	59.4	62	64.9	64.9	…	
$\cos\varphi$	0.88	0.862	0.835	0.803	0.76	0.708	0.629	0.581	…	

表 4–12　　国内工程中三台 UHP 电弧炉最大有功冲击值

厂代码	电弧炉容量（t）	炉变容量 S_T（MVA）	最大有功冲击 ΔP_{max}（MW）	$\cos\varphi$
A 钢厂	70	60	52.5	0.73
B 钢厂	150	120	91	0.63
C 钢厂	160	140	102	0.61

能否用炉变容量估计最大有功冲击，这里涉及熔化期功率因数的取值，以及炉变容量的利用程度，文献给出的数值列在表 4–13 中。

表 4–13　　电弧炉在熔化期的平均 cosφ 值

电弧炉容量（t）	普通功率电弧炉	超高功率电弧炉
5～20	0.75～0.85	0.73～0.70
40～80	0.73～0.80	0.72～0.78
100～150	0.73～0.75	0.70～0.73
200 以上	0.70～0.73	0.65～0.70

A钢厂70t炉的$\cos\varphi$基本上在表 4–13 范围内，而 B 和 C 钢厂两台炉的$\cos\varphi$偏小，这主要是因为表 4–12 中的$\cos\varphi$均按炉变额定容量过载 1.2 倍求出的，实际上，炉变熔化期不一定用在最高二次电压上，这可能是实际炉料熔炼所需或留有一定的容量裕度，这个裕度取决于用户所需（包括电力公司对冲击的限制），因此用炉变容量S_T来估算最大有功冲击功率是需要和用户商量的，即

$$\Delta P_{\max(估)} = K_T S_T \cos\varphi \qquad (4\text{–}11)$$

式中　K_T——炉变在熔化期的过载系数（和用户商定），$K_T \leqslant 1.2$；

$\cos\varphi$——炉子熔化期的平均功率因数，参考表 4–12 选取。

4.3.2　轧钢机

轧钢机，就其冲击负荷的特点，可分为两类[11]：

（1）轧制周期较短，功率变化速率高。例如初轧机，中、厚板轧机，型钢轧机等。

（2）轧制周期较长，功率变化速率较低。例如冷、热连轧机等。

这两类轧机的冲击负荷幅值、功率变化速率、轧制周期的一般数值范围见表 4–14。

表 4–14　　冲击负荷幅值、速率、周期

轧钢机类型	冲击负荷幅值		功率平均变化速率		轧制周期
	ΔP（MW）	ΔQ（Mvar）	上升（MW/s）	下降（MW/s）	平均（s）
板坯初轧机	20～30	20～25	40～50	40～50	10
热连轧机	40～70	40～70	4～7	4～7	150
冷连轧机	30～40	30～40	3～4	3～4	300

轧机的冲击负荷有一定的规律性，而且三相负荷基本上平衡，这和电弧炉产生的冲击负荷有很大的不同。

以往轧钢机传动的直流电动机由电动机一发电机组成的变流机组供电。当变流机组的电动机采用同步电动机，并装有电压给定的恒定无功调节装置时，可以认为轧机生产过程中主要是有功冲击负荷。

现代轧钢机主传动直流电动机采用晶闸管变流装置供电，生产时，既有

有功冲击负荷，又有无功冲击负荷，特别是当可逆轧机咬钢，连轧机穿带完毕多个机架同时升速瞬间，由于晶闸管变流装置控制角α较大，功率因数很低，此时所需的无功功率很大。随着控制角减小，功率因数上升，无功功率相应下降，至稳速轧制时一般无功功率小于有功功率。通常平均功率因数约为0.7～0.8，负荷变化曲线大致相似。

一般由空载负荷到达最大负荷，热连轧机的精轧机组，约需 8～10s；冷连轧机约需 10～15s；可逆轧机约需 0.3～0.5s。

由此可见，有功冲击负荷的幅值大，功率变化速率、冲击负荷出现频度与轧机性能、产品材质、轧制工艺、操作技能等诸因素有关。而无功冲击负荷，除与上述诸因素有关外，还与设备电气传动采用晶闸管变流装置供电及调速有关。

直流电动机传动的轧钢机，采用晶闸管变流装置供电时的冲击负荷曲线有如下特点：当轧机咬钢、加速、稳速轧制、抛钢生产过程中，除出现有功冲击负荷外，无功功率的变化也呈冲击性。图4–20为典型轧机主传动有功和无功，冲击负荷曲线。图中P、Q分别为有功及无功冲击负荷；P_N、Q_N为电动机的额定功率。

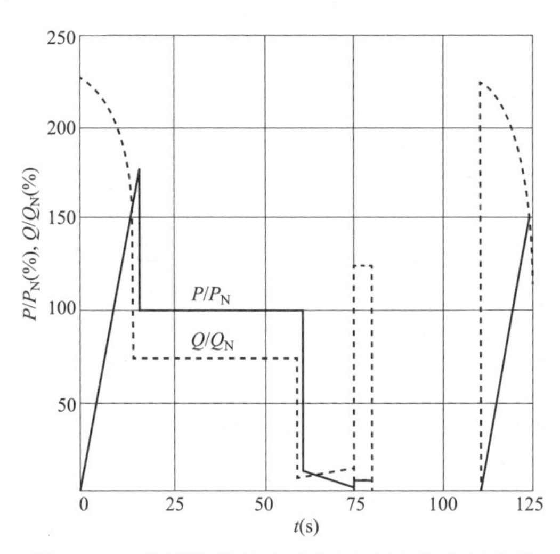

图4–20　典型轧机的有功和无功冲击负荷曲线

4.3.3　电动机的启动

从电动机接通电源到进入正常运行的过程称为启动。不同类型的电动机，不同的负载状态，启动时存在的问题不同，其启动方法也各异。电动机启动时一般会吸收较大电流，引起电网供电点电压降低，对于频繁启动的电动机，就会造成电压波动和闪变，对其他用电设备造成干扰。电动机允许启动的条件可以归结为：① 电动机及其供电回路能安全承受启动电流；② 生产机械能承受启动时的冲击转矩；③ 启动时引起电网公共连接点（或相关的供电母线）的电压波动和闪变符合国标要求（或相关的用电设备正常运行需求）。

异步电动机和同步电动机的启动方式有全压启动和降压启动两种。

全压启动简便可靠、投资省、启动转矩大，应优先采用，但启动电流大，引起公用母线上的电压波动也大。

降压启动电流小，但启动转矩也小，启动时间延长，绕组温升较高，启动设备复杂。

高压电动机启动方式及其特点见表 4–15。

表 4–15　　　　高压电动机启动方式及特点

启动方式	全压启动	变压器–电动机组	电抗器降压启动	自耦变压器降压启动变压比（k）
启动电压/额定电压	1	k	k	k
启动电流/额定启动电流	1	k	k	k^2
启动转矩/额定启动转矩	1	k^2	k^2	k^2
启动特点	启动方法简便，启动电流大，启动转矩大	启动电流较小，启动转矩较小		启动电流小，启动转矩较大

当电动机容量很大，接近供电变压器容量 20%或更大时，单独启动也会引起不可忽略的电压降低。因此，在设计中应计算电动机启动时的电压水平，以便正确选择启动方式和供配电系统，并根据启动电流或容量校验供配电和启动设备的过负荷能力。

异步电动机全电压启动时，需要从电源汲取的电流值为满负荷的 500%～800%，这一大电流流过系统阻抗时，将会引起电压突然下降，形成电压暂降，这种暂降持续的时间较长，当暂降严重时，可能导致电动机启动失败，也会使电网中的其他负荷不能正常工作。由于电网中存在大量的异步电机，且有些母线上的异步电机启动频繁，它们造成的暂降和闪变不容忽视。

异步电机启动过程中，电压的降低与电网参数密切相关。图 4–21 所示为异步电机启动过程中电压暂降分析的等值电路，图中 Z_S 为系统阻抗，Z_M 为启动时的电机阻抗。

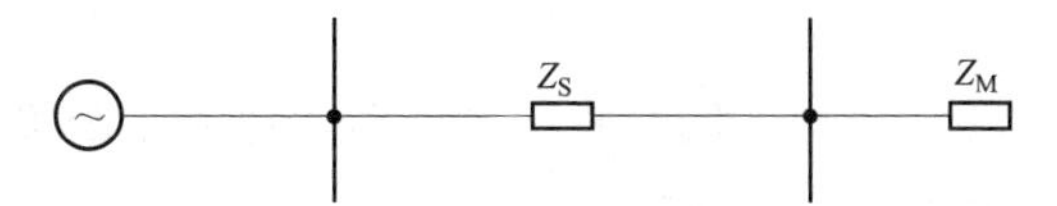

图 4–21 异步电机启动引起电压暂降分析的等值电路

假设系统电压标幺值为 1，同一母线（PCC）上其他负荷所承受的电压为

$$\overset{*}{U}_d = \frac{Z_M}{Z_S + Z_M} \quad (4\text{–}12)$$

假设电机额定电压为 U_n ，系统短路容量 S_{SC}，则系统阻抗为

$$Z_S = \frac{U_n^2}{S_{SC}}$$

启动期间的电机阻抗为

$$Z_M = \frac{U_n^2}{\beta S_{SC}}$$

式中 β——启动电流与额定电流的比值。则式（4–12）可写为

$$U_d = \frac{S_{SC}}{S_{SC} + \beta S_M} \quad (4\text{–}13)$$

式中 S_M——额定功率。

上述表达式仅为近似关系，但可用于评估感应电机启动引起的电压波动或暂降。

4.4 三相不平衡负荷

本节对系统中两种较大的负序干扰源——电气化铁路和交流电弧炉的负序产生机理作些介绍，并用实测数据说明这两种负序干扰源在电网中所造成的不平衡水平[12]。

4.4.1 电气化铁路

我国交流电气化铁路是由电力系统 110kV（或 220kV）经牵引变压器降压为 27.5kV（或 55kV）后以两个供电臂向牵引网及电力机车单相供电。牵引变压器对电力机车的这种不对称供电方式，在电力系统中产生负序电流和负序电压。电力机车为大功率单相整流拖动负荷，除基波外，还含谐波成分，实际上系统负序分量中也将含有谐波，但基波成分仍占主要部分。此外牵引负荷具有波动性大和沿线分布广的特点，因此对于电力系统来说，电气化铁路是影响面大的非线性不平衡的动态干扰性负荷。

目前电气化铁路采用的牵引变压器主要有五种类型，即 Yd 接线的普通三相变压器、Vv 接线的三相变压器组、T 型接线的斯考特（scott）变压器、阻抗匹配平衡变压器以及单相变压器。前两种高低压之间为三相量的变换，第三、四种为三相量与两相量的变换。下面分别加以介绍。

（1）Yd 和 Vv 接线牵引变压器。图 4–22 为采用两种变压器的一个牵引变电站供电系统。对于图示系统，显然有 $\dot{I}_a+\dot{I}_b+\dot{I}_c=0$ 和 $\dot{I}_A+\dot{I}_B+\dot{I}_C=0$ 即二次和一次电流相量中不含零序分量。二次两供电臂的电流是随机车负荷大小变化的。为分析方便起见，设 I_a 为最大值，即 $I_a=I_{max}$，I_b 在 0～I_{max} 间变化，令 $x=\dfrac{I_b}{I_{max}}$，则可以推导出一次侧

$$\frac{I_2}{I_1}=\frac{\sqrt{x^2-x+1}}{x+1} \tag{4–14}$$

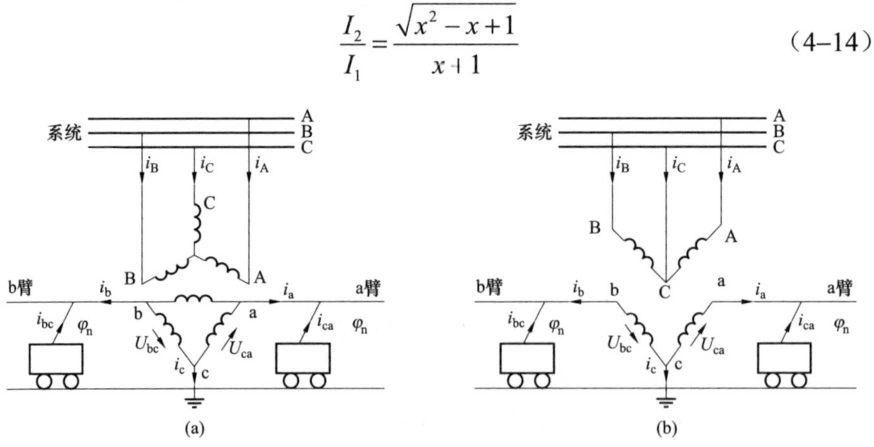

图 4–22　Yd 和 Vv 牵引变电所的供电系统

（a）Yd11 牵引变压器；（b）Vv0 牵引变压器

（2）T 接和阻抗匹配平衡牵引变压器。对于这种变压器，可以证明

$$\frac{I_2}{I_1}=\frac{1-x}{1+x} \tag{4–15}$$

由式（4–15）可以看出，T 接牵引变压器在两供电臂负荷相等时（$x=1$），将完全消除对系统的不平衡干扰，即使在两供电臂负荷不完全相等的情况下，这种变压器仍可明显地减轻对系统的负序干扰。阻抗匹配平衡变压器和 T 接变压器有相同的公式(4–15)，这里就不作具体介绍。图 4–23 给出了 Yd（Vv）牵引变压器和 T 接牵引变压器 $\alpha-x$ 的关系$\left(\alpha=\frac{I_2}{I_1}\right)$，从中可以更全面地了解 T 接牵引变压器较之 Yd（Vv）牵引变压器在抑制负序上的效果更好。

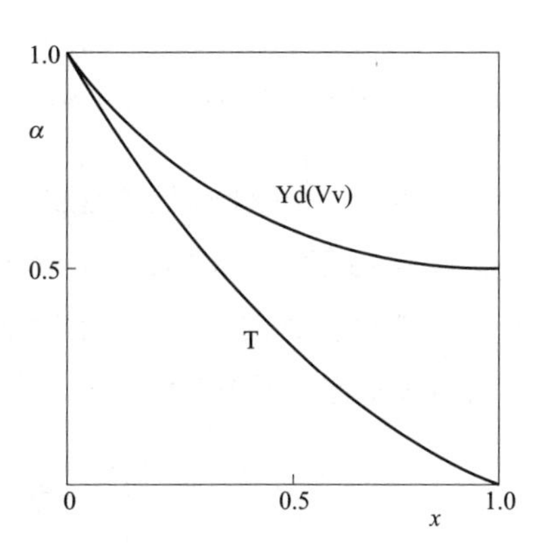

图 4–23　电流不对称度对比

综上分析，无论用哪种牵引变压器，在两供电臂负荷不相等时均会对系统产生不平衡干扰，而这种情况是经常性的。因此，根据系统条件，对电气化铁路负序需要进一步采取措施。

表 4–16 列出主要由于 110kV 电气化铁路供电（Yd 牵引变压器）引起的国内某两公用枢纽变电站母线电压不平衡度。可以看出，这两个变电站的电压不平衡度已明显超标。

表 4–16　　向电气化铁路供电的变电站母线电压不平衡度 ε_U

变电所名称	YG			BJ		
母线电压（kV）	220	110	35	220	110	35
ε_U(%)	1.93	4.08	2.99	1.69	2.88	2.36

注　1. 表列 ε_U 为实测水平值（95%概率值）。

2. 国标规定 $\varepsilon_U \leqslant 2\%$。

（3）单相牵引变压器。单相牵引负荷接入三相电力系统时将在系统中引

起负序电流，如图 4–24 所示。

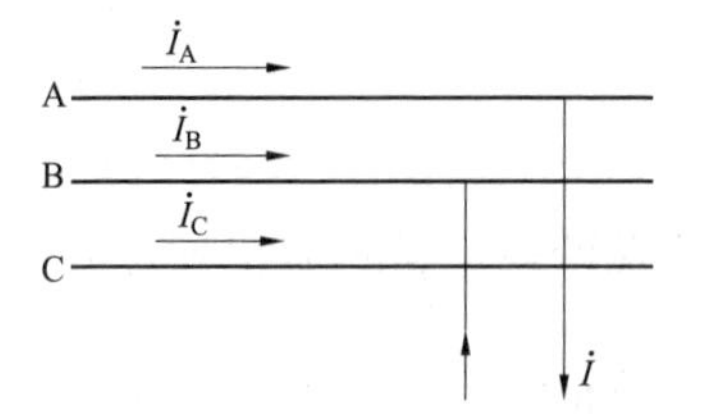

图 4–24　单相牵引负荷接入三相系统电路图

图中 I 为负荷电流，则根据对称分量法，很易得到 $I_2 = I_1 = \frac{1}{\sqrt{3}} I$。可见，单相负荷对电网的负序干扰是最严重的。

4.4.2　交流电弧炉

图 4–25 示电弧炉的单线供电系统。图中 Z_S 为系统的等值阻抗；T1 为钢厂变电站（或称总降压站）主变压器；Z_1 为输电线（架空线或电缆）的阻抗，Z_1 中可能包含从钢厂变电站到电网公共连接点（PCC）的阻抗；T2 为电弧炉变压器（简称炉变）；Z_d 为短网阻抗，R 为电弧电阻。

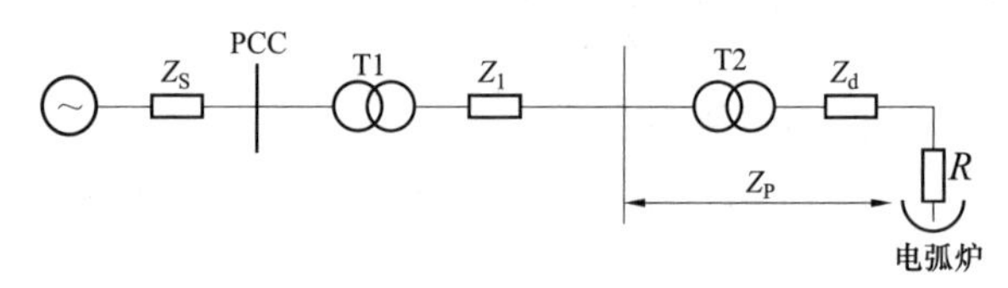

图 4–25　电弧炉的供电系统

当分接头处于使次级电压最高时，Z_F 典型值如表 4–17 所列，表中 Z_F 包括电弧炉短网阻抗，炉变阻抗以及附加串联电抗器电抗（一般只有在 20t 以下炉中使用）。

表 4–17　　电弧炉典型阻抗值

炉变容量（MVA）	Z_F（%）	电弧炉容量（t）
1～5	42	4～10
6～10	45	10～25
11～20	48	25～50
21～80	50	50～100

电弧炉运行在考察点引起的三相电压不平衡度，可以用下式计算

$$\varepsilon_U = \frac{I_2 S_n}{I_n S_{SC}} \times 100\% \qquad (4–16)$$

式中　S_n ——电弧炉变压器的额定容量；

S_{SC} ——考察点的系统短路容量。

若规定 ε_U 不得超过 2%，据此即可求出炉变容量与考察点的短路容量之比值。为了使电压不平衡度不超过上述规定范围，由式（4–16），考察点的系统短路容量应满足

$$S_{SC} \geqslant \frac{I_2}{I_n \varepsilon_U} S_n = 50 \frac{I_2}{I_n} S_n \tag{4–17}$$

式（4–16）说明：随着电弧炉设备容量的增大，其运行时引起的电压不平衡度也在增大；考察点的短路容量越大，电弧炉对电压不平衡度的影响就越小。

式（4–16）、式（4–17）中 I_2 或 $\frac{I_2}{I_n}$ 值，虽然从理论上可以计算，实际上，由于三相工况的随机性，电流不平衡度 ε_I 变化范围为 0～1，一般情况下，$I_2 \leqslant I_n$。事实上，在最严重的情况下，三相电极中一相断弧，另两相短路，此时短路电流约为三相短路电流 I_{SC} 的 $\frac{\sqrt{3}}{2}$ 倍，而对应的负序电流则为 $\frac{1}{\sqrt{3}} \times \frac{\sqrt{3}}{2} I_{SC} = \frac{1}{2} I_{SC}$。由表 4–16 可以看出，$Z_F$ 值约为 40%～50%，再加上炉变母线至电源的其他阻抗，可以认为，整个回路阻抗约 50%左右。因此，$I_{SC} \approx 2I_n$，故有 $I_{2max} \approx I_n$。国外实测表明，在熔化期电流不平衡最大值为 50%～70%，平均约占额定电流的 20%。

表 4–18 为国内两台电弧炉所引起的电网公共连接点（PCC）电压不平衡度实测值[19]。从表中看出，电弧炉影响的严重程度随比值 k（k=PCC 短路容量/电弧炉短路容量）的增大而降低。经验数据是：若 k 值低于 28 则一般会引起其他用户诉怨；若 k 值超过 35～50 一般不致有诉怨。表 4–17 中一台仅 10t 的电弧炉，由于 PCC 点 k 值仅为 20 左右，所引起的电压不平衡度已超标。需要指出，用户对电弧炉的干扰诉怨，往往首先针对照明灯光闪烁而发的，而 ε_U 过大主要是引起电动机不正常运转（发热、振动、异响等），会影响相关用户的正常生产。

表 4–18　电弧炉引起的电压不平衡度 ε_U

电弧炉容量		10t	20t
PCC 母线电压（kV）		35	110
PCC 短路容量比 k		约 20	约 100
ε_U（%）	平均	2.3	1.07
	最大	2.6	1.72

4.5　有功功率冲击在发电机间的分配

在电力系统正常运行情况下，一旦出现负荷扰动，假定负荷扰动量的无功分量很小，节点电压幅值可以当作恒定不变。负荷扰动的有功分量将使扰动点的电压相角发生变化，并由这个相角的改变把负荷扰动量传递到系统中的所有发电机组[25]。

设有 m 台发电机的电力系统，节点 k 处在 $t=0^+$时发生了负荷扰动量 ΔP_l。当忽略线路电阻时，第 i 台发电机输出的电磁功率为

$$P_{ei}=\sum_{\substack{j=1\\ j\neq i,k}}^{m}E_i'E_j'B_{ij}\sin\delta_{ij}+E_i'U_kB_{ik}\sin\delta_{ik} \tag{4–18}$$

式中　U_k ——扰动点的电压；

E_i' ——第 i 台发电机暂态电抗后的恒定电动势；

B_{ik} ——i，k 两点间的转移电纳（B_{ij} 类似）；

δ_{ik} ——i，k 两点间电压相位差（δ_{ij} 类似）。

而流入 k 点的功率应为

$$P_k=\sum_{\substack{j=1\\ j\neq k}}^{m}U_kE_j'B_{kj}\sin\delta_{kj} \tag{4–19}$$

由于 ΔP_l 的突然变化，引起 k 节点电压相角由 $U_k\angle\delta_{k0}$ 变为 $U_k\angle(\delta_{k0}+\Delta\delta_k)$，而所有发电机转子的内角 δ_1、δ_2、…、δ_m 因惯性则不可能突变。

在扰动相对较小时，可对电磁功率的方程线性化，即利用

$$\sin\delta_{ij}\approx\sin\delta_{ij0}+\cos_{ij0}\Delta\delta_{ij},\ \sin\delta_{ik}\approx\sin\delta_{ik0}+\cos\delta_{ik0}\Delta\delta_{ik}, 得$$

$$\begin{aligned}\Delta P_{ei} &= \sum_{\substack{j=1\\ j\neq i,k}}^{m}(E_i'E_j'B_{ij}\cos\delta_{ij0})\Delta\delta_{ij} + (E_i'U_kB_{ik}\cos\delta_{ik0})\Delta\delta_{ik} \\ &= \sum_{\substack{j=1\\ j\neq i,k}}^{m}P_{sij}\Delta\delta_{ij} + P_{sik}\Delta\delta_{ik}\end{aligned} \tag{4–20}$$

$$\Delta P_k = \sum_{\substack{j=1\\ j\neq k}}^{m}(U_kE_j'B_{kj}\cos\delta_{kj0})\Delta\delta_{kj} = \sum_{\substack{j=1\\ j\neq k}}^{m}P_{skj}\Delta\delta_{kj} \tag{4–21}$$

式中　δ_{ij0} ——扰动前 i、j 两节点电压的相位差；

P_{sij} ——i，j 点间整步功率系数。

$$P_{sij} = \left.\frac{\partial P_{eij}}{\partial \delta_{ij}}\right|_{\delta_{ij0}} = E_i'E_j'B_{ij}\cos\delta_{ij0}$$

（P_{sik}、P_{skj} 表达式类似）。

当 $t=0^+$ 时，由于发电机转子存在惯性，电压 (E') 相角不能发生突变，仅 U_k 相角变化，故 $\Delta\delta_{ij}=0$，而

$$\Delta\delta_{ik} = -\Delta\delta_k(0^+) \tag{4–22}$$

$$\Delta\delta_{kj} = \Delta\delta_k(0^+) \tag{4–23}$$

将式（4–22）代入式（4–20），式（4–23）代入式（4–21），得

$$\Delta P_{ei}(0^+) = -P_{sik}\Delta\delta_k(0^+) \tag{4–24}$$

$$\Delta P_k(0^+) = \sum_{\substack{j=1\\ j\neq k}}^{m}P_{skj}\Delta\delta_k(0^+) \tag{4–25}$$

将式（4–24）从 $i=1,2,\cdots,m$ 总加，得

$$\sum_{i=1}^{m}\Delta P_{ei}(0^+) = -\sum_{i=1}^{m}P_{sik}\Delta\delta_k(0^+) \tag{4–26}$$

比较式（4–25）和式（4–26）可得

$$\Delta P_k(0^+) = -\sum_{i=1}^{m}\Delta P_{ei}(0^+) \tag{4–27}$$

因为扰动发生在 k 点，所以 $\Delta P_l = -\Delta P_k(0^+)$，则

$$\Delta\delta_k(0^+) = -\frac{\Delta P_l}{\sum_{i=1}^{m} P_{sik}} \quad （4–28）$$

将式（4–28）代入式（4–24），可得

$$\Delta P_{ei}(0^+) = \left(\frac{p_{sik}}{\sum_{i=1}^{m} P_{sik}}\right)\Delta P_l \quad （4–29）$$

由以上分析可知，在扰动发生瞬间，负荷的扰动量按各发电机组的整步功率系数 P_S 在发电机组之间进行分配，这一过程是迅速完成的。而 P_S 值和扰动点的转移电纳成正比，即离扰动点电气距离近的发电机将承受较大的扰动量。

以上所讨论的是第一阶段的过程。当发电机组承受了扰动分析量后，突然改变了原有的电磁功率输出，而在这瞬间，由于机械惯性的关系，机械功率不可能突然改变，仍为原来的数值，这时造成功率的不平衡，必然引起发电机组转速的改变，并有以下关系

$$\frac{J_i}{\omega_0}\frac{d\Delta\omega_i}{dt} = -\Delta P_{ei}(t) \quad （4–30）$$

将式（4–29）代入式（4–30），得

$$\frac{1}{\omega_0}\frac{d\Delta\omega_i}{dt} = -\frac{P_{sik}}{J_i}\left(\frac{\Delta P_l}{\sum_{i=1}^{m} P_{sik}}\right) \quad （4–31）$$

式中　J_i ——第 i 台发电机组的转动惯量；

$\Delta\omega_i$ ——第 i 台发电机组的转速变化；

ω_0 ——基准转速。

在此期间，各发电机组将由转动惯量起主导作用，开始改变转速。由于负荷扰动点的不同、各发电机组整步功率系数以及转动惯量的不同，各发电机组将按各自的有关参数，并伴随着相互之间的作用，来改变机组的功率和系统潮流的分布。在这个暂态过程中，机组之间将产生机电振荡，由于发电机组的整步功率系数的作用，在改变中使所有发电机组逐渐进入系统的平均

转速。设系统的加权平均转速为 $\bar{\omega}$，则

$$\bar{\omega}=\left(\frac{\sum_{i=1}^{m}\omega_i J_i}{\sum_{i=1}^{m}J_i}\right)$$

$$\frac{1}{\omega_0}\sum_{i=1}^{m}\frac{\mathrm{d}}{\mathrm{d}t}(J_i\Delta\omega_i)=-\Delta P_l$$

因此

$$\frac{1}{\omega_0}\frac{\mathrm{d}\Delta\bar{\omega}}{\mathrm{d}t}=\frac{-\Delta P_l}{\sum_{i=1}^{m}J_i} \tag{4–32}$$

将式（4–30）和式（4–32）合并，则得平均转速下机组的功率

$$\Delta P_{\mathrm{e}i}(t)=\left(\frac{J_i}{\sum_{i=1}^{m}J_i}\right)\Delta P_l \tag{4–33}$$

由以上分析可知，当发电机组进入平均转速时，发电机组电磁功率的变化由它的转动惯量系数来决定。比较式（4–29）和式（4–33）可知，负荷扰动量首先按发电机组整步功率系数在机组间进行分配，而后转为按机组转动惯量系数进行分配。在这一过程中，随着发电机组转速的变化，调速系统感受到信号，并按它的特性进一步改变机组的功率，最后按照系统的综合调速特性决定系统的频率和各发电机组的功率。

式（4–29）可以用于粗略判断 k 点发生电弧炉有功冲击 $\Delta P_{\max}(=\Delta P_l)$ 时相关发电机 i 受到的冲击功率。确定 $\Delta P_{\mathrm{e}i}(0^+)$ 的主要工作是求出整步功率 P_{sik} 值。为此需要对电弧炉近区电网做合理的简化，按电力系统潮流计算的要求建立数学模型，做稳态潮流计算，据此求出 P_{sik} 值。至于在有功冲击下，各发电机组动态功率 $P_{\mathrm{e}i}(t)$，则需要考虑整个（简化后）电网及各发电机组（包括励磁调节和调速系统）数学模型（一般选取典型模型和参数），对于系统不同运行方式（包括发电机组和冲击负荷不同组合），利用应用程序进行计算分析获得。

5 敏感性负荷的供电问题

随着工业技术的快速发展，个人计算机、可编程逻辑器件、可驱动调速装置、交流接触器等敏感用电设备大量的投入使用。这类设备对电压暂降十分敏感，往往几个周波的电压暂降或供电中断都会导致设备跳闸，造成严重的经济损失。分析这类设备受电压暂降影响的工作机理，对于更好地避免恶性事故发生，有着重要的意义[26,27]。

5.1 敏感度定义及负荷分类

所谓负荷敏感度是指负荷对电能质量的敏感程度，即提供给负荷的电能质量不良时负荷能承受干扰仍正常工作的能力。这种能力越低，敏感度也就越高。

根据负荷敏感度及用户性质，一般可将负荷分为三类：

（1）普通负荷（Common Load）。一般说来，电能质量短时不良对此类负荷的影响不显著，只有持续断电时间过长和过大的电压偏差，负荷才会“感受”到影响。如普通照明设备、加热器、通风机、空调机、一般家用电器等。

（2）敏感负荷（Sensitive Load）。此类负荷对电能质量不良相当敏感并会受到损害，因此对电能质量有较严格的要求。如电机控制器、变频调速装置、含电子设备和自动控制装置的生产线等。

（3）要求严格的（重要）负荷（Critical Load）。此类负荷在电能质量不良时会产生严重后果，有的会造成巨大经济损失。例如医院中用计算机进行的脑外科、心血管和眼科手术等；用大型计算机网络操作的证券交易所、银行等金融机构；又如信息工业芯片、微电子元件以及纳米级元件的制造，再如大多数的精密加工制造、军事设施以及对社会政治有重大影响的用电部门等。

5.2 设备对电压暂降敏感度的影响因素

影响设备对电压暂降敏感度的因素是多方面的，这些影响因素主要有：

（1）设备本身的特性。这也是设备敏感度的决定因素。不同类型设备不但对电压暂降的敏感机理不同，而且敏感度也往往差别很大，甚至同类型但不同厂家生产、同类型同一厂家生产但不同时期产品（经过技术更新）对电压暂降的敏感度也可能相差甚远。

（2）电压暂降的发生特性。同一设备对于不同类型的电压暂降及其暂降深度的反应是不同的。暂降的对称与否、暂降是否伴随有相位跳变、甚至暂降发生的起止时刻的相位角都将引起不同的暂态过程（发生在电压过零点附近的扰动要比发生在电压峰值点附近的扰动造成的影响要小），不同的暂降曲线引起的危害对某些用户设备也可能是不同的。另外，不少暂降是连续重复发生的，即在一个电压暂降发生之后的很短时间内会发生另外一个暂降，敏感设备可能能够承受第一个暂降，但却不能承受第二个暂降，这是因为两次暂降的间隔时间太短以致设备在第二次暂降发生时还没有从第一次暂降的影响中恢复到正常稳态。

（3）设备的运行状态。这包括暂降发生前后设备运行的电压水平，设备负载情况、设备是否处于稳态等。系统电压不可能时刻都保持额定电压不变，在设备安全电压范围内，暂降前电压越高，设备对暂降的敏感度就越低，反之亦然，这是因为电压的高低决定了能量存储的多少。如果暂降前电压刚好等于设备能够正常运行的最小电压，那么设备对幅值低于此最小电压的暂降将没有任何承受能力。

（4）生产过程的需要。生产过程对设备的运行状况要求越高，设备敏感度就越高。比如，可调速驱动装置所驱动的过程对电动机转速和转矩的变化范围要求很严格，当发生暂降时，驱动装置本身可能是“正常工作”的，但所驱动的过程却可能认为是“不正常”的，是不能接受的，这时仍然认为设备对电压暂降是敏感的。

5.3 常用的电压暂降敏感性设备分析

（1）计算机及电子设备电压敏感度。计算机和电子设备（如电视机、复印机、传真机、PLC 等）的电源结构极为相似，因此它们对电压暂降的敏感机理也很相似，在这里将他们作为一个类型来讨论。

计算机及电子设备电源的简化结构如图 5–1 所示，通常由一个二极管整流器和一个电压调节器（DC/DC 换流器）组成。交流电压经整流器整流后得到几百伏直流电压，再经电压调节器将其调节为 10V 电压等级的直流电压供给设备。如果交流侧电压降低，整流器直流侧电压也将随之降低，但在一定的电压变化范围内，电压调节器能保持其输出电压恒定，使设备正常工作。但若整流器直流侧电压过低，电压调节器输出电压不再能维持恒定值时，将导致数字电子设备内部发生错误，或导致计算机电源跳闸。

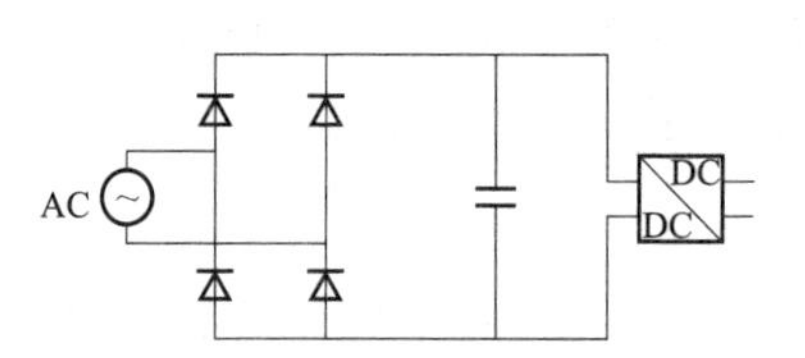

图 5–1 计算机及电子设备电源的简化结构

就计算机而言，其正常安全工作电压为 90%～110%，当电压下降到 60%及以下时，若持续时间超过 240ms，计算机就可能无法工作。IBM 公司统计表明，48.5%的计算机数据丢失都是由电压不合格造成的。另据估计，信息产业 80%的服务器出现瘫痪以及用户端 45%左右数据丢失和“出错”均与电压暂降有关。由计算机控制的自动生产线、机器人、机器手、精密加工等，在电压暂降时也可能停止工作或产品质量下降。

相比计算机，可编程逻辑控制器（Programmable Logic Controller，PLC）在工程上的用途更为广泛。因为整个工业流程通常都是在这些装置的控制下进行的。各类可编程逻辑控制器对电压暂降的敏感程度有很大差别，但一般来讲，PLC 的某些部分对电压暂降非常敏感。例如，电压仅有几周波低于 90%额定值，远端 I/O 单元就会跳闸。图 5–2 为两个不同类型 PLC 的电压暂降承受能力测试结果，从图中可以看到同一功能不同类型的 PLC 对不同电压暂降的承受能力。较新的类型 1 控制器在电压降低至额定值的 50%～60%时就较为敏感，而较早的类型 2 控制器则能够承受 15 个周波的零电压。这说明电子装置正在变得对电压变化越来越敏感，亦即随着高新技术的发展，电压暂降所带来的危害有加重的趋势，应当引起关注。

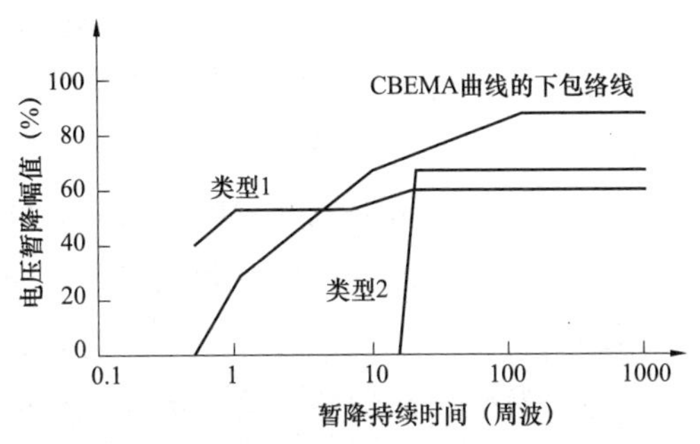

图 5-2　不同类型 PLC 对电压暂降的敏感性

（2）可调速驱动装置（Adjustable-Speed Drives，ASD）的敏感度。ASD 是工业过程中最关键的设备之一，用于控制电动机的速度、转矩、加速度和转动方向。其对电压暂降非常敏感，当电压下降 30%～40%，持续 120ms 时，用户的 ASD 就停止运转，并且当驱动的过程对电机的转速和转矩要求严格时，装置对电压暂降就更加敏感。可调速驱动通过一个三相二极管整流器或三相可控整流器由交流电源供电。一般来讲，第一种方式多见于交流驱动中，第二种方式则在直流驱动和大型交流驱动中多见。由于机理相似，这里仅选取通过三相二极管整流器供电的中小型交流驱动装置进行讨论。

多数交流驱动的结构如图 5-3 所示。三相交流电压经三相二极管整流器整流后由直流侧电容器滤波，一些驱动的直流侧可能还会串入一个电感。整流得到的直流电压经电压源型逆变器（VSC）逆变成频率和幅值都可变的交流电压供给电动机。

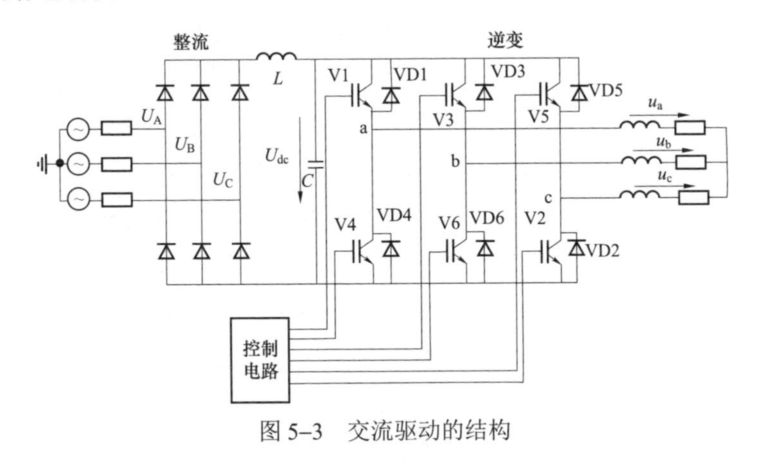

图 5-3　交流驱动的结构

当发生电压暂降时，一方面，驱动装置的电气部分可能因电压暂降而非正常工作或跳闸；另一方面，一些驱动装置所驱动的过程要求极其严格，可能不能承受因电压暂降而造成的电动机的转速和转矩的变化。大致说来 ASD 可能在下列情况下跳闸：

为了防止对可调速驱动电力电子元件的损坏，当驱动控制器的保护检测到工作条件的突然变化（例如电容器组的投切瞬态）时可能会使可调速驱动跳闸。

电压暂降引起的整流器直流侧电压的降低可能引起驱动控制器或 PWM 逆变器的故障或跳闸。直流侧电压过低是造成驱动跳闸的主要原因。

电压暂降期间交流侧电流的增大或暂降结束后直流电容充电引起的过电流可能造成过电流保护动作跳闸或使保护电力电子元件的熔断器熔断。

由于电机驱动的过程不能忍受因暂降引起的电机速度的降低或转矩的变化。跳闸后，一些驱动装置在电压恢复时立即重新启动，一些驱动装置在一定的延时后重新启动，另外一些则需要手动启动。只有在过程能忍受一定的速度和转矩的变化时各种自动启动方式才是适用的。

ASD 在工业生产的很多领域都是不可或缺的。电压暂降发生时，可调速驱动装置可对工业过程造成直接或间接的影响，例如，冷却器的停运和延时后的启动可能影响工厂要求的精确温度控制，这将影响其产品的质量；而对于挤压车间或金属抽丝等过程，电压暂降造成的可调速驱动的速度下降或停转将使过程彻底停止运行；再如在塑料的挤压生产过程中，如果电压暂降非常严重，直流驱动能力将大大减弱，致使塑料袋破损。

（3）电磁开关的敏感度。电磁开关主要有交流接触器及继电器两种类型，一般常用于低压工业配线及控制马达启动。主要电路结构如图 5–4 所示，有一个电磁线圈、一个可动铁芯及弹簧。其原理为当电流流过上方的电磁线圈时，上方的铁芯产生的电磁力将吸引下方可动铁芯，导致常开点（NO）铁芯闭合，常闭点（NC）则因为可动铁片离开接点而开启。

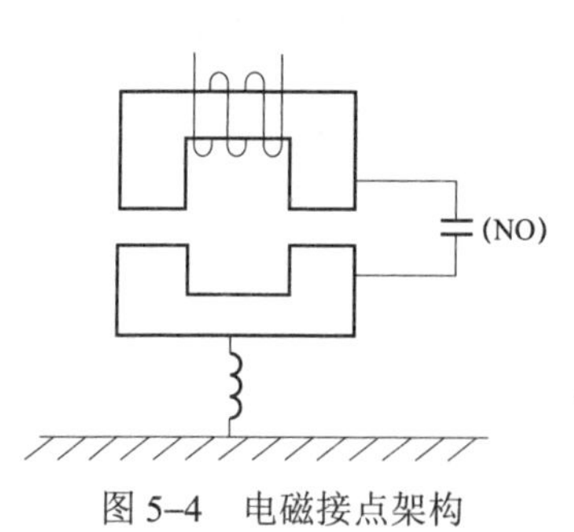

图 5–4　电磁接点架构

电磁接点在遭受电压暂降干扰时，会因为电压变小使得流经线圈的电流随之变小，电流变小则使得产生的磁力不足而无法吸引可动铁芯，在工业上会导致电磁开关所控制的设备误动作乃至停机。研究表明：当电压低于 50%，持续时间超过 20ms，接触器就会脱扣；有的研究表明，当电压低于 70%，甚至更高，接触器也可能脱扣。

（4）照明设备的敏感度。大部分照明灯在发生电压暂降时只是闪一下或暂时变暗，不会造成严重的后果。在这里重点讨论的照明设备为高压气体放电灯（High Intensity Discharge，HID），包括水银灯、金属卤化物灯、高压钠灯等。HID 不仅具有高发光效率，而且较荧光灯的发光质量更高，寿命更长，具有极高的经济效益。从以上的优点可见 HID 在未来的照明技术的应用上势必日益普遍，将占重要地位。

HID 属于弧光放电灯，在发光期间灯泡电流的变化会很大，因此需要一个镇流器来稳定其电流，使灯泡所发出的光稳定。

HID 镇流器可分为电子式（图 5–5）及电磁式（传统式，图 5–6）两种，电子式镇流器具有体积小、效率高、寿命长等优势，电磁式镇流器已有渐渐被电子式镇流器所取代的迹象。电子式镇流器动作原理可以分成三级：第一级将输入的交流电源透过整流电路转成直流，并经过直流对直流升压转换电路进行功率因数修正；第二级为直流对直流降压转换电路，用于提供一个可变的直流，因为 HID 在点灯的过程中由瞬时到稳态灯管等效电阻变化很大，所以需要一个可变的直流进行控制；第三级利用一个点火器产生一个高压将灯点亮，灯泡点亮之后点火电路即失去了作用，镇流器通过单相全桥电路供给灯泡方波电压。图 5–6 为电磁式镇流器动作原理，即通过点火器上的电压控制开关，使电感与电容产生共振，从而在灯泡端产生高压使灯泡点亮，当灯泡点亮之后点火器即失去作用。

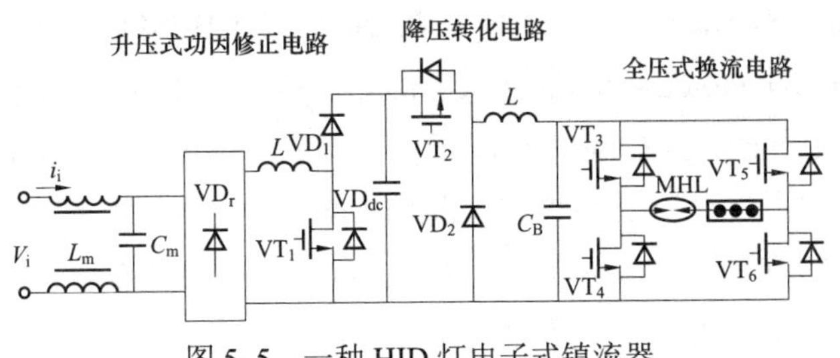

图 5–5　一种 HID 灯电子式镇流器

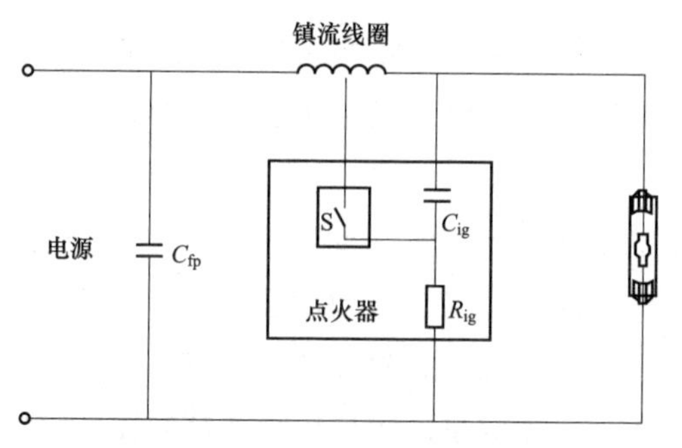

图 5-6　HID 灯电磁式镇流器电路

电压暂降时输入 HID 镇流器的电压变低，镇流器所输出的电流也随之变小，一旦流经灯泡的电流小到无法维持灯泡内部建立电弧所需最小的电流值时，灯泡会熄灭。一般电压中断或暂降超过一个周波时，灯就熄灭。HID 的特性是灯点亮之后是慢慢地亮，大约经过 5～10min 之后才会完全的达到稳态发光。灯熄掉之后欲再点灯则需等灯管冷却，一般冷却的时间约为 1～7min。也就是说一旦 HID 遭受到电压暂降的干扰，从熄灭到稳态发光至多约需 20min，在工业环境、人群大量聚集的场所或街道照明等场合，这种情况发生很可能导致混乱。

5.4　程控设备忍受能力的标准

这类设备对电压暂降忍受能力目前主要有二个规范，一个为 IEEE Std. 446，1987 年被纳入 CBEMA（Computer Business Equipment Manufactures Association）曲线（图 5–7）；另一个为 SEMI F47（Semiconductor Equipment and Materials International）曲线。在 2000 年 CBEMA 曲线修正为 ITIC（Information Technology Industry Council）曲线。ITIC 曲线规定了 ITE（Information Technology Equipment）所需具备的受电电压干扰的耐受能力（不包含断电），ITIC 曲线针对的是计算机跟数据处理技术相关的设备，应用的范围是单相 120/240V、60Hz 的设备（图 5–8）。ITIC 曲线横轴为电压干扰（电压降或电压升）的持续时间，纵轴为电压干扰时的电压大小（以百分比表示），曲线上方代表设备对电压升的忍受能力，曲线下方则表示设备对电压降的忍受能力，两曲线的中间表示设备能够正常运转不受电压变动所影响的范围。

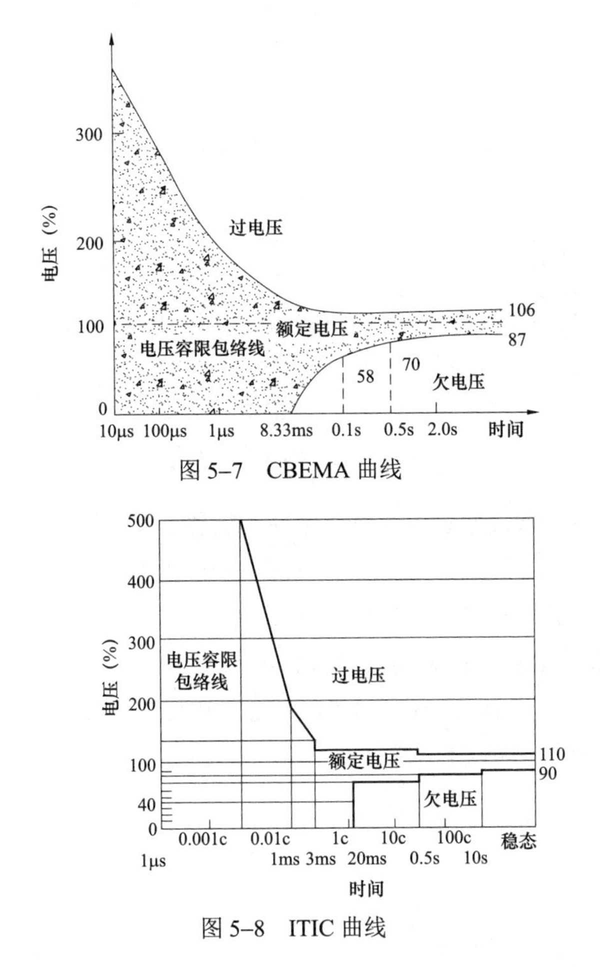

图 5–7　CBEMA 曲线

图 5–8　ITIC 曲线

SEMI 是一个国际贸易组织，代表半导体机台制造业，SEMI F47 曲线标准是提供半导体产业设备的规范，引导半导体设备制造商在设备系统设计制造上加以改良，以符合此标准的要求。

SEMI F47 曲线（图 5–9）也引用了 ITIC 曲线中 0.05～1.0s 时间范围内电压降幅的规定，作为半导体设备有关暂降耐受能力的规范。由图可以看出 ITIC 规定当电压暂降发生时，持续时间介于 1.2～30 周波可忍受到压降为 70%，但 SEMI F47 则规定持续时间在 3～12 周波时设备的忍受能力要能达到额定电压的 50%，SEMI F47 针对设备电压暂降忍受能力要求明显较 ITIC 严格。

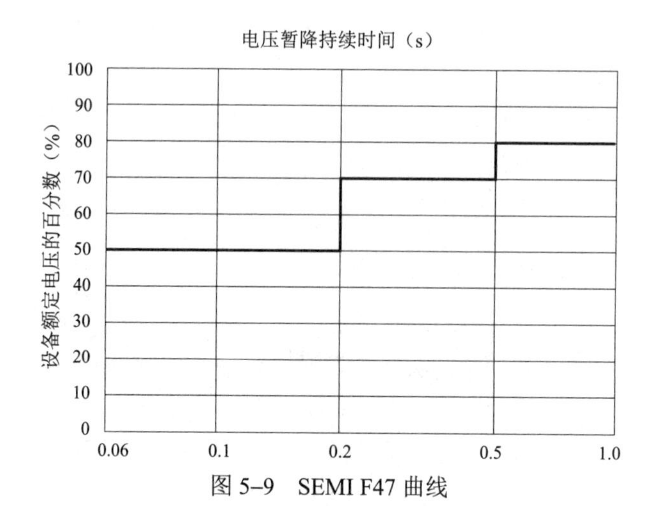

图 5–9　SEMI F47 曲线

图 5–10 为一般用电设备对电压暂降的敏感程度，各种用电设备对电压暂降幅度有不同的耐受度，例如电磁开关在 50%以内的电压暂降仍可运转，但可变速马达和高压放电灯只只容忍 15%以内的电压暂降，更大幅度的电压暂降则造成设备的急停。此外电压暂降持续间的长短，对用电设备也会产生不同影响。如电磁开关在遭遇持续 0.01s 以上的电压暂降即会误动，而低压继电器当电压暂降持续 1s 以上才会受到影响。

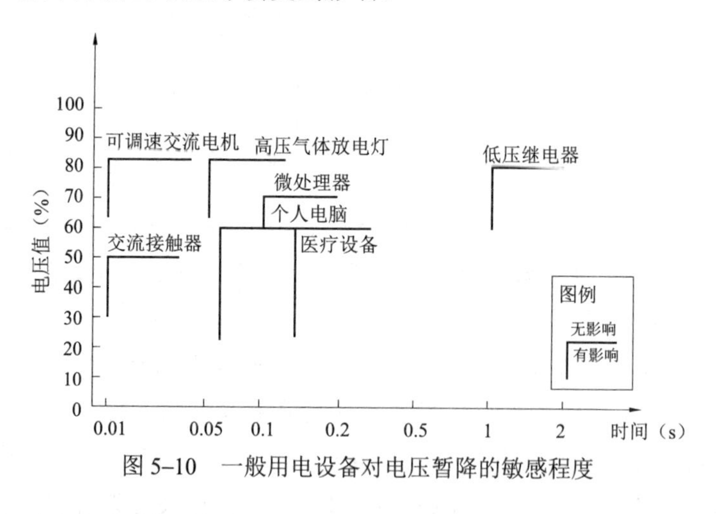

图 5–10　一般用电设备对电压暂降的敏感程度

目前，国外已对敏感设备电压暂降敏感度开展了大量的研究，而在国内，对敏感设备电压暂降敏感度的研究尚处于起步阶段，还没有对敏感电气设备电压暂降敏感度进行大量的测试，极需进一步深入研究。至于如何解决敏感性负荷供电问题，大体上从两方面着手：一方面是降低这些负荷对相关电能质量的敏感度，即提高负荷的抗扰度；另一方面是采取相应的补偿措施。前者涉及负荷本身性能或敏感环节的改进，需要研究部门、设备制造厂和用户协同来解决；后者往往涉及使用一些专门的电力电子装置即定制电力——Custom Power，CP 技术，将在本书第 7 章中介绍。

6 电能质量主要标准

从20世纪80年代初开始，我国将制定电能质量国家标准列为重点项目。至2013年底，已颁布了八个指标方面标准，即供电电压偏差、电力系统频率偏差、公用电网谐波、电压波动和闪变、三相电压不平衡、公用电网间谐波、暂时过电压和瞬态过电压以及电压暂降与短时中断（其中有的标准已修订过一、二次）。上列标准从不同指标反映了供电电压的一些基本特性。因此，正确理解和执行相关的电能质量标准有重要意义。本章对现行电能质量指标的国家标准作概要介绍，指出注意事项，以利于标准的贯彻和执行。

6.1 供电电压偏差

6.1.1 概述

供电电压偏差是电能质量的一项基本指标。合理确定该偏差对于电气设备的制造和运行，对于电力系统安全和经济性都有重要意义。允许的电压偏差较小，有利于供用电设备的安全和经济运行，但为此要改进电网结构，增加无功电源和调压装备，同时要尽量调整用户的负荷以和电网的供电能力相适应。供用电设备的允许电压偏差也反映在设备的设计原则和制造水平上。允许电压偏差大，要求设备对电压水平变化的适应性强，这需要提高产品性能，往往要增加设备的投资。对于一般电气设备，电压偏差超出其设计范围时，直接影响是恶化运行性能，并会影响其使用寿命，甚至使设备在短时间内损坏；间接影响是可能波及相应的产品质量和数量。因此，电压偏差限值的确定是一个综合的技术经济问题。

本标准分别就35kV及以上、20kV及以下三相供电、220V单相供电电压偏差限值作了规定。同时对供电电压的测量、合格率的统计作了基本的规定。

6.1.2 标准基本条文及说明

GB/T 12325—2008《电能质量　供电电压偏差》是 GB 12325—2003 的修订版，本标准是根据用电设备对电压偏差的要求，并参考了国际上相关的标准和我国电力系统电压偏差的实际状况而制订的。

（1）电能是一种商品，是一种产、供、销同时完成的特殊产品。影响电能质量好坏的因素较多，有电力系统供电部门的，也有用户的。电力系统中各点的电压是不同的，本标准规定供电电压为供电部门与用户电气系统连接点的电压，而不是用电设备处的电压。因为电能的计量点一般在连接点处，而用户内部电网的设计和管理是由用户自身负责的。这样规定，既明确了考核点，又有利于供用电双方为保证电压质量共同承担责任和采取相应措施。

（2）标准规定：35kV 及以上供电电压正、负偏差的绝对值之和不超过标称电压的 10%。如供电电压上下偏差同号时，按较大的偏差绝对值为衡量依据。

这就是说，对每一个供电考核点，其电压偏差的波动范围不超过标称电压的 10%。这意味着对整个电力系统而言，其供电电压不应高于标称电压的 110%，也不应低于标称电压的 90%。

这条对电压偏差的要求实际上比 IEC（国际电工委员会）规定±10%的要求要严。

确定这一标准时主要考虑了如下因素：

1）35kV 及以上供电电压无直接用电设备，一般均接用降压变压器，因此合理选择用户降压变压器的分接头位置，可以起到一定的调压作用。

降压变压器一次侧均设有分接开关，若选用无载调压变压器，其调压范围有±5%或±2×2.5%。配置分接开关的目的就是为了适应电力网中不同位置和不同运行方式的需要。用户若将其受电变压器一次侧分接开关置于与供电电压相适应的位置，其二次侧即可获得合适的电压。当然，无载分接开关的调整是需要停电操作，这不能太频繁。本标准是针对电压水平的变化，而一般电压水平日变化在 10%范围内，分接开关只要位置合适就可以不调整。只有在季节性负荷变化或电网运行方式有较大变动时，才考虑停电调节分接开关，这是可行的。

2）把不同位置供电点总的电压偏差限定为±10%可以适应高压电网输送

电能的需要。图 6–1 所示是一个典型的区域电力网的结构图。由图可见，电能由 G 经 S 送至 C2 时，在线路 L1 和 L2 都会有电压损耗，总的电压损耗一般控制在 10%以内。现假定 L1 和 L2 各为 5%，因此电网运行电压水平一般为：在电源 G 附近，经常保持 1.10～1.0U_N（U_N为标称电压）；在负荷中心 S 经常保持 1.05～0.95U_N；在负荷 C2 附近保持 1.0～0.9U_N。此时，C1 处（在 G 附近）用户变压器选用 1.05U_N的分接头，S 处用户选用 1.0U_N分接头，C2 处用户选用 0.95U_N的分接头后，各处用户均能获得对分接头电压偏差在±5%以内的供电电压。对全部用户而言，总的电压偏差为 U_N 的±10%。

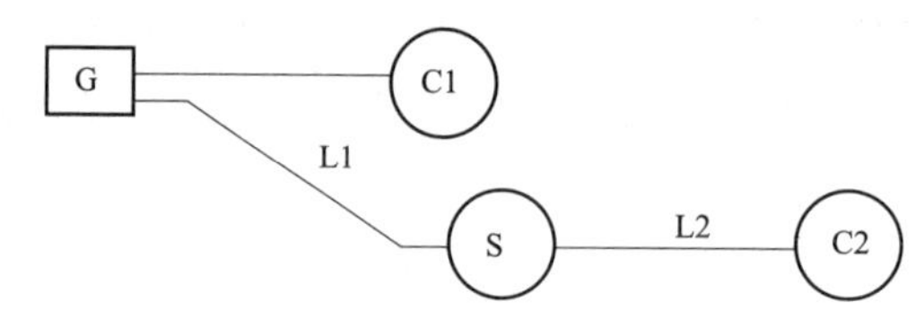

图 6–1　典型的区域电力网结构
G—远方电厂；S—负荷中心；C1—电厂附近的用户变电站；
C2—距负荷中心有一定距离的末端变电站

（3）标准规定：20kV 及以下三相供电电压偏差为标称电压的±7%。该条规定是针对直接从电网受电的用户而制订的，特别是和用户的电动机运行直接相关。异步电动机占用户电动机的绝大部分，在电网总负荷中所占的比例也很高，按 GB 755《电机基本技术要求》规定：当频率为额定值、电源电压为额定值的偏差不超过±5%时，在规定使用寿命的前提下，电动机输出功率能维持额定值。而标准规定电压允许偏差在供电点为±7%，考虑到用户内部线路电压损耗，电动机端电压偏差可能为额定电压的+5%～–10%，显然不能满足电动机保持额定出力的要求。在实际供电系统中，电压正偏差超过 5%的概率是较低的，所以标准制定时着重分析了电压负偏差达 10%时对异步电动机的影响，概括起来为：① 异步电动机的最大转矩和启动转矩下降到额定值的 81%，这对重负荷下启动和运行的电动机是不利的；② 滑差 s 增大，约增加 0.6%，转速变化很小，影响不大；③ 有功负荷和无功负荷下降，电动机输出功率减少，但减小幅度不大；④ 电动机定子和转子电流增大，可能造成过负荷，影响电机的安全经济运行。

根据分析，按本标准，用户异步电动机端电压偏差达–5%～–10%的平均概率约为 10%，再考虑到电动机本身允许±5%的电压偏差以及不同负荷阻力矩特性、负荷率及环境温度等因素，对绝大多数异步电动机用户一般是能满足正常用电的要求。因此，规定 20kV 及以下三相供电电压偏差为标称电压的±7%是合适的。标准规定，当电网条件较差或对电压偏差要求较严时，可作为特殊用户对待，由供用电双方订立协议，采取特殊措施解决。

（4）标准规定：220V 单相用户的供电电压允许偏差为标称电压的+7%、–10%。这条规定严于 IEC 的标准，其正偏差比 IEC 标准少 3 个百分点，负偏差相同。

低压单相用电设备主要是低压单相电机、照明和家用电器。这些设备中，白炽灯寿命受电压升高的影响较大，一般不宜大于额定电压的 5%。考虑到电压测量点与用电设备间还有电压损耗，用电设备端电压只有少数在短时间内略超过+5%，一般可保持在+5%以下运行。日光灯寿命受电压高低影响较小。我国低压电网采用三相四线制，照明、动力混供，考虑到零线压降的影响，故 220V 单相供电电压允许偏差定为标称电压的+7%、–10%。

6.1.3 电力系统中发电厂和变电站的母线电压允许偏差及调压措施

为了保证供电电压偏差在标准规定的允许范围内，电力部门也颁发了有关文件，规定了电力系统中发电厂和变电站的母线电压允许偏差值（这部分内容虽然未在标准中反映，但和供电电压的关系很大，可供参考），具体规定如下：

（1）500（330）kV 母线。正常运行方式时，最高运行电压不得超过系统标称电压的+10%；最低运行电压不应影响电力系统稳定、厂用电的正常使用及下一级电压的调节。

向空载线路充电，在暂态过程衰减后，线路末端电压不应超过系统标称电压的 1.15 倍，持续时间不应大于 20min。

（2）发电厂和 500kV 变电站的 220kV 母线。正常运行方式时，电压允许偏差为系统标称电压的 0%～+10%；事故运行时为系统标称电压的–5%～+10%。

这条规定的主要依据是 220kV 电网较大，电源点分布较广，输送的电能距离较远，线路的电压损耗较大（10%以内）的情况。在正常运行时，为同时满足首端变电站和末端变电站对电压偏差的要求，规定母线电压最高不超过

1.10U_N，最低为 U_N。事故运行方式时，下限放宽到 0.95U_N。

（3）发电厂和 220（330）kV 变电站的 110～35kV 母线。正常运行方式时，电压允许偏差为相应系统标称电压的–3%～+7%；事故后为系统标称电压的±10%。

这条规定的主要依据是 110kV 电网大部分已是城市电网的高压配电网络，输送距离较短，一般线路电压损耗不会超过 5%～6%。在正常运行时，为同时满足首末端变电站对电压偏差的要求，故规定母线电压最高不超过 1.07U_N，最低为 0.97U_N。事故时放宽到 1.1U_N～0.9U_N。

（4）发电厂和变电站的 10（6）kV 母线。10（6）kV 母线的电压偏差允许范围，应根据其所带线路上的全部高压用户和经公用配电变压器供电的低压用户的电压偏差，在标准中规定的合格范围内来确定。目前一般取 1.07U_N～1.0U_N。

达到上述电压标准必须具备的首要条件为随时保持无功电源与无功负荷间的平衡，为此应注意以下几点：

1）不但要保证整个电力系统的平衡，同时也要保持调整好每个局部网络（包括每个变电站）内的平衡；

2）在规划、计划、建设时，无功电源应与有功电源同步进行；

3）电力系统中应有足够的无功电源备用容量，一般应拥有全部无功设备容量的 5%～10%，并应分散装设于对电压调整敏感的变电站中；

4）必须时，加装静止无功补偿装置（SVC）或静止无功发生器（SVG，STATCOM）。

关于无功补偿装置配置应执行国家电网公司生〔2004〕435 号文《国家电网公司电力系统无功补偿配置技术原则》。

另外，在电网建设中采用紧密的网架与合理的供电半径，也是必要条件。应做到不仅能保证正常运行方式下的电压偏差，同时还可以满足若干非正常运行时的电压偏差。此外应合理配置与选择变压器变比和适量采用有载调压变压器。并应做好电压的监测和调整工作。

6.1.4 电压偏差的测量及合格率统计

为了使标准具有可操作性，对测量仪器性能（包括仪器的分类、准确度）、测试方法、电压合格率的统计等做了规定，并介绍了电网电压监测及地区电网电压合格率的统计。

关于电压偏差的测量方面，为了统一各国电能质量测量仪器和测量方法，IEC 专门制定了国际标准 IEC 61000–4–30《电磁兼容　试验和测量技术　电能质量测量方法》(即国标 GB/T 17626.30)。2008 年版国标中主要参考了此标准 2003 年版本。国标原则上要采用 IEC 标准的相关规定，同时应结合国情做适当的修改。采用了 IEC 标准规定的 A 级和 B 级两类仪器规定，并采用基本测量时间窗取 10 周波以及连续采样的规定。每次测量时段 T(3s、1min、10min、2h）按电压有效值的平均值输出结果。设每次测量时段输出为 U_T，则：

$$U_{\mathrm{T}}=\sqrt{\frac{1}{M}\sum_{n=1}^{M}U_{n10}^{2}} \tag{6–1}$$

而

$$U_{n10}=\sqrt{\frac{1}{m}\sum_{k=1}^{m}u_{nk}^{2}} \tag{6–2}$$

式中　U_{n10}——测量时段内第 n 个 10 周波的有效值；

M——测量时段内 10 周波的个数，对于工频为 50Hz 系统 M 和 T 的对应关系如表 6–1 所示；

u_{nk}——第 n 个 10 周波 k 点的电压瞬时采样值；

m——10 周波内的采样点数（例如每周波 128 个点，则 m=1280）。

表 6–1　　工频为 50Hz 系统 M 和 T 的对应关系

T	3s	1min	10min	2h
M	15	300	3000	3.6×10^4

实际上这种数据综合方法在 1min 及以上时段可以简化表达，例如 1min 可由 20 个 3s 结果综合得到：

$$U_{1\min}=\sqrt{\frac{1}{20}\sum_{n=1}^{20}U_{n3\mathrm{s}}^{2}} \tag{6–3}$$

同理，10min 可由 10 个 1min 结果得到，2h 可由 12 个 10min 结果得到。

需要指出，国标中对 A 级仪器测量误差规定为±0.2%比 IEC 的规定±0.1%要低，同时测量时段比 IEC 规定的多了一个 1min，这些规定都是为兼顾国内现有测量仪器状况（原执行的是部标 DL500《电压监测仪订货技术条件》）而考虑的。

由于重点是电压偏差的限值，测量方面，特别是对测量仪器的要求，应由专门的标准做详细的规定。例如 IEC 61000–4–30 的规定，若已转化为国标，则应优先执行；若未转化，制造厂也应参考执行，因为毕竟这是国际标准。实际上，目前该标准的 2008 年版本已发布（已转化为国标 GB/T 17626.30—2012），其中有些内容已和 2003 年版本不同（例如仪器由 A、B 两级改为 A、S、B 三级），是应关注的。

在标准中引入了“电压合格率”统计的概念。合格率只是质量状况的一个标志，它反映某一供电点、某一用户或某一地区电网等的电压偏差合格情况，可用于该指标的纵向（例如去年、今年、明年）和横向（用户之间、电网之间等）的比较，以便采取某些激励措施，使电压指标更快地获得改善。合格率只是用户或电力部门内控指标，不能代替标准中的限值执行。对用户某一供电点和某一时刻，只要超过限值，就是不合格，电力部门就应承担该指标当时不合格带来的不良后果的责任。标准的附录中关于“电网电压监测及地区电网电压合格率的统计”，是将目前电力公司对于该指标的统计做法进行介绍。可以看出，电力公司发布的电压合格率并不能完全反映对用户供电电压的合格状况，因为电网电压监测点极大部分并不是供电点。

6.2 电力系统频率偏差

6.2.1 概述

本标准于 2007 年 12 月由全国电压电流等级和频率标准化技术委员会审查通过，经国家质量监督检验检疫总局和国家标准化管理委员会批准发布，于 2009 年 5 月 1 日起实施，取代 GB/T 15945—1995《电能质量　电力系统频率允许偏差》。

6.2.2 标准基本条文及说明

标准规定：电力系统正常频率偏差限值为±0.2Hz。当系统容量较小时，频率偏差值可以放宽到±0.5Hz。标准中还规定：用户冲击负荷引起的系统频率偏差变化不得超过±0.2Hz。在保证近区电网、发电机组的安全、稳定运行和用户正常供电的情况下，可以根据冲击负荷的性质和大小以及系统的条件适当变动限值。

这条规定“正常频率偏差限值为±0.2Hz，系统容量较小时，可放宽到±0.5Hz”的依据有：

（1）在上述频率范围内能保证电力系统、发电厂和用户的安全和正常运行：① GB 755—2000《旋转电机 定额和性能》（idt IEC 60034–1：1996）规定的电机能实现基本功能的连续运行区（标准中称为区域 A），频率偏差范围为±2%（即±1Hz）；② 一般电气设备，稳态频率偏差允许范围为±5%（即±2.5Hz）。例如 GB/T 7061—2003《船用低压成套开关设备和控制设备》的 5.1.2 条就有此规定。须指出，这些标准规定的频偏范围只是对电气设备本身安全、正常而言，如考虑频率的累积效应，当然频偏应越小越好。

（2）1996 年电力工业部颁布的《供电营业规则》规定：“在电力系统正常状况下，供电频率的允许偏差为：电网装机容量在 300 万千瓦及以上的，为±0.2Hz；电网装机容量在 300 万千瓦以下的，为±0.5Hz。在电力系统非正常状况下，供电频率允许偏差不应超过±1Hz。”通常对国家电网和南方电网的频率合格率统计，近两、三年都在 99.99%以上。

（3）2006 年《国家电网公司电力生产事故调查规程》中关于“事故”的规定：300 万 kW 及以上电力系统频率超出 50±0.2Hz 延续 30min 以上或 50±1Hz 延续 15min 以上；300 万 kW 以下电力系统频率超出 50±0.5Hz 延续 30min 以上或 50Hz±1Hz 延续 15min 以上。

（4）国外较新的标准中对电力系统频率允许偏差用±0.5Hz 居多（例如欧洲标准 EN50160《公共配电系统供电电压特性》规定）。也有一些发达国家（如美国、加拿大、日本、德国、法国等）电力公司对互联系统频率偏差有±0.1Hz，甚至更为严格的规定。

（5）IEC 61000–2–2 中关于公用供电系统电磁兼容水平规定，短时频率偏差为±1Hz。该文件指出，稳态频率偏差要小得多。

（6）虽然我国大电网（装机容量 300 万 kW 以上）占绝对优势，正常频率偏差还可以控制在更小范围内（如±0.1Hz），但个别电网某些时期缺电的局面，小的孤立系统，以及大型冲击负荷对近区系统的频率影响等因素将长期存在，故不宜将频率偏差规定得过小，而作为电能质量指标，也不宜和这些因素挂钩。此外，如将系统频率偏差规定得过小，势必影响电气设备对频率的适应性。由于频率控制的精度和电网容量有关，当然也和调节和控制的技术水平有关，标准中提出±0.5Hz 作为放宽的限度，也能满足设备对频率要求。不过±0.5Hz 频偏规定只是对联网的系统而言，小的孤立系统不包括在内。

（7）至于大小电网以装机容量 300 万 kW 为界，这个规定在我国电力部门已存在几十年，给电网频率考核指标的确定带来方便，但考虑到调频技术的发展，系统结构和运行方式的多样性，这个规定还缺乏充分的依据，因此国标中并未采用。

标准中对冲击负荷引起的频率变动作了规定，这是因为大型冲击负荷对供电系统的影响一般在规划设计阶段要作专门研究，为此应有标准作为技术措施的考虑依据。由于冲击负荷对频率的影响涉及冲击负荷性质、大小、电力系统容量、结构、旋转备用，系统调频方式，调速调频装置性能，背景冲击负荷以至于无功功率平衡和调压手段等诸多因素，难以提出确切的限值。因此提出的用户冲击限值±0.2Hz 是一个粗略值，此限值是对整个系统的频偏而言的，且可以适当变动。至于冲击负荷对近区电力系统的影响，则以“安全、稳定运行以及正常供电”为原则。关于“正常供电”应包括不引起电力系统低频切负荷装置或其他保护和自动装置误动作，也应包括满足对某些用户（例如纺织厂、造纸厂）的正常生产要求。应注意本条中冲击负荷，不限定数量，多个冲击负荷综合结果，应根据具体条件分析或试验确定。

标准附录中对频率合格率的统计做了规定，统计的时间以 s 为单位。需要指出：“合格率”是电网内控的一个指标，并不直接面对用户。对用户仍以限值为判断依据。

6.2.3　频率偏差的测量

频率偏差的测量，主要依据 IEC 61000–4–30 中对频率偏差的测量要求，同时兼顾现行国标 GB/T 19862《电能质量监测设备通用要求》，以及国内电力系统中一直沿用的习惯方法。

本标准提出频率测量仪表绝对误差不大于±0.01Hz 是考虑测量频率偏差限值±0.2Hz 应有的精度，同时也兼顾到数字式记录仪的现状。这个规定和 IEC 标准中对 A 级仪器的测量误差一致。

测量方法中规定“测量电网基波频率，每次取 1s、3s 或 10s 间隔内计到的整数周期与整数周期累计时间之比（和 1s、3s 和 10s 时钟重叠的单个周期应丢弃）”。测量时间间隔不能重叠，每次在时钟开始时计。IEC 61000–4–30 标准中只规定对 A 级性能的测量仪器“在 10s 间隔内计到的整数周期与整数周期累计时间之比。”国标中之所以增加 1s 和 3s 测量值是因为：① 我国电力系统中一直沿用 1s 测量确定频率；② 国标 GB/T 19862 中规定频率偏差的一个基本记录周期为 3s。因为实际系统频率总是处于动态变化之中，显然，上述不同间隔测得的频率会有误差。原则上，间隔大，平均性较好，从总体上能更好地反映频率水平。

6.3 公 用 电 网 谐 波

6.3.1 标准基本内容说明

现行谐波国家标准（简称谐波国标）为 GB/T 14549—1993《电能质量　公用电网谐波》。

下面对谐波国标中几个基本问题作扼要说明。

（1）不同谐波源的叠加计算。电网谐波电压和电流往往由多个谐波源产生，因而不同谐波源的相量叠加计算是谐波标准制定的重要基础。两个谐波源的同次谐波电流 I_{h1} 和 I_{h2} 在一条线路上叠加，当相位角 θ_h 已知时，按下式计算

$$I_h = \sqrt{I_{h1}^2 + I_{h2}^2 + 2I_{h1}I_{h2}\cos\theta_h} \tag{6–4}$$

但实际电网中，同次谐波电流相位关系受多种因素影响具有一定的随机性，因此国标中给出相位角 θ_h 不确定时，进行合成计算公式

$$I_h = \sqrt{I_{h1}^2 + I_{h2}^2 + K_h I_{h1} I_{h2}} \tag{6–5}$$

式中　K_h 系数按表 6–2 选取。

表 6–2　　系 数 K_h 的 值

h	3	5	7	11	13	9 |>13| 偶次
K_h	1.62	1.28	0.72	0.18	0.08	0

两个谐波源在同一节点上引起的同次谐波电压的叠加计算与式（6–4）或

式（6–5）类同。

（2）低压电网电压总谐波畸变率。低压电网电压总谐波畸变率是确定中压和高压电网电压总谐波畸变率的基础，国标中定为5%，主要根据对交流感应电动机的发热，电容器的过电压和过电流的能力，电子计算机、固态继电保护及远动装置对电源电压要求，并参考了国外谐波标准的规定确定的。

（3）6～220kV各级电网电压总谐波畸变率。采用典型的供电系统，考虑了上级电网谐波电压对下级的传递（传递系数取0.8），利用式（6–5）的简化式（取K_h=1）进行计算分析。当低压电网总谐波畸变率为5%时，随电压等级的提高，各级电压总谐波畸变率逐渐减小。计算结果为：6kV和10kV约为4%；35kV和66kV约为3%；110kV为1.5%～1.8%。考虑到电网的实际谐波状况，将110kV的标准定为2%，其余各级标准就取上列计算近似值。至于各次谐波电压含有率的限值，标准中大体上分为奇次谐波和偶次谐波两大类，后者为前者的二分之一，而奇次谐波的含有率限值均取 80%总畸变率。必须指出，标准中谐波电压仍以相电压中含量为准。实际测量表明，相电压谐波含量往往大于线电压谐波含量。在中性点绝缘的系统（6～35kV）中，由于电压互感器特性或中性点接地状况影响，相电压和线电压谐波含量相差可能很大，通过测试对比，不难找出原因。

（4）用户注入电网的谐波电流允许值。分配给用户的谐波电流允许值应保证各级电网谐波电压在限值之内。影响各级电网谐波电压的主要因素有：

1）本级谐波源负荷产生的谐波；

2）上级电网谐波电压对本级的传递（即渗透）；

3）各谐波源同次谐波的相量合成。

一般忽略下级电网谐波电压对上级的传递，这是因为按短路容量比较，可以近似认为上级电网的谐波阻抗远小于下级电网的谐波阻抗。

在国标中，根据典型网络研究，给出了各级电压U_N的基准短路容量S_{SC}（MVA）。由S_{SC}可以求出电网基波等值电抗x_s，假定h次谐波电抗为hx_s则由式（6–6）求出一个公共连接点的总谐波电流允许值I_h（在标准中列表给出前25次的I_h值）

$$I_h = \frac{10 S_{SC} HRU_h}{\sqrt{3} U_N h} \tag{6–6}$$

式中　HRU_h——由本级负荷产生的第 h 次谐波电压含有率（%），根据上列（1）～（3）条件，（在某些假设条件下）计算得到。

根据用户用电容量分配谐波指标的原则，某个用户的谐波电流允许值由式（6–7）确定

$$I_{hi} = I_h(S_i / S_t)^{1/\alpha} \tag{6–7}$$

式中　S_i ——第 i 个用户的用电协议容量；

S_t——公共连接点的供电设备容量；

α——相位系数，按表 6–3 取值。

表 6–3　相 位 系 数 α 值

h	3	5	7	11	13	9 |>13| 偶次
α	1.1	1.2	1.4	1.8	1.9	2

不难证明，表 6–3 中 α 值和表 6–2 中 K_h 值基本上是对应的。

当公共连接点的短路容量 S'_{sc} 不同于基准短路容量 S_{SC} 时，式（6–7）中 I_h 值应按式（6–8）换算为 I'_h

$$I'_h = I_h \times \frac{S'_{SC}}{S_{SC}} \tag{6–8}$$

应注意，式（6–7）中的供电设备容量 S_t 应和 S'_{SC} 的供电方式相对应，不能一概取供电变电站（或发电厂）内全部变压器容量之和。

（5）测量方法、数据处理及测试仪器。由于谐波源的多样性和多变性，测量方法必须根据被测对象有所区别。考虑到谐波的波动性，原则上取 95%时间内不超过概率值。为了实际应用方便，在标准中规定按实测值大小排队，取 95%大值。对波动谐波源，规定实测值不少于 30 个，这是使实测值平均数的分布接近于正态分布所需的最低样本数。考虑到某些谐波源较稳定的特点，标准中又规定可以选取五个接近的实测值，取算术平均值。

为了区别暂态现象和谐波，根据国际大电网会议（CIGRE）36–05 工作组建议，每次测量结果应为 3s 内被测值的平均值，由于目前广泛使用数字式谐波分析仪，故国标中按离散采样给出推荐式

$$U_h = \sqrt{\frac{1}{m}\sum_{k=1}^{m}(U_{hk})^2} \tag{6–9}$$

式中　U_{hk}——3s 内第 k 次测得 h 次谐波电压含有率；

m——3s 内取均匀间隔的测量次数，$m \geqslant 6$。

实际上 U_{hk} 通常取一个工频周波采样的分析结果，至于一个周波的采样点数，应根据待分析的谐波次数（h）按采样定理确定。

关于对测量仪器的准确度、电源条件等要求，主要根据国际电工委员会标准《供电系统及所连设备谐波、谐间波的测量和测量仪器导则》（IEC 61000–4–7，即国标 GB/T 17626.7）的规定。

由于 6～110kV 电磁式电压互感器一般用于 1000Hz 以下频率测量，同时考虑到电网中低次谐波一般为主，故标准中规定“测量的谐波次数一般为第 2 到第 19 次”，以便于执行。

6.3.2　现行国家标准中存在的主要问题

本标准已发布实施了二十几年，在执行中取得了丰富的经验，同时也发现不少问题，主要有：

（1）关于电网各级电压的谐波限值。各级电压的谐波限值是制定谐波标准的基础，谐波电压的确定要兼顾电网安全、经济运行，非线性负荷的发展以及治理措施的技术经济评估等。除了国内电网调研和总结运行经验外，在相当程度上，谐波电压限值的确定应参照国际上或先进国家的现行标准。据悉，一些发达国家 2000 年前后修订的谐波电压限值和过去均有相当大的变化，电压限值有提升和简化的趋势。此外应注意，现标准仅适用于“公用电网”（220kV 及以下），随着超高压（220kV 以上）交直流输电的发展，以及超高压用户的出现（例如西北有 330kV 用户变电站；华东有 500kV 用户变电站）有必要将标准适用范围向上拓展。

（2）用户谐波指标的分配。国标中采用谐波电流分配原则，但规定的分配计算公式中一些量的取值含糊，造成执行上随意性较大。例如标准中没有明确供电容量的取法，有时不同取法算得的电流指标差别很大，直接影响合格判据和技术措施的费用。此外，按标准中规定算法，有些情况下得到的限值过严，实际上不可行。

（3）谐波阻抗的处理。国标中采用短路容量换算出来的基波电抗的 h 倍作为 h 次谐波电抗，这种做法在低压系统是可行的，但高压系统不能随便这样用。由于谐波阻抗关系到谐波电流值，因此阻抗值处理不恰当会直接影响到电网谐波电压的合理控制。

（4）谐波测量问题。国标中对于变化负荷谐波测量的规定。没有涉及测量取样窗口的选择，因此有原理性缺陷。国内的仪器大多数 FFT 分析窗宽取工频 1 个周期，只能测出整数次谐波。对于许多波动性非线性负荷，实际上不能测得正确的结果。此外，谐波的测量也需要有明确规范的方法，现标准中的规定和 IEC 推荐的方法有相当的差别。

（5）在 6.3.1 最后一段指出，限于测试设备（例如电磁式电压互感器）性能和电网中谐波状况（低次谐波为主），标准中规定测量的谐波次数一般为第 2 到第 19 次。目前由于电力电子技术日益广泛应用，电网中开关频率成分大为增加，对高频段谐波次数（一般为 25～50 次，有的甚至达 50～100 次之间）关心度日益增加，因此标准中谐波次数的规定至少应拓展到 50 次。

（6）对用户限值的分级处理。现行国标中只提出谐波电流作为限制用户的唯一准则，在实际执行中很不方便。IEC 标准文件中推荐用 3 级处理原则值得借鉴。3 级处理就是第 1 级针对大量小用户，规定不需经谐波核算，直接入网的条件；第 2 级针对一般用户，需经谐波核算后确定入网条件；第 3 级针对特殊用户或特殊电网条件确定入网条件。在国标中纳入分级处理原则显然有利于电网谐波的控制和管理。

鉴于存在以上问题，国家标准化管理委员会早于 2006 年已下达修订计划，由全国电压电流等级和频率标准化技术委员会组织标准的修订，目前工作仍在进行中。

6.4　电压波动和闪变

6.4.1　概论

为了控制电压波动和闪变的危害，1990 年颁布了国标《电能质量　电压允许波动和闪变》（GB 12326—90）。该标准实施以来，对于控制电网的电压波动和闪变起到了十分重要的作用，推动了电压波动和闪变治理工程的开发、实施以及相关仪器的研制工作。同时也发现原标准中存在一些问题，例如标准中缺乏对干扰源指标的预测计算以及分配办法，标准中的“闪变”指标是基于日本的 10Hz 等效闪变值（ΔV_{10}）制定的。日本的照明电压为 100V，而我国照明电压为220V，和欧洲国家接近，这些国家都用国际电工委员会（IEC）标准。IEC 标准中用短时间闪变值（P_{st}）和长时间闪变值（P_{lt}）来衡量"闪变"，其使用的广泛性远多于ΔV_{10}。随着国际经贸发展和技术交流的增加，国家标准和国际先进标准接轨势在必行。针对上述问题，2000 年标准做过一次修订（GB 12326—2000），但执行中又发现一些新问题，故 2008 年又再次修订。本节介绍 2008 年修订的国标 GB/T 12326，该标准于 2009 年 5 月 1 日起实施。

6.4.2 标准的主要内容

本标准适用于电力系统正常运行方式下，由冲击性负荷引起的公共连接点电压的快速变动及由此可能引起人对灯闪明显感觉的场合；标准规定了电压波动和闪变的限值及测试、计算和评估方法。

（1）电压波动和闪变的限值：

1）标准规定的电压波动限值和变动频度 r 以及电压等级有关，见表 6–4。

表 6–4　　电压波动限值

$r(h^{-1})$	d (%)	
	LV、MV	HV
$r \leqslant 1$	4	3
$1 < r \leqslant 10$	3*	2.5*
$10 < r \leqslant 100$	2	1.5
$100 < r \leqslant 1000$	1.25	1

注 1. 很少的变动频度 r（每日少于 1 次），电压变动限值 d 还可以放宽，但不在本标准中规定。

2. 对于随机性不规则的电压波动，如电弧炉负荷引起的波动，表中标有"*"的值为其限值。

3. 本标准中系统标称电压 U_N 等级按以下划分：

低压（LV）　　$U_N \leqslant 1$ kV

中压（MV）　　1kV $< U_N \leqslant$ 35kV

高压（HV）　　35kV $< U_N \leqslant$ 220kV

对于 220kV 以上超高压（EHV）系统的电压波动限值可参考高压（HV）执行。

2）标准规定，由波动负荷引起的长时间闪变值 P_{lt} 应满足表 6–5 所列的限值。

表 6–5　　　　闪　变　限　值

系统电压等级	≤110kV	＞110kV
P_{lt}	1	0.8

注　本标准中 P_{lt} 每次测量周期取为 2h。

需指出，对于表 6–4、表 6–5 的限值，标准规定的衡量点为电网的公共连接点（PCC），并不是用户或设备的入口处。由于 P_{lt} 的测量时间较长（2h）故应考虑高一级电压电网对下一级电网的闪变传递，以及同级闪变源的叠加效应。前者在表 6–5 限值中已有体现（110kV 以上的限值较严）；后者将在冲击性负荷限值规定中处理。

至于测量持续时间，参照 IEC 61000–4–30 规定，对电网公共连接点以一周（168h）为测量周期。而对任一个波动源用户，考虑到最大冲击工况可以人为安排，其测量周期为一天（24h）就可以。

（2）对于冲击性负荷的限制。标准规定，对于每个冲击性负荷（或称为用户），电压波动的限值仍如表 6–4 规定，这意味着不考虑电压波动的叠加效应，但高压的限值要严于中、低压，这说明已适当考虑了高压对中、低压的一些传递影响。但标准规定，对每个用户的闪变限值，要根据其协议用电容量占供电容量的比例以及电压等级，分别按三级作不同的规定处理：第一级是针对量大面广的小容量用户，规定可以不经闪变核算允许接入电网的条件。具体规定是：$P_{lt}<0.25$ 的单个波动负荷用户；高压用户，如满足 $(\Delta S<S_{sc})_{max}<0.1\%$；中、低压用户，如满足

$$(\Delta S<S_{SC})_{max} \leqslant \begin{cases} 0.1\%, r>200(\min^{-1}) \\ 0.2\%, 10 \leqslant r \leqslant 200(\min^{-1}) \\ 0.4, r<10(\min^{-1}) \end{cases} \tag{6–10}$$

式中　ΔS ——用户的视在功率的变动值；

S_{SC} ——PCC 短路容量。

第二级按用户的协议用电容量占供电容量比例，且考虑上一级电网对下级电网闪变传递系数（取为 0.8）以及波动负荷的同时系数（取 0.2～0.3），求

出用户的闪变限值（公式略，详见标准）。应注意，用实测核对用户是否超标时，应将背景闪变值扣除。第三级规定了超过第二级限值的用户（只限于经过治理仍超标的用户）以及过高背景闪变水平的处理原则。由于一般 PCC 上接的负荷不都是冲击性的，其实际背景闪变水平较低，或者超标的概率很低（例如每周不超过 1%时间）时，电力企业可以酌情放宽限值；反之，如背景水平已接近表 6–5 的限值，则应适当减小分配的指标，研究采用补偿措施的可能性，最终使电网的电压波动和闪变水平控制在表 6–4、表 6–5 限值之内。

（3）电压变动的计算以及闪变的叠加和传递。标准给出单相和三相冲击负荷引起的电压变动实用计算公式；给出同一母线上多个波动负荷引起的闪变叠加计算公式和电网中闪变传递的简化分析方法；对于高压系统中供电容量的确定也提供了估算方法。

（4）闪变的评估。由于闪变是“灯光照度不稳定造成的视感”，而影响闪变的因素很多，电压波动的大小和闪变值没有简单的对应关系。IEC 技术报告（IEC 61000–3–7）中给出了若干特定电压波动波形（正弦波、三角波、双阶梯波和斜坡波等）的波形系数，用于闪变的分析和评估，但在实际电网中很少用到，而且这种评估的准确度很难保证，故本标准中只给出周期性矩形（或阶跃波）电压变动的单位闪变曲线，主要是用于闪变测量仪（IEC 61000–4–15 规定其功能和设计规范）的检验。在标准附录中介绍了 IEC 61000–4–15（即 GB/T 17626.15—2009）中关于闪变的测量和计算的一些规定，可供执行时参考。

虽然标准中规定了用闪变仪直接测量作为闪变量值判定的基准方法，但对某些特定的闪变源负荷，例如工业电弧炉，国内外均有大量实测数据说明其电压波动最大值和相应的闪变值的关系，虽然这些实测结果有较大的分散性，但对预测评估仍有参考价值，故标准附录中列出了交流电弧炉、直流电弧炉、精炼炉和康斯丁（Consteel）电弧炉最大电压变动 d_{max} 和闪变值 P_{lt} 的关系，可以用于工程上粗略估算。

附录中关于闪变合格率的统计给出了计算式，采用的理由同前述（见 6.1.4），这里不再重复。

6.4.3 执行标准中的几点建议

（1）本标准内容较多，涉及面较广，其中“闪变”概念的量值化比较抽象。为贯彻标准，有关技术管理人员应深入学习标准内容及相关资料。

（2）闪变仪是执行本标准的基本测量工具，目前有专用的进口仪器（例如瑞士 Panensa 公司生产的 MEFP 型闪变仪），也有多功能的电能质量分析仪（其中闪变测量按 IEC 标准输出 P_{st} 和 P_{lt} ）；国内也已研制出同样功能仪器。

（3）关于电压波动值的测量，标准中未指定专用仪器（IEC 标准中也没有规定）。对于一些规则的冲击性负荷，可以将其方均根值电压波动曲线录制后分析得出结果；对于随机不规则的电压波动，在最大冲击负荷工况下录取电压波动的最大值作为判据就可以了。

（4）我国有的地方电网较弱（PCC 短路容量较小），如接上大的冲击负荷，要使电压波动和闪变达标，必须采取快速无功补偿技术。目前常规的 SVC 装置（例如 TCR，即晶闸管控制的电抗器），对闪变改善效果较差，也很难达标，如采用新型的 SVG（或 STATCOM）装置，由于造价较高，技术上尚需完善，还不具备普遍推广条件。因此对这类冲击负荷应慎重选择供电点，这在规划设计阶段必须详细研究论证，并由供用电双方事先达成相关协议。

（5）标准中对测量条件规定为“电力系统正常运行的较小方式下，波动负荷变化最大工作周期的实测值。例如：炼钢电弧炉应在熔化期测量；轧机应在最大轧制负荷周期测量；……”。这里“正常运行的较小方式”应由电力企业调度部门确定，此方式一般应比一些大检修时的“最小运行方式”大一些。同时应注意，当按第二级计算用户的闪变限值时，其供电容量应和此方式对应，而协议用电容量一般不应包括用户的冷备用容量。

（6）当新设备投运时，电力系统运行方式往往不能调整到“正常较小方式”，建议利用站内电容器组投切或其他方法实测出当时的 PCC 短路容量，将实测值换算到设计值，再判断是否合格（一般按电压波动和闪变值与短路容量成反比换算）。

6.5 三相电压不平衡

6.5.1 概论

国标《电能质量　三相电压不平衡》（GB/T 15543—2008）是针对电力系统正常工况下不平衡而制定的。这种不平衡主要是由三相负荷不对称引起的。电气化铁路、交流电弧炉、电焊机和单相负荷等均是三相不平衡负荷。

6.5.2　三相电压不平衡国家标准

国标《电能质量　三相电压不平衡》（GB/T 15543—2008）是电能质量系列标准之一。标准的主要内容如下：

（1）标准的内容和适用范围。该标准规定了三相电压不平衡度的限值、计算、测量和取值方法。标准只适用于负序基波分量引起的不平衡场合，国际上绝大多数有关不平衡的标准均是针对负序分量制定的，因此本标准暂不规定零序不平衡限值。

此外，该标准只适用于电力系统正常运行方式下的电压不平衡。故障方式引起的不平衡（例如单相接地，两相短路故障等）不在考虑之列。由于电网中较严重的正常不平衡往往是由于单相或三相不平衡负荷所引起的，因此标准的衡量点选在电网的公共连接点（PCC），以便在保证其他用户正常用电的基础上，给干扰源用户以最大的限值。实际上一个大用户（例如：钢铁企业）内部有多个连接点，负序干扰源在内部连接点上引起的不平衡度一般大于在 PCC 上引起的不平衡度。

（2）电压不平衡度的允许值。电力系统公共连接点正常电压不平衡度允许值为 2%，短时不得超过 4%。这是基于对重要用电设备（旋转电机）标准，电网电压不平衡度的实况调研，国外同类标准以及电磁兼容标准全面分析后选取的。

作为电能质量指标的电压不平衡度，在空间和时间上均处于动态变化之中，从整体上表现出统计的特性，因此标准中规定用 95%概率大值作为衡量值。也就是说，标准中规定的“正常电压不平衡度不超过 2%”是在测量时间 95%内的限值，而剩余 5%时间可以超过 2%（适用于按时间均匀采样的场合）。但过大的“非正常值”时间虽短，也会对电网和用电设备造成有害的干扰，特别是对负序启动元件的快速动作继电保护和自动装置，容易引起误动。因此标准对最大允许值作了“短时不得超过 4%”的规定。

标准规定，每个用户引起的电压不平衡度的一般限值为 1.3%，短时不超过 2.6%。这是参考了国外相关规定，并考虑到不平衡负荷是电网中少数特殊负荷而定的。但实际情况千差万别，因此，还规定“根据连接点的负荷状况，邻近发电机、继电保护和自动装置安全运行要求，可作适当变动。”

为了使时间概念更为明确，标准中引用了《电能质量术语》（DL/T 1194—

2012）中关于“瞬时”“暂时”和“短时”的定义，其中“短时”是指时间范围为3s～1min。

（3）对不平衡度的测量和取值。标准中明确了测量条件、测量时间、测量取值和测量仪器要求。其中测量仪器的基本测量间隔为10个周波，按基波有效值平方的算术平均值平方根求出3 s、1min和10min的输出，这个求法就是IEC 61000–4–30的规定。但本标准中为顾及现有仪器的误差，测量误差规定为0.2%，比IEC 61000–4–30中A级仪器0.15%的规定要大些。

对用户虽然规定了电压不平衡度的限值，但由于背景电压中也存在不平衡，因此负序发生量监测宜用电流。标准规定：“电压不平衡度允许值一般可根据连接点的正常最小短路容量换算为相应的负序电流值，作为分析或测算依据”。由电压不平衡度换算为负序电流值，标准中推荐的近似公式

$$\varepsilon = \frac{\sqrt{3} I_2 U_{\mathrm{L}}}{S_{\mathrm{k}}} \times 100(\%) \tag{6–11}$$

式中 I_2 ——负序电流值，A；

S_{k} ——三相短路容量，VA；

U_{L} ——线电压，V。

式（6–11）是假定公共连接点电网的等值正序阻抗与负序阻抗相等的前提下推出的，而这个假定条件只有在离旋转电机电气距离较远的节点（即线路和变压器阻抗在等值阻抗中占绝对优势）才成立。因此标准中特别指出：“邻近大型旋转电机的用户，其负序电流值换算时应考虑旋转电机的负序阻抗”。

关于取值方法，前面已提及的“95%概率值”。标准规定：“为了实用方便，实测值的95%概率值可将实测值按由大到小次序排列，舍弃前面5%的大值，取剩余实测值中的最大值；对于日波动负荷，也可以按日累计超标时间不超过72min，且每30min中超标时间不超过5min来判断”。注意，72min正好是一天的5%时间。至于限制每30min中超标时间不超过5min，则是从保护电机不致因负序持续作用引起过热角度而规定的。

为了减少偶然性波动的影响，标准中规定了每次测量按3s方均根取值。对于离散采样的测量仪器，推荐按式（6–12）测取每次结果

$$\varepsilon = \sqrt{\frac{1}{m}\sum_{k=1}^{m} \varepsilon_k^2} \tag{6–12}$$

式中　ε_k——在 3s 内第 k 次测得的不平衡度；

m——在 3s 内均匀间隔取值次数（$m \geqslant 6$）。

对于特殊情况，也可由供用电双方另行商定每次测量的取值方法。

应指出，IEC 61000–4–30 中对测量仪器要求 10 周波无缝连续采样。例如 3s 内应取值 15 次（即 m=15），本标准中规定 $m \geqslant 6$ 是照现行国产仪器状况而定的，新的仪器应执行 IEC 标准规定。

6.6　暂时过电压和瞬态过电压

本节介绍国家标准《电能质量　暂时过电压和瞬态过电压》（GB/T 18481—2001）制定中的标准内容的选择以及条文的说明，并提出一些建议，以供执行标准时参考。

6.6.1　标准内容的选择

在制定标准时，参考了大量国内外相关标准。目前国外将过电压作为电能质量指标的规定较为简单。例如，欧洲标准 EN 50160《公用配电系统供电电压特性》中仅对低压和中压系统的暂时过电压和瞬态过电压产生的原因、波形、幅值和持续时间等作了一般的描述；美国 Mark McGranaghan 对电能质量标准综述中专门介绍了“瞬态过电压及其冲击抑制标准”，原则性地提出瞬态问题解决途径有：控制瞬态发生源，改变影响瞬态的系统特性或对受影响的设备进行保护等。其中，瞬态过电压方面享有盛誉的标准 ANSI/IEEE（62.41–1991），即低压交流电力电路中冲击电压 IEEE 导则，规定了设备瞬态环境，并提供了设备耐受试验用波形。国标电工委员会的 IEC 61000 系列标准文件涉及电磁兼容（EMC）领域，和电能质量标准密切相关。其中 IEC 61000–2–5 文件中对高频瞬态过电压作了描述。分别列出了低压交流电力系统中传导性单向瞬态和振荡瞬态干扰源与扰动范围。但此文件是第二种类型的技术报告，这类报告的内容是仍在研讨中的，或因某种原因，目前还不可能立即采取作为国际标准，但将来有可能成为国际标准的文件。

作为电能质量标准，应反映出此指标相关的主要问题，包括特性（波形、幅值、持续时间）、来源、绝缘配合和措施等，以利于标准的贯彻执行，同时又不宜取代相关的专业标准，因此对于标准内容的取舍以及相关技术的扼要论述是十分关键的。

本标准中的全部引用标准取自国家标准，这些标准等同或修改采用了国际电工委员会（IEC）的相关标准。

6.6.2 标准主要条款的说明

（1）范围。本标准规定了暂时和瞬态过电压要求。由于暂时过电压和瞬态过电压主要和电气设备绝缘选择有关，也和所采用的保护方法有关，因此将本标准的范围限定在“规定了交流电力系统中作用于电气设备的暂时过电压和瞬态电压要求、电气设备的绝缘水平以及过电压保护方法”。标准中仅选取了引用标准中的少量条文，实际执行中必须参照相关的专业标准，这在标准条文中已作了明确说明。同时将属于其他原因（静电、触及高压系统以及稳态谐波等）造成的过电压排除在外。

（2）术语及其定义。本条主要取自标准 GB/T 2900.19 和 GB/T 16935.1。关于过电压（over–voltage）定义，由于出现“系统最高电压”，根据 GB 156 相关条文对定义作了加注。其中 temporary over–voltage 在 GB/T 16935.1 标准中有两个译名：暂态过电压和短时过电压；而在 GB/T 2900.19 中仅有一个译名：暂时过电压；在 GB 311.1 中则只出现暂时过电压。而 transient over–voltage 在这几个标准中均译为瞬态过电压。为了统一起见，考虑到过电压专业人员较为通用，将本标准计划名称由“电能质量　暂时过电压和瞬时过电压”改为“电能质量　暂时过电压和瞬态过电压”。

“绝缘配合”（insulation coordination）虽列入 GB/T 16935.1 的“术语及其定义”一节中，但在该标准的“绝缘配合的基本原理”一节中对其作的解释和定义有所不同，两者表述上均不够清晰，本标准采用 GB/T 2900.19—94 中对“绝缘配合”的定义：“考虑所采用电压保护措施后，根据可能作用的过电压、设备的绝缘特性及可能影响绝缘特性的因素，合理地确定设备绝缘水平的过程。”

本标准引自 GB/T 2900.19—94 的暂时过电压定义，实际上已包含谐振过电压内容，由于谐振过电压的发生机理和工频过电压不同，标准中增加了“谐振过电压”术语。

（3）系统（设备）按最高电压 U_m 的划分。GB 311.1—1997 中将高压输变电设备按最高电压 U_m 分为两个范围：范围Ⅰ　$1kV < U_m \leq 252kV$；范围Ⅱ

U_m>252kV。而低压设备，在各种标准中均规定为额定电压不超过 1000V。将 U_m 作这样的划分，和过电压、绝缘配合考虑有关，这从本标准附录中可以看出。但应指出，额定电压为 1000V 的设备，其最高电压肯定超过 1000V（GB 156 中对于低压设备 U_m 未作规定）。按 GB 156 规定，高压系统最低一级标称电压为 3kV（U_m 为 3.6kV），远大于 1000V。

GB 156 和 GB 311.1—1997 对 35kV 及以上电压等级的设备最高电压 U_m 规定基本上一样，而对 35kV 以下，则 GB 156 的 U_m 略大。在本条中，必须说明 U_m 来源，所以加注说明是引用 GB 156。

（4）电气设备上作用的过电压及其要求。本条款是标准的核心内容，分 6 大条 16 小条，分别对过电压分类，过电压的标幺值表示，暂时过电压（工频过电压、谐振过电压）及其要求，瞬态过电压（操作过电压、雷电过电压）及其要求等作了相关的规定（包括产生原因，正常数值范围及特点）并对运行中监测各类过电压提出原则性要求。最后对电气设备（装置）在过电压作用下运行安全性的影响因素作了概括，有助于对标准各部分关系的理解，以利于标准的正确贯彻。

（5）标准的附录。

1）附录 A 对低压、高压范围Ⅰ、高压范围Ⅱ设备的绝缘水平规定取自 GB 311.1—1997，在表 A1 中只是设备最高电压 U_m 取自 GB 156，这在本条（3）中已作了说明。由于表 A1、A2 中耐受电压值是指标准参考大气条件下的值，实际试验电压应按大气条件作校正。

2）附录 B 以很扼要的形式介绍了电气设备的过电压保护基本方法。这条内容对于防治过电压危害是有价值的。当然这样的介绍不能用于对具体工程的处理。本条也没有提供设计计算方法。由于过电压问题的复杂性，以及过电压保护技术的迅速发展，本附录只能作为提示性的附示。

3）附录 C 列入了编制本标准时除了引用标准以外的主要参考资料。

6.6.3 标准的应用提示

（1）本标准旨在完善电能质量国家标准体系，提高我国电网和电气设备的过电压技术管理水平，从而提高电网和电气设备的安全运行水平。本标准并不取代已颁布的过电压方面专业标准，只是从电能质量角度对这类过电压特性及相关问题作一扼要描述和规定。因此，应结合相关的专业标准使用、贯彻。

（2）执行本标准的关键是完善过电压监测手段。由于过电压的发生往往带有偶然性和快速性，要求测量仪器具有大存储容量、高速采样、信号辨识和处理能力，有时还需具有高速通信、调节门限值的功能。目前，国内外制造商推出不少电能质量监测和分析仪器，有的具有综合监测功能。但综合监测仪价格较高，对于过电压的监测，量大面广时间长，解决好仪器的功能、需求和价格之间的矛盾是必要的。特别是在仪器国产化方面还有大量工作要做。

（3）除了低压可以用仪表直接量测外，电网中电压和电流的测量一般要通过传感器（即电压和电流互感器）取得信号，故测量结果中包含传感器的误差，对此应根据被测波形特点和传感器频率响应特性进行评估，必要时要专门研究确定。

（4）将过电压作为电能质量指标，单独制定标准，在国内尚属首次，国外也少见，本标准不足之处在所难免。有关问题望执行中及时向标委会或起草人反映，以便使标准不断完善。

6.7 公用电网间谐波

6.7.1 标准的结构

国标 GB/T 24337—2009《电能质量　公用电网间谐波》是目前世界上把间谐波作为电能质量指标单独制定的唯一标准，这主要是从标准可操作性考虑的。因此标准内容相对较为完整，除了常规的必须内容（如范围、规范性引用文件、术语和定义、限值等）外，还对用户限值的分配、间谐波的合成、测量条件、评估和测量仪器等做了规定。标准还有两个附录：附录 A（规范性附录）　间谐波电压含有率与拍频关系曲线；附录 B（资料性附录）　间谐波及其危害和集合概念介绍。

6.7.2 限值的考虑

间谐波的限值标准主要参考 IEC 和 IEEE 相关标准中的规定。

（1）IEC 61000–2–2《电磁兼容　公用低压供电系统低频传导骚扰及信号传输的兼容水平》（国际标准）中指出，涉及间谐波电压的电磁骚扰问题仍在探讨中，只对基波频率（50Hz 或 60Hz）附近的间谐波电压导致供电电压幅值调制的情况给出标准的兼容水平。由于拍频（beat frequency）效应，这些间谐波引起电源幅值的波动将导致照明的闪变。对于单次间谐波电压幅值引起120V和240V照明灯短期闪变$P_{st}=1$（这是闪变限值标准）和拍频的关系，如图6–2所示。（注：拍频就是两个合成电压频率之差）

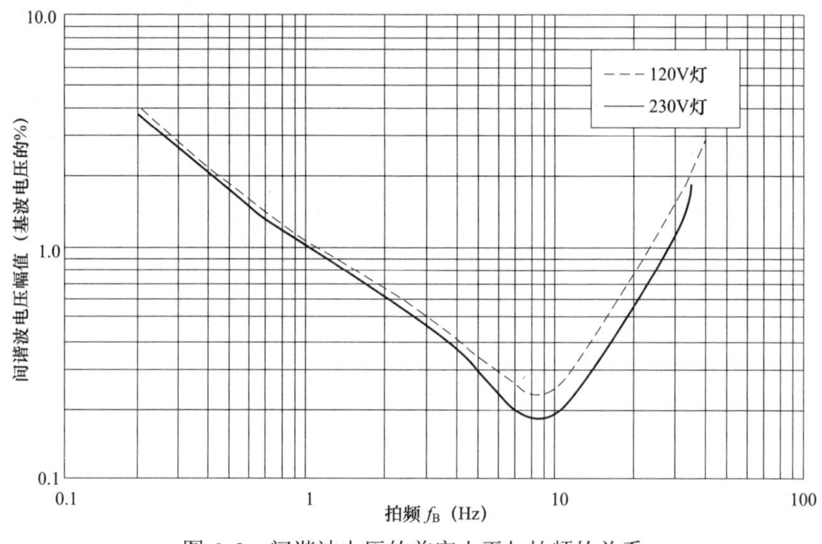

图6–2　间谐波电压的兼容水平与拍频的关系

（2）IEC 61000–2–4《电磁兼容　工厂低频传导骚扰的兼容水平》（国际标准）中将电磁环境分为3类：第1类适用于对电源中骚扰很敏感的设备（例如实验室仪器、某些自动控制和保护设备及计算机等），兼容水平低于第2类；第2类一般适用于公用电网和工业环境；第3类仅适用于工业环境中骚扰负载的内部耦合点（IPC），兼容水平高于第2类。标准指出，目前兼容水平只是对工频（50Hz）附近导致供电电压幅值调制的间谐波电压给出的，主要考虑拍频效应导致的灯光闪烁，即电压波动引起的闪变，适用于第2类环境。因此对于低次间谐波兼容水平由闪变要求决定。由此得出图6–2所示的曲线（该标准附录的表C.1列出了在低压电网中，对于闪变影响的间谐波电压指示值，同国标中表A.1）。

（3）IEC 61000–3–6《畸变设施接到中压、高压和超高压电力系统的发射限值评估》是2008年版IEC技术报告（EMC基础出版物），该报告中考虑了间谐波的以下影响后认为间谐波的规划水平应取0.2%～0.5%：① 在两倍基波频率（100Hz）以下，避免白炽灯和荧光灯（细管）的闪烁；② 避免对纹波控制接收机的干扰；③ 避免引起电视机、感应电机和低频继电器的噪声和振动；④ 避免无线电接收机和其他音频设备引起噪声。

该文件特别指出要严格限制次谐波电流流入汽轮发电机组引起轴的扭矩作用以免造成机械振荡（哪怕是 0.1%的次谐波电流就足以引起这种振荡），为此必须和发电机组制造商协商确定特定频率的间谐波电压限值。

（4）IEEE 间谐波工作组文件中对限值提出一些建议，例如：① 低于 140Hz 的间谐波限值取 0.2%；② 140Hz 以上到某一频率（例如 800Hz，待定）间谐波限值取 1%；③ 对于更高频率的间谐波电压分量和总畸变为现有谐波限值的某一百分数（例如 20%）。

（5）英国 G5/4 工程导则中规定的限值如表 6–6 所列。

表 6–6　　　　次谐波和间谐波电压限值（英国）

频率（Hz）	＜80	80	90	＞90 且＜500
电压含有率（%）	0.2	0.2	0.5	0.6

如上所述，间谐波问题尚在探讨中，国际上标准未统一，参考了相关的规定，国标中的限值如表 6–7 所列。表中将 1000V 以上的标准取得比 1000V 及以下小一点，主要考虑高压（1000V 以上）对低压（1000V 及以下）的渗透作用，高压的影响面较大，限值应适当严一点。

表 6–7　　　　间谐波电压含有率限值（%）

电压等级	频率（Hz）	
	＜100	100～800
1000V 及以下	0.2	0.5
1000V 以上	0.16	0.4

注　频率 800Hz 以上的间谐波电压限值在研究中。

6.7.3　指标的分配

间谐波有的是由用电设备造成的，要使标准有可操作性，必须适当规定对用户指标的分配。考虑到低于 100Hz 的间谐波主要是引起电压波动和闪变，而国标 GB/T 12326—2008 中规定多个波动负荷引起闪变的叠加，常用 3 次方根公式，因此对多个间谐波电压按式（6–13）合成：

$$U_{\text{ih}}=\sqrt[3]{U_{\text{ih1}}^3+U_{\text{ih2}}^3+\cdots+U_{\text{ihk}}^3} \tag{6–13}$$

考虑到电网中大的间谐波源相对较少，设一个节点上有两个间谐波源，则按指标等分原则，每个源只能有 $U_{\text{ih}}/\sqrt[3]{2}=0.8U_{\text{ih}}$，这样就得出一个用户间谐波电压的限值（见表 6–8）。

表 6–8　　单一用户间谐波电压含有率限值（%）

电压等级	频率（Hz）	
	<100	100～800
1000V 及以下	0.16	0.4
1000V 以上	0.13	0.32

利用式（6–14），也可以评估某个用户（k）投入后产生间谐波电压

$$U_{\text{ihk}}=\sqrt[3]{U_{\text{ih*}}^3-U_{\text{ih0}}^3} \tag{6–14}$$

式中　$U_{\text{ih*}}$ 和 U_{ih0}——分别为该用户投入后和投入前测得的间谐波电压。

由 U_{ihk}，对照表 6–8 就可以判断用户是否超标。

6.7.4　间谐波的测量和取值

间谐波的基本分析工具仍是傅里叶变换（FT）。在分析周期性波形时，将分析时间与基波波形周期同步是没有问题的。然而，进行间谐波分析时，由于间谐波分量的频率不是基波频率的整数倍，其往往随时间变化，而且含量非常小，还难以预知其傅里叶基波频率，根据 IEC 61000–4–7：2002 规定，采用一种基于所谓“集”（grouping）概念的间谐波测量方法。它的基础是一个等于 10 个基波频率（50Hz）周波，即在约 200ms 的时间窗口内进行傅里叶分析。通过锁相环采样与电源频率同步，结果是具有 5Hz 分辨率的频谱。在此基础上可以求出间谐波集和间谐波子集的方均根值，分别如图 6–3 和图 6–4 所示。n 次间谐波集方均根值 $C_{\text{ig},n}$ 由 n 次谐波与 n+1 次谐波之间的间谐波分量依照下式求出：

$$C_{\text{ig},n}=\sqrt{\sum_{i=1}^{9}C_{k+i}^2} \tag{6–15}$$

式中　C_{k+i}——n 次、n+1 次谐波之间第 i 个频谱分量（i=1,2,…，9）方均根值；间谐波集的频率 $f_{\mathrm{ig},n}$ 等于该间谐波集两侧的两个谐波频率的平均值。

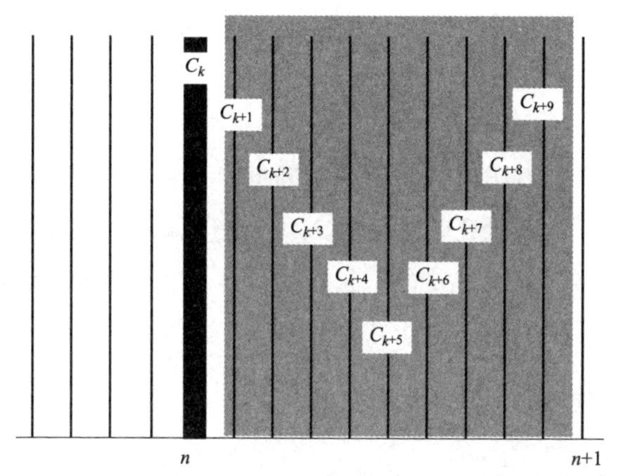

图 6–3　间谐波集各分量方均根值

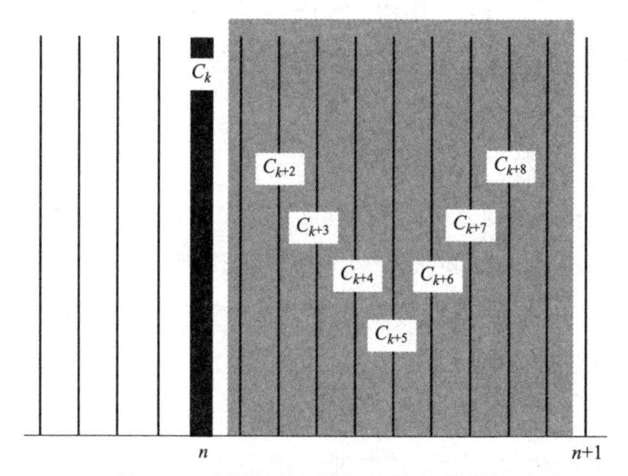

图 6–4　间谐波子集各分量方均根值

间谐波子集的方均根值 $C_{\mathrm{isg},n}$ 由下式求出：

$$C_{\mathrm{isg},n}=\sqrt{\sum_{i=2}^{8}C_{k+i}^{2}} \tag{6–16}$$

在 IEC 61000–4–7：2002 中，对谐波测量也改用“集”的概念（即以“集”或“子集”形式输出各次谐波测量结果），这能更好反映信号的能量特点。

采用原标准（1998 年版）的仪器暂可以继续使用，但必须标明所采用的标准年号。

6.8 电压暂降与短时中断

6.8.1 概述

目前，国内外在电压暂降与短时中断问题的研究方面开展了很多工作，取得了很多成绩。随着研究的逐步深入，人们认识到制定标准对电压暂降与短时中断问题加以规范的重要性，只有这样才能使电压暂降与短时中断的危害程度迅速降低。在我国，电压暂降与短时中断问题正处于逐渐上升态势，在此期间及时制定相关标准，对电压暂降与短时中断的各方面加以规范是非常重要的。

标准 GB/T 30137—2013《电能质量　电压暂降与短时中断》在我国属首次制定。编制时综合了 IEC、IEEE 等国际组织的相关规定，参考了国内外较为成熟的研究成果，并结合了我国电压暂降工作开展的实际情况。

6.8.2 术语和定义

（1）电压暂降名称的选取。对于电压暂降，美国电力电子工程师协会（IEEE）用语为 voltage sag，国际电工委员会（IEC）用语为 voltage dip。我国对 sag 和 dip 的翻译长时间来非常不统一。现有的名称有电压暂降、凹陷、骤降和下凹等。在电工术语标委会组织的国家标准“发电、输电及配电领域的运行术语”审查会议上，专家们认为将 IEC 标准中的“voltage dip”翻译为“电压暂降”比较合适，故本标准中采用“电压暂降”来描述此类现象。

（2）电压暂降幅值的选取。IEC 通常将电压方均根值下降到额定值的 90%至 1%的短时电压变动现象归为电压暂降；而 IEEE 定义电压暂降幅值为额定值的 90%至 10%。在实际操作中，由于测量误差，1%额定电压值很难被准确检测，故本标准选取电压暂降幅值为（0.1～0.9）p.u.。

（3）电压暂降持续时间的确定。电压暂降的持续时间在 IEC 和 IEEE 中有不同的定义。IEC 中定义电压暂降持续时间为 0.5 周波至 3min；IEEE Std.1250–1995 中定义电压暂降持续时间为 0.5 周波至 2min；IEEE Std.1159–1995 中定义电压暂降持续时间为 0.5 周波至 1min。由于在实际运行中，超过 1min 的电压暂降事件发生很少，故引用 IEEE Std.1159–1995 中对电压暂降持续时间的规定。

（4）短时中断定义。如上条（2）中所述，本标准中选择了 IEEE 中的电压暂降幅值范围（0.1～0.9）p.u.，故本标准相应选择 IEEE 的短时中断定义方式，即“在多相系统中，一相或多相电压低于 0.1p.u 时，短时中断发生；当所有相电压恢复时，短时中断结束”。

6.8.3 限值

目前，国内外对电压暂降与短时中断的研究较少，事件统计数据较缺乏，故具体限值的制定依据不足。本标准中给出了电压暂降与短时中断的事件统计表形式，可以更全面和规范地进行事件统计数据的收集工作。

虽然本标准中并未提供电压暂降与短时中断的具体限值，但供用电双方可通过协商签订相应的供用电合同，来明确双方的权利和义务。合同中可针对本标准中的事件统计表与推荐指标，明确具体限值和发生频次等。

6.8.4 事件统计及推荐指标

本标准中采用修正的 IEC 61000–2–8 推荐表，将起始值由 1 周期改为 0.5 周期，即 0.01s，并只统计 1min 内的事件，同时考虑了对短时中断的统计。

表征电压暂降的特征量主要为有效值变化及电压暂降持续时间，因此衡量电压暂降的指标主要采用 SARFI 指数（System Average RMS Variation Frequency Index）。它有两种形式：一种是针对某一阈值电压 x 的统计指数 $SARFI_x$，另一种是针对某一设备的敏感曲线的统计指数［SARFI（curve)］。SARFI（curve）指数主要统计电压有效值低于相应的设备敏感曲线的概率。$SARFI_x$ 指数主要统计电压有效值低于阈值电压 x 的概率。如

$$SARFI_x = \frac{\sum N_i}{N_T} \tag{6–17}$$

式中 N_i——对于第 i 次测量过程中，研究区域内电压有效值低于阈值电压 x 的用户数；

N_T——研究区域内的用户总数。

$SARFI_x$ 指标体系只用来评估短时电压变动，即持续时间小于 60s 的电压暂降事件，虽然电压暂降的持续时间一般小于 60s，但更长持续时间的事件的发生也是存在的。$SARFI_{CURVE}$ 即 $SARFI_{-CBEMA}$、$SARFI_{-ITIC}$、$SARFI_{-SEMI}$，

这些曲线就没有限制持续时间一定要小于 60s。另外采用 $SARFI_{-CBEMA}$、$SARFI_{-ITIC}$、$SARFI_{-SEMI}$ 对电压变动事件进行分组，可以反映基于标准敏感曲线的暂降次数对该类设备的影响情况，当对比一个特定用户的敏感曲线时，可以估计该设备或生产线的跳闸次数。

6.8.5 监测

（1）仪器分类。结合电压暂降的自身特点，将仪器分为 A、S 两级，在检测的内容和仪器的准确度方面做出区分，用于适应不同的电压暂降监测场合。需要说明的是，此处 A、S 级仪器的应用场合等同于 GB/T 17626.30—2012 标准中的 A、S 级仪器。

（2）记录存储功能。电压暂降监测时间长短对暂降事件的分析十分重要，监测要把暂降事件中的特征数据保留下来。根据已有的测试结果和参考文献，大部分电压暂降的持续时间都在 1s 之内，同时考虑到监测仪器的制造成本，因此，要求 A 级仪器具有每次至少记录长度不少于 1s 的事件波形数据的功能。根据 GB/T 17626.30—2012 规定，电压暂降与短时中断最小评估周期为 1 年，因此监测仪应能记录存储至少 1 年的暂降与短时中断特征的数据。

6.8.6 标准的附录

本标准有两个资料性的附录：附录 A 为容限曲线，分别引入美国 CBEMA、ITIC 和 SEMI F47 曲线，这些曲线可作为判断电压暂降、暂升事件对计算机及其控制装置、半导体加工生产线等敏感性负荷危害的参考，目前在国际上广为流传。其中 ITIC 曲线是 CBEMA 曲线的改进版，使用更为方便；附录 B 为临界距离与暂降域。临界距离即是通过系统计算分析，从电压暂降幅值确定暂降发生时敏感负荷可能受到影响的范围。可以看出，对于辐射状配电系统，临界距离计算较为简单，而对非辐射状配电系统，要根据网络结构推导相应的临界距离计算公式，计算较为复杂。将敏感负荷所在母线的所有馈电线上与设定临界电压对应的各临界距离点连接起来，可得到与所设定临界电压相对应的暂降域。但采用临界距离方法确定暂降域总体上虽然计算简单，但仅考虑了暂降幅值的影响，而未计及暂降持续时间、暂降频次等特征量的影响。附录中简单介绍了故障点法确定暂降域的方法。该方法概要如下：

（1）确定系统中可能发生短路的区域。

（2）为减少盲目性，在选取故障点前，先用临界电压算出临界距离，在临界距离内，结合系统结构及保护设定情况，对暂降的可能持续时间进行估计。

（3）将短路区域分成小区域。在一个小区域内，短路造成的电压暂降有相似特性（主要指暂降幅值和持续时间）；在系统的电路模型中，每个小区域用一个故障点代表。

（4）对于每个故障点确定短路频次。短路频次就是故障点所代表的系统小区域中，每年短路故障的次数，这主要取决于元件（设备、线路等）可靠性和历年故障统计资料。

（5）对于每个故障点，利用电力系统电路模型计算暂降特性，根据计算工具和需计算的特性，可以选用任一系统模型和计算方法。

（6）将暂降特性和发生的频次相结合，得到一定特性范围内暂降次数的信息，从而较全面地判断可能带给相关负荷不良影响的故障区域，即暂降域。

显然，故障点法能较全面判断暂降对用户的影响，但计算工作量也远大于临界距离法。

通过暂降域的仿真计算及分析，对减小电压暂降的危害有指导意义，例如确定系统运行方式、设定保护配置和定值，以及敏感负荷接入电网相应的技术措施等。

6.8.7 标准的执行

应考虑以下几点：① 电压暂降是一项重要的电能质量指标，涉及一批高新技术企业或用户的供电可靠性和技术经济效益，应予足够重视；② 电压暂降的发生往往带有随机性、偶发性（从时间、地点和故障性质看），其发生频度和电网结构、地理气象条件、运行维护水平等因素有关，其影响大小与用电负荷性质和工况有关，因此很难提出一个统一的控制指标，各电网只有在长期监测、统计基础上，根据具体用户提出协议控制指标；③ 电压暂降不仅取决于公用电网，也和用户内部电网有关，还和用电负荷性质（承受暂降的能力以及对电网产生的冲击影响）有关，因此减小暂降的危害需要供用电双方共同努力。

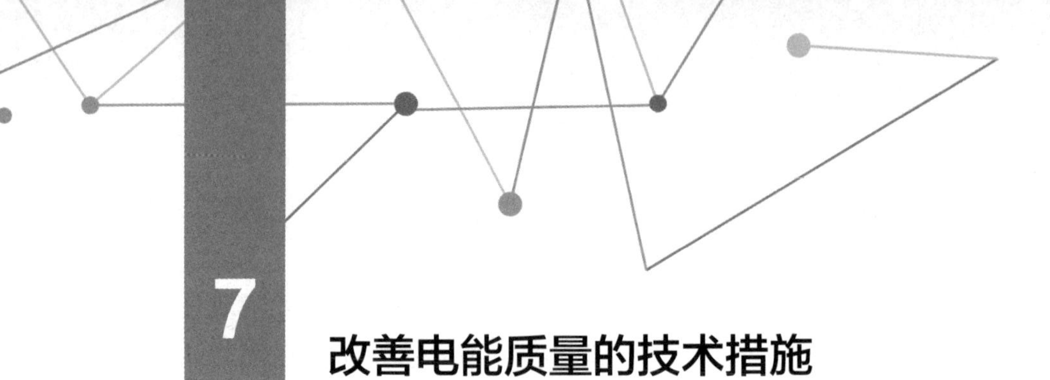

改善电能质量的技术措施

7.1 概　　述

电能质量的治理应优先对干扰源本身或在其附近采取适当的技术措施。主要措施见表 7–1。

表 7–1　　　　改善电能质量的主要技术措施综合表

序号	名　　称	内　　容	评　　价
1	电力系统中频率和电压的控制和调整	维持有功功率的平衡以保证频率稳定；维持系统无功功率分区、分层平衡，采用励磁调节、电容器和电抗器投切、有载调压变压器调节及其他补偿调节技术，保证电压水平	是维持电力系统正常运行，保证电能质量的基础，贯穿在电网建设、运行和管理的全过程以及各个环节中
2	增加换流装置的相数或脉动数	改造换流装置或利用相互间有一定移相角的换流变压器	可有效地减小谐波量；换流装置容量应相等；使装置复杂化
3	加装交流滤波装置	在谐波源附近装若干单调及高通滤波支路，以吸收谐波电流	可有效地减小谐波量；应同时考虑功率因数补偿和电压调整效应；装置运行维护简单，但需专门设计
4	改变干扰源的配置或工作方式	具有干扰互补性的装置应集中，否则应适当分散或交替使用，适当限制干扰量大的工作方式	可以减小干扰的影响；对装置的配置和工作方式有一定的要求
5	加装静止无功补偿器（或称动态无功补偿器）	有 TCR、MCR 和 TSC（或 TSF）等类型，采用 TCR、MCR 型静补器时，其容性部分设计成滤波器，感性部分用晶闸管实现快速跟踪连续调节	可有效地减小波动干扰源的干扰量；有抑制电压波动、闪变、谐波、三相不平衡和补偿功率因数的功能，具有综合的技术经济效益；一次投资较大，需专门设计
6	增加系统承受干扰能力	将干扰源由较大容量的供电点或由高一级电压的电网供电	可以减小干扰的影响；在规划和设计阶段考虑
7	避免电容器对谐波的放大	改变电容器的串联电抗器，或将电容器组的某些支路改为滤波器，或限定电容器组的投入容量（组数）	可以有效地减小电容器对谐波的放大并保证电容器组的安全运行；需专门设计

续表

序号	名　　称	内　　容	评　　价
8	提高设备抗干扰能力，改善保护性能	改进设备性能，对干扰敏感设备采用灵敏的干扰保护装置	适用于对干扰（特别是暂态过程）较敏感的设备；需专门研究
9	采用有源滤波器（APF）、静止无功发生器（STATCOM）、UPS、DVR、SSTS等新型的装置	研制和逐步推广应用（国内已有产品）	性能好，响应速度快（5～10ms）体积小，造价较高，有的还处于开发阶段。适合特殊场合或敏感负荷供电要求
10	储能技术的应用	目前储能方式可分三大类：电化学储能、机械储能和电磁储能。除抽水蓄能技术较成熟外，其他均在研制、开发和推广应用中	储能技术和其他控制技术相结合，可以解决大量电能质量问题，目前是电工技术热点之一

7.2　电力系统电压调整综述及基本公式

电压是电能质量的一个重要指标。电力系统在运行过程中必须把各个母线上的电压保持在一定范围以内，以满足用户电气设备对电压的要求（即在额定电压附近）。但是，当电流或功率在系统中各元件上流过时，将产生电压降落，因此电压降是分析电力系统运行状态的重要概念。我们以图 7–1 所示的电力系统等值电路为例，来分析电压降的意义。图 7–1 表示了以受端电压 $\dot{U}_r$ 为参考轴而画出的电压相量图。图中送端电势 $\dot{U}_s$ 和受端电压 $\dot{U}_r$ 之差 $\Delta\dot{U}$ 称为电压降。

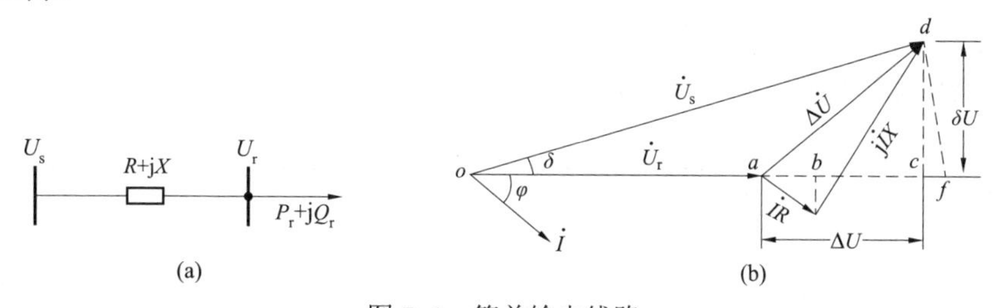

图 7–1　简单输电线路

（a）等值电路；（b）电压相量图

7.2.1　基本公式推导

显然，图中 ab 为系统电阻所引起的电压降的纵（即水平）分量

$$ab = IR\cos\varphi$$

同样，bc 为系统电抗所引起的电压降的纵分量

$$bc = IX\sin\varphi$$

故电压降的纵分量为

$$\Delta U = IR\cos\varphi + IX\sin\varphi \tag{7-1}$$

用相同的方法，我们可以得出电压降的横分量为

$$\delta U = IX\cos\varphi - IR\sin\varphi \tag{7-2}$$

另一方面，受端（负荷）的有功和无功功率可以表示为

$$\left.\begin{aligned} P_r &= U_r I\cos\varphi \\ Q_r &= U_r I\sin\varphi \end{aligned}\right\} \tag{7-3}$$

将式（7–3）代入式（7–1）和式（7–2）式，则得

$$\left.\begin{aligned} \Delta U &= \frac{P_r R + Q_r X}{U_r} \\ \delta U &= \frac{P_r X - Q_r R}{U_r} \end{aligned}\right\} \tag{7-4}$$

从图 7–1，当已知$\dot{U}_r$，P_r，Q_r，始端电压$\dot{U}_s$可由下式求得（$\dot{U}_r$作为参考相量）。

$$\dot{U}_s = \dot{U}_r + \Delta U + \mathrm{j}\delta U = U_r + \frac{P_r R + Q_r X}{U_r} + \mathrm{j}\frac{P_r X - Q_r R}{U_r} \tag{7-5}$$

$$U_s(\cos\delta + \mathrm{j}\sin\delta) = U_r + \frac{P_r R + Q_r X}{U_r} + \mathrm{j}\frac{P_r X - Q_r R}{U_r} \tag{7-6}$$

高压输电线路 $R \ll X$，因而上式可简化为：

$$U_s\cos\delta + \mathrm{j}U_s\sin\delta = U_r + \frac{Q_r X}{U_r} + \mathrm{j}\frac{P_r X}{U_r} \tag{7-7}$$

即

$$\left.\begin{aligned} U_s\cos\delta &= U_r + \frac{Q_r X}{U_r} \\ U_s\sin\delta &= \frac{P_r X}{U_r} \end{aligned}\right\} \tag{7-8}$$

从式（7–8）第二式可得

$$P_r = \frac{U_s U_r}{X} \sin\delta \tag{7-9}$$

这说明输电线路传输的有功功率和线路两端电压的夹角有关，其最大值为$P_M = \frac{U_s U_r}{X}$称为输电线路的功率极限。

从式（7–8）的第一式可得

$$U_s \cos\delta - U_r = \frac{Q_r X}{U_r}$$

或

$$Q_r = \frac{U_r}{X}(U_s \cos\delta - U_r) \tag{7-10}$$

这说明输电线路所传输的无功功率的大小和方向主要取决于U_s和U_r的大小。一般输电线路的δ较小，可认为$\cos\delta \approx 1$，故无功功率将由电压高的一端流向电压低的一端。电压差值愈大，流过的无功功率Q_r愈大。

7.2.2 电力系统电压调整综述

在电力系统设计中，一般选择可以反映系统电压水平的发电厂、变电站母线作为电压中枢点，只要这些点的电压质量符合要求，则其他各点的电压质量也能基本满足要求。

系统的调压，是在无功功率基本平衡并留有适当余地及配置合理的基础上进行的，否则，应首先进行无功功率补偿工作。

（1）调压方式。整个电力系统或部分电力系统的电压和无功功率的调整可分为分散调整和集中调整两种，其方式有：① 逆调压。高峰负荷时升高中枢点电压、低谷负荷时降低中枢点电压的电压调节方式。它通常用于供电线路较长、负荷变动较大的情况；② 恒调压。在任何负荷下都保持中枢点电压为一基本不变数值的调节方式。它通常适用于负荷变动小、线路上电压损耗小的情况；③ 顺调压。高峰负荷时允许中枢点电压略低，而低负荷时却略高的调压方式。它适用于调压手段不足而允许电压偏移较大的配电网，如某些农村配电网。

（2）主要调压措施。通常有增减无功功率，改变主变压器变比或调整有载调压变压器分接头，装设加压调压变压器，利用串联电容补偿，改变并列运行的变压器台数，用无功功率补偿设备调压等。① 增减无功功率。其方法为调整发电机励磁或枢纽变电站内调相机励磁，来调整无功功率进行调压。但有时由于受厂用电、直配负荷和其他因素的影响，电压调节范围会受到限制，而且大电力系统单靠调整发电机励磁是不够的。有些情况下，可以利用发电机进相运行，吸收无功，但受定子端部绕组发热及运行稳定性的限制；② 改变无载调压主变压器变比或调整有载调压变压器分接头。前者只能在停电情况下改变分接头，而后者可以在带负荷情况下手动或电动操作改变分接头。无载调压型的主变压器一般有 3 个或 5 个抽头，其可调范围为±5%或±2×2.5%。而有载调压变压器的调压范围较大，约为 20%，每级抽头的调压范围根据实际情况而定。在 110kV 及以下供电网，一般多采用有载调压变压器；③ 加压调压变压器。在主变压器引出线上串接加压调压设备，这种加压调压变压器包括有只改变电压大小而不改变相角的纵向调压变压器，只改变相角而不改变电压大小的横向调压变压器和既可调电压大小又可调相角的混合型加压调压变压器；④ 利用串联电容补偿调压；⑤ 用改变并列运行的变压器台数及并列运行的电缆数等措施；⑥ 用无功功率补偿设备。静止无功发生器，静止无功补偿装置，分组投切的（包括晶闸管控制的）电容、电感等都能进行调压，其中静止无功发生器和补偿装置具有响应速度快，可以迅速调整电压和综合补偿的优点，但价格较高。

（3）变电站无功电压综合控制。对变电站而言，为了使电压和无功达到所需的值，通常采用调节主变压器有载调压分接开关和投切电容器组等手段来调整变电站的电压和无功。调节主变压器有载调压分接开关不仅对电压有影响，对无功也有一定的影响；同样，投切电容器组不仅对无功有影响，对电压也有一定的影响。调节主变压器有载调压分接开关和投切电容器组对电压和无功的影响关系为电压无功综合控制的基本依据。

根据系统对电压和无功的要求，可以将 U–Q（电压—无功）平面划分为九个区域（俗称“九区图”，见图 7–2），根据各区域的电压水平、无功功率和电压无功控制原理，主变压器有载调压分接开关和电容器组按照一定的逻辑进行调节或投切。

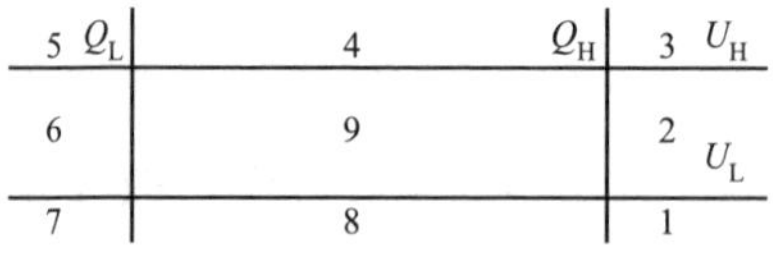

5 Q_L	4 Q_H	3 U_H
6	9	2 U_L
7	8	1

图 7–2　变电站电压—无功九区图

其中，区域 9 代表电压和无功均正常，无须进行调整。区域 1～8 代表无功或电压越限的异常状态，通过调节主变压器有载调压分接开关和/或投切电容器组，使电压和无功回到区域 9。

常见的实现方式是用电压无功自动控制器（即 UQC 装置），但用此装置应注意：① 变电站母线上有足够组数的可投切电容器组；② 应仔细分析投切或调节的策略，避免出现投切或调节振荡现象；③ 应避免电容器组投切过程中对谐波严重放大的工况；④ 要考虑投切设备的可靠性和耐受冲击能力；⑤ 最好由调度中心从全局无功优化出发，对近区电网中各变电站无功电压加以综合调整。

7.3 增加换流装置的脉动数

交直流换流器产生的特征谐波电流次数与脉动数 p 有关，$h=kp\pm1$，$k=1$，2，3，…，当脉动数增多时，产生的谐波次数增高，而谐波电流近似与谐波次数成反比。因此，一系列次数较低，成分较大的谐波得到消除，减小了谐波源产生的谐波电流。

对于两个六脉动三相整流桥，通过采用 Yy12 和 Yd11 接线的整流变压器使二次电压移相 30°，就组成了 12 脉动整流装置，使 5、7、17、19、…次谐波在装置内部成对抵消，从而减小了注入系统的谐波电流。

一般以脉动宽度为 60° 的六脉动三相整流桥为基本单元，利用 m 组整流桥，使每个整流桥的交流侧电压依次移相 $\theta=60°/m$，则可组成直流侧整流电压脉动数为 $p=6m$ 的多相整流桥。其脉动数 p 和组数 m 及移相角 θ 如表 7–2 所示。组成的多相整流桥每个脉动的宽度即等于移相角 θ。

表 7–2　　m、θ 和 p 之间关系

p	m	θ	p	m	θ
12	2	30°	36	6	10°
18	3	20°	48	8	7.5°
24	4	15°	60	10	6°
			72	12	5°

比较六脉动和 $p=12$、18、24 脉动换流器在理想情况下产生的特征谐波电流如表 7–3 所示。

表 7–3　　多脉动换流器产生的特征谐波电流 I_h（%）

h	1	3	5	7	9	11	13	15	17	19	21	23	25
p=6	100	—	20	14.3	—	9.1	7.7	—	5.9	5.3	—	4.3	4.0
p=12	100	—	—	—	—	9.1	7.7	—	—	—	—	4.3	4.0
p=18	100	—	—	—	—	—	—	—	5.9	5.3	—	—	—
p=24	100	—	—	—	—	—	—	—	—	—	—	4.3	4.0

p=18 及以上的移相角 θ 可以通过整流变压器采用曲折绕组（Z 接线）实现，使两段绕组由不同相别和不同匝数比的配置形成不同的移相角。

两组 6 脉动改造成为 12 脉动整流器消除谐波的方法在技术、经济上都十分有效。脉动数增加过多，虽然在理论上可以实现，但结构复杂、投资大，并不一定经济，应经技术经济比较后采用。

7.4　防止并联电容器组对谐波的放大

在电网中，并联电容器组起改善功率因数和调压作用。当存在谐波时，在一定的参数配合下，电容器组会对谐波起严重的放大作用，危及电容器本身和其附近电气设备的安全。因此，在电网中并联电容器组的使用应注意对谐波的影响。

电网中主要谐波源一般可以视为恒流源，即其产生的谐波电流和外阻抗无关。设谐波源的 h 次谐波电流为 $\dot{I}_h$，进入电网的谐波电流为 $\dot{I}_{sh}$，进入电容器组的谐波电流为 $\dot{I}_{Ch}$，其简化等效电路如图 7–3 所示。图中电网 h 次谐波阻抗 $Z_{sh}=R_{sh}+jx_{sh}$ 中，通常 $R_{sh}\ll x_{sh}$，故忽略 R_{sh}。对于电网等效电抗 x_{sh}，当 h 次数不太高（例如 $h\leqslant 13$），110kV 及以下的供电线路对地电容的影响一般可忽略，则 $x_{sh}=hx_s$，（x_s 为系统等效工频电抗）；电容器支路中的等值电阻很小，分析时可以先不考虑，这样

$$I_{Ch}=\frac{hx_s}{hx_s+(hx_L-x_C/h)}I_h \tag{7–11}$$

$$I_{sh}=\frac{hx_L-x_C/h}{hx_s+(hx_L-x_C/h)}I_h \tag{7–12}$$

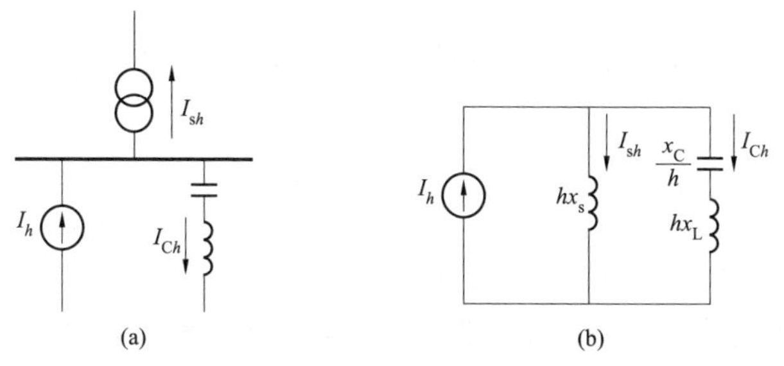

图 7–3　谐波电流放大的分析电路

（a）电路图；（b）等效电路

若在式（7–11）和式（7–12）中引入 $\beta=(hx_L-x_C/h)/hx_s$，并以 I_h 作为基准表示电流，则

$$\frac{I_{Ch}}{I_h}=\frac{1}{1+\beta} \tag{7–13}$$

$$\frac{I_{sh}}{I_h}=\frac{\beta}{1+\beta} \tag{7–14}$$

根据式（7–13）和式（7–14）可得出 $\frac{I_{Ch}}{I_h}$ 和 $\frac{I_{sh}}{I_h}$ 随 β 的变化曲线，如图 7–4 所示。

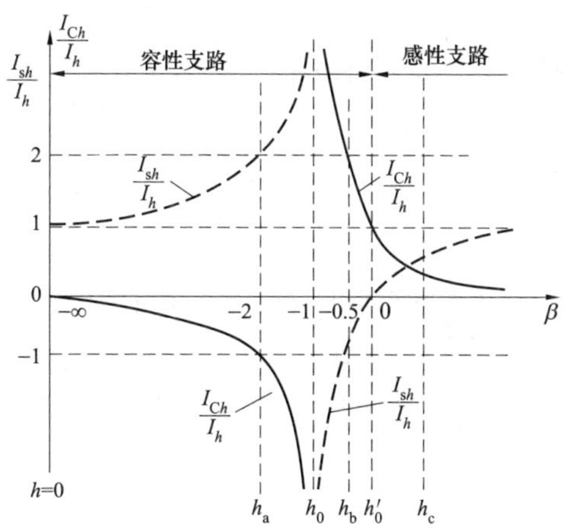

图 7–4　I_{ch}、I_{sh} 变化曲线图

当 $\beta=-1, 1+\beta=0, h=h_0=\sqrt{\frac{x_c}{x_s+x_L}}$ 时，电容器和串联电抗器与系统发生

并联谐振，谐波电流放大达到最大值；当 $\beta=-2, h=h_a=\sqrt{\dfrac{x_c}{x_L+2x_s}}$ 时，$\left|\dfrac{I_{sh}}{I_h}\right|=2, \left|\dfrac{I_{ch}}{I_h}\right|=1$；当 $\beta=-0.5, h=h_b=\sqrt{\dfrac{2x_c}{2x_L+x_s}}$ 时，$\left|\dfrac{I_{ch}}{I_h}\right|=2, \left|\dfrac{I_{sh}}{I_h}\right|=1$。$h_a<h<h_b$ 为谐波电流严重放大的区域。可以看出，串联电抗器 x_L 愈大，h_a 和 h_b 愈小，且（h_b–h_a）亦愈小，即串联电抗器不仅可以降低谐振谐波次数，并且缩小了谐波电流严重放大区。

当 $h<h_a$ 时，电容器支路呈容性，流入系统的谐波电流 I_{sh} 虽比谐波电流 I_h 大，但放大并不严重；当 $\beta=0, h=h_0'=\sqrt{\dfrac{x_c}{x_L}}$ 时，有 $\dfrac{x_c}{h_0'}=h_0'x_L$，即电容器支路发生串联谐振，相当于对 h_0' 次谐波完全滤波，此时 $I_{ch}=I_h, I_{sh}=0$；当 $h_b<h<h_0'$ 时，电容器支路亦呈容性，流入系统的谐波电流仅为谐波源电流的一部分（$I_{sh}<I_h$），但电容器支路中的电流有所放大（$I_{ch}>I_h$）；当 $\beta=1, h=h_c=\sqrt{\dfrac{x_c}{x_L-x_s}}$，$I_{ch}=I_{sh}=\dfrac{I_h}{2}$；在 $h_0'<h<h_c$ 时，电容器支路已呈感性，起分流作用，当 $h=h_c$ 时只分流一半，随着 h 增大，分流作用将减小。

上述情况可以归结到表 7–4 中。当系统和电容器支路发生并联谐振时，不能忽略系统（包括负荷）的等值电阻。表 7–4 中粗略地按 $\dfrac{h_0x_s}{R_{sh}}$ 来估算谐振电流的最大值。根据国外某些电网的经验，对于 $h\leqslant 13$, $\dfrac{h_0x_s}{R_{sh}}=5\sim10$。

表 7–4　　流入系统和电容器支路的谐波电流

谐波次数 h	谐波电流状态	流入系统的谐波电流 I_{sh}/I_h	流入电容器支路的谐波电流 I_{ch}/I_h	特征谐波次数的表达式
$0\sim h_a$	系统谐波电流轻度放大	$1\sim2$	$0\sim1$	$h_a=\sqrt{\dfrac{x_c}{x_L+2x_s}}$
$h_a\sim h_0$	严重放大	$2\sim\dfrac{h_0x_s}{R_{sh}}$	$1\sim\dfrac{h_0x_s}{R_{sh}}$	$h_0=\sqrt{\dfrac{x_c}{x_s+x_L}}$
$h_0\sim h_b$	严重放大	$\dfrac{h_0x_s}{R_{sh}}\sim1$	$\dfrac{h_0x_s}{R_{sh}}\sim2$	$h_b=\sqrt{\dfrac{2x_c}{2x_L+x_s}}$

续表

谐波次数 h	谐波电流状态	流入系统的谐波电流 I_{sh}/I_h	流入电容器支路的谐波电流 I_{ch}/I_h	特征谐波次数的表达式
$h_b \sim h'_0$	电容器支路谐波电流轻度放大	1～0	2～1	$h'_0=\sqrt{\frac{x_c}{x_L}}$
$h'_0 \sim h_c$	谐波电流分流（不放大）	0～0.5	1～0.5	$h_c=\sqrt{\frac{x_c}{x_L-x_s}}$
$h>h_c$	电容器支路分流作用不大	0.5～1	0.5～0	—

7.5 交流滤波装置

采用交流滤波装置就近吸收谐波源所产生的谐波电流，降低连接点的谐波电压，是抑制谐波“污染”的一种有效措施。目前所采用的滤波装置一般由电力电容器、电抗器和电阻器适当组合而成[1]，运行中它和谐波源并联，除起滤波作用外还兼顾无功补偿的需要。由于结构简单、运行可靠、维护方便，因此得到了广泛的应用。

滤波装置一般由一组或数组单调谐滤波器组成，有时再加一组高通滤波器。单调谐滤波器利用 R、L、C 元件串联谐振原理构成［图 7–5（a）］。在有些工程中采用双调谐滤波器［图 7–5（b）］。这种谐波器在谐振频率附近实际上等于两个并联的单调谐波器，它能同时吸收两种频率的谐波。与两个单调谐滤波器相比，基波损耗较小，只有一个电抗器承受全部冲击电压。这种滤波器结构比较复杂，调谐难度大，在一些大型直流输电工程中有所应用，一般应用较少。

高通滤波器在高于某个频率之后很宽的频带范围内呈低阻抗特性，用以吸收若干较高次的谐波。高通滤波器有一阶减幅型［图 7–5（c）］、二阶减幅型［图 7–5（d）］、三阶减幅型［图 7–5（e）］和 C 型［图 7–5（f）］。一阶减幅型由于基波功率损耗太大，一般不采用；二阶减幅型的基波损耗较小，且阻抗频率特性较好，结构也简单，故工程上用得最多；三阶减幅型的基波损耗更小，但特性不如二阶减幅型的，除了在一些大型工程上采用外，用得也

[1] 由于电容器、电抗器均有一定的损耗（相当于电阻），因此有些滤波支路中就不一定装独立的电阻器。

不太多；C 型滤波器是一种新型的高通型式，滤波特性介于二阶与三阶之间，其主要优点是由于 C_2 与 L 对基波串联调谐，故电阻中基波损耗很小，但它对基频的失谐度（即电网频率偏差）及元件参数变化较敏感。

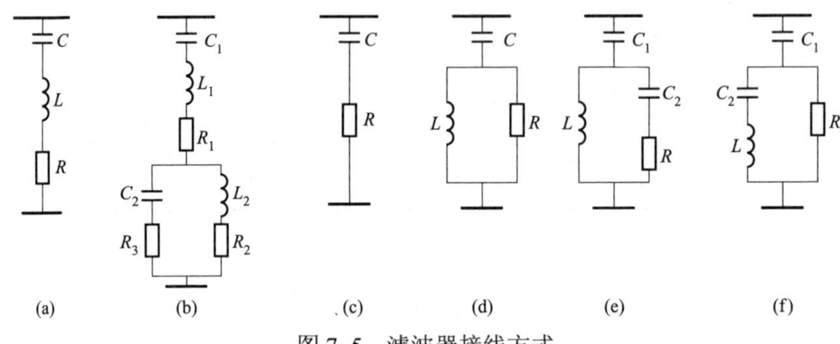

图 7–5　滤波器接线方式

（a）单调谐型；（b）双调谐型；（c）一阶减幅型；（d）二阶减幅值；（e）三阶减幅型；（f）C 型

必须指出，工程上很少采用串联型式的滤波器，这是因为串联滤波器在运行中必须通过主电路的全部电流，并且需要对地全绝缘。此外串联滤波器在运行过程中要消耗部分基波无功，而并联滤波器可以输出基波无功，从而改善系统的功率因数。因此从技术经济上、运行维护上看，并联型式的滤波器有明显的优点，故工程上几乎全采用并联滤波方式。不过，在个别情况下也不排除使用串联滤波器的可能性。

7.6　改善三相不平衡的措施

由不对称负荷引起的电网三相不平衡，可以采用下列方法解决：

（1）将不对称负荷分散接到不同的供电点，以减小集中连接造成不平衡度超标问题；

（2）使不对称负荷合理分配到各相，尽量使其平衡化（换相连接）；

（3）将不对称负荷接到更高电压级上供电，以使连接点的短路容量 S_{sc} 足够大（例如对于单相负荷，S_{sc} 大于 50 倍负荷容量时，就能保证连接点的电压不平衡度小于 2%）；

（4）采用平衡装置。

本节介绍平衡化的基本原理及一些常用的平衡化装置。

7.6.1　三相平衡化的基本原理

最简单的例子是如图 7–6（a）所示的单相电阻负荷 R，它是不平衡的三相系统。图 7–6（b）是在其他两相分别适配电抗为 $\mathrm{j}\omega L=\mathrm{j}\sqrt{3}R$ 的电感和电抗为 $\dfrac{1}{\mathrm{j}\omega C}=-\mathrm{j}\sqrt{3}R$ 的电容，二者产生谐振，则可构成平衡的三相系统，该平衡的三相系统的相量图如图 7–7 所示。图 7–7 中，电容电流 $\dot{I}_{\mathrm{bc}}$ 超前电压 $\dot{U}_{\mathrm{bc}}$ 90°，电感电流 $\dot{I}_{\mathrm{ca}}$ 滞后电压 $\dot{U}_{\mathrm{ca}}$ 90°，电感和电容电流方均根值相等，恰能构成电感和电容谐振的条件。电阻电流 $\dot{I}_{\mathrm{ab}}$ 与电压 $\dot{U}_{\mathrm{ab}}$ 同相，电阻电流的方均根值是电感和电容电流方均根值的 $\sqrt{3}$ 倍。由 $\dot{I}_{\mathrm{a}}=\dot{I}_{\mathrm{ab}}-\dot{I}_{\mathrm{ca}}$、$\dot{I}_{\mathrm{b}}=\dot{I}_{\mathrm{bc}}-\dot{I}_{\mathrm{ac}}$ 和 $\dot{I}_{\mathrm{c}}=\dot{I}_{\mathrm{ca}}-\dot{I}_{\mathrm{bc}}$，可以看出此三相电流 $\dot{I}_{\mathrm{a}}$、$\dot{I}_{\mathrm{b}}$、$\dot{I}_{\mathrm{c}}$ 的方均根值相等，其相互相位差 120°。而经由上述平衡化电路，可将不平衡的三相系统变换成平衡的三相系统。

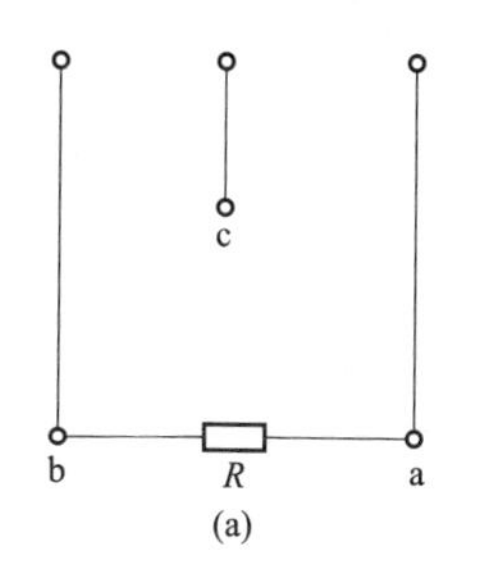

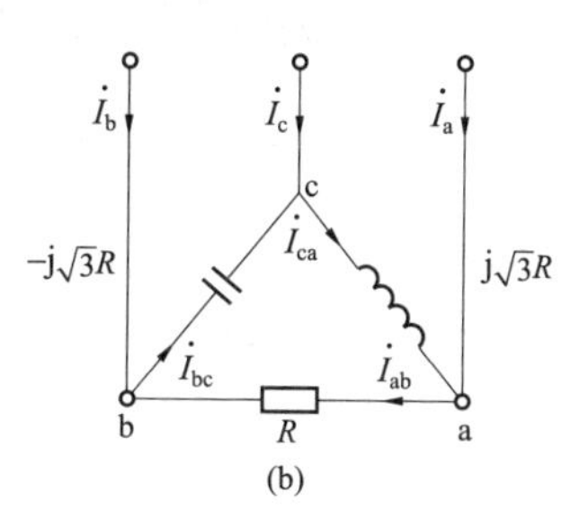

图 7–6　三相平衡化电路

（a）单相电阻负荷；（b）平衡化三相系统

在上述简单的平衡化例子基础上，可以导出一般不平衡三相负荷的平衡化原理（即 Steinmetz 原理）。

此原理的要点为：

（1）三相不平衡负荷，不论是什么接线，均可以转化成等效三角接线的不平衡负荷；

（2）对于每相负荷，均可以用一等值电阻（代表有功功率）和电抗（代表无功功率）并联表示；

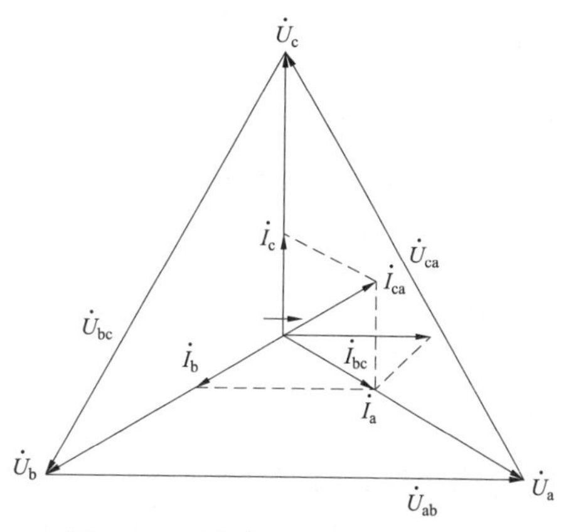

图 7–7　平衡化三相系统的相量图

（3）每相负荷的平衡原则如下：

1）无功功率平衡：在另两相并上同样的电抗（或无功功率）；

2）有功功率平衡：按图 7–6 所示，在另两相并上相应的电容和电抗（也可以用等效的无功功率）。

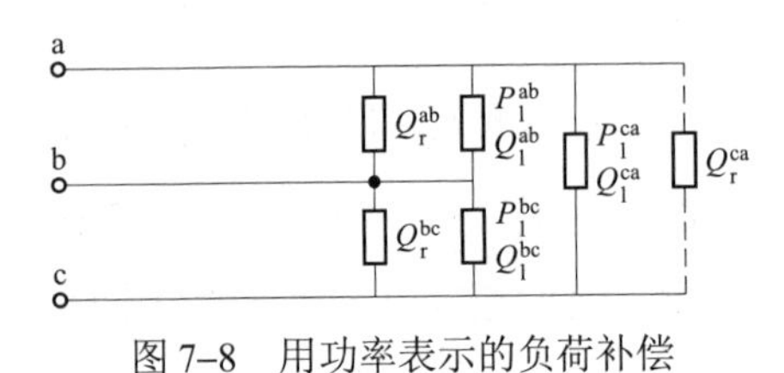

图 7–8 用功率表示的负荷补偿

（4）综合三相无功和有功平衡补偿要求，求出每相所需的无功补偿量。

实际上，负荷常用有功和无功功率来表示，如图 7–8 所示。则每相的补偿无功可由式（7–15）得到

$$\left.\begin{aligned} Q_r^{ab} &= -Q_1^{ab} + (P_1^{ca} - P_1^{bc})/\sqrt{3} \\ Q_r^{bc} &= -Q_1^{bc} + (P_1^{ab} - P_1^{ca})/\sqrt{3} \\ Q_r^{ca} &= -Q_1^{ca} + (P_1^{bc} - P_1^{ab})/\sqrt{3} \end{aligned}\right\} \tag{7–15}$$

式（7–15）中，P 前面的正号表示感性无功功率；负号表示容性无功功率。

7.6.2 平衡化装置

由于一般负荷是变化的，平衡装置应做成可调节的。这种调节可以是分级的，也可以是连续的。对于单相负荷，最简单的分级可调节的平衡装置如图 7–9 所示。图中所列的两个方案的区别只是电抗器调节方式不同（分组投切或变换抽头）。这种方案的缺点是平衡装置的容量较大（超过负荷的功率），而且调节范围和精度均有限。

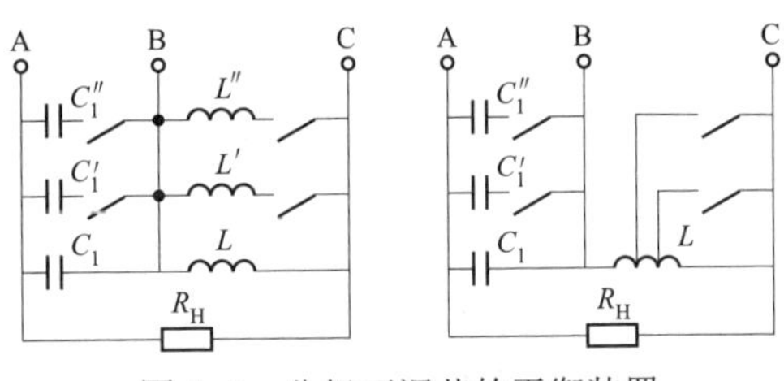

图 7–9 分级可调节的平衡装置

若三相负荷不平衡，且功率因数较低，则可以用三相不同容量的电容器组作平衡装置。装置的总容量由无功功率补偿条件来确定。电容器的三相容量分配使负序电流得到补偿。一般情况下，用两相容性元件接到不同的线电压上来实现。

诸如电弧炉等不对称的冲击负荷造成的电力系统三相电压的严重不平衡，应该用具有快速响应特性的平衡化装置来解决。目前电力工程上常用具有分相补偿性能的静止型无功补偿装置，例如 TSC（TSF）、TCR 可以用

于这类负荷的补偿。SVG（STATCOM）从原理上也完全可以实现平衡化功能。

7.7 静止无功补偿器（SVC）

在电网中大功率波动性负荷，其无功功率变动是导致电压幅值波动的主要因素。常用的无功补偿器，在电力部门多称其为静止无功补偿器（Static var compensator 缩写 SVC），这是针对过去采用旋转的同步调相机而命名的；在冶金部门一般以其补偿的功能，多称其为动态无功补偿器。

在 SVC 中较为简单的有晶闸管投切电容器（Thyristor switched capacitor 缩写 TSC），由反向并联的晶闸管控制无触点快速投切电容器组，实现容性无功功率的分级调节。为使无功补偿功率快速可调，多以可控电抗与固定电容器组（FC）并联使用，可将无功补偿的范围扩大到超前和滞后两个可连续调节的范围。目前常用的可控电抗 SVC 有：晶闸管相控电抗器（Thyristor phase controlled reactor 缩写 TCR）和磁控电抗器（Magnetic controlled reactor 缩写 MCR）。

下面对上述几种类型的 SVC，将分别作介绍。

7.7.1 晶闸管投切电容器（TSC）或滤波器（TSF）

用机械开关（断路器、接触器或继电器）投切电容器主要缺点是投切时有冲击电流和电压，这对电容器的使用寿命和电网安全都是不利的。此外还受机械开关本身寿命（包括机械寿命和电气寿命）的限制，因此发展了晶闸管投切电容器（TSC）技术。

TSC 型式的 SVC，由若干个并联的电容器组构成，而每个电容器组由两个极性相反并联的晶闸管投切。根据所要求补偿的无功功率决定电容器组的额定容量。为减小投切时电容器充放电引起电流和电压的冲击，电容器需在供电点电压等于或非常接近于其预充电电压时投入，而这种情况在工频电压的一个周期中只能有一次，所以要决定投入电容器大约需有一个周期的延时，图 7–10 所示的 t_1 为电容器投入瞬刻。晶闸管一旦导通就一直维持其导通状态，直到下一个电流过零点时为止。如决定要切除一个电容器组，只需在下次电流过零点时不给该晶闸管提供触发脉冲即可，如图 7–10 中所示的 t_2 为其切断

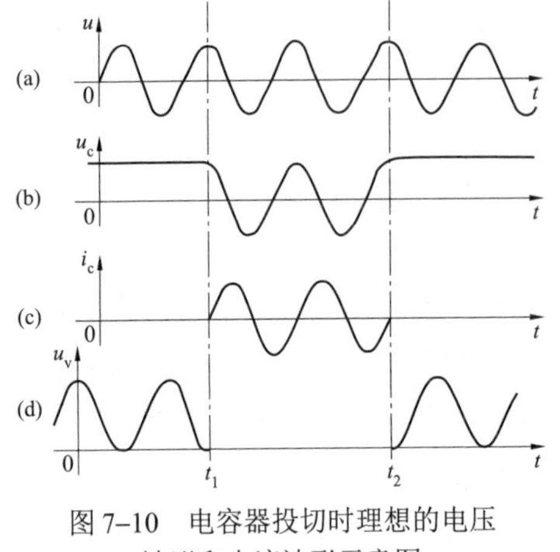

图 7–10　电容器投切时理想的电压波形和电流波形示意图

瞬刻。一组电容器在接通和切断时理想的电压和电流波形示意图，分别如图 7–10（a）～（d）所示。图中：（a）供电点电压 u；（b）电容器的电压 u_c；（c）电容器的电流 i_c；（d）晶闸管承受的电压 u_v。

TSC 适用于作容性无功功率的分级调节，它的对象适合于轧机、碎石机、锯木机和电阻焊机等波动性负荷。若干 TSC 组（支路）采用不同的容量，可以得到较多的容量组合，例如若将电容器组按 1:2:4 等的容量比例分级，如图 7–11 中三组电容器分别为 10Mvar、20Mvar 和 40Mvar，则其组合如表 7–5 所列，可分 8 段控制无功功率的分级补偿。

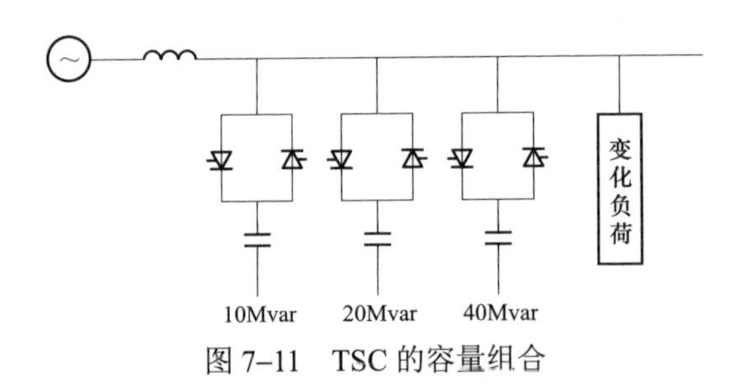

图 7–11　TSC 的容量组合

在表 7–5 中，1 和 0 分别为该电容器组的投入和切断状态。对于动态波动性负荷，在 TSC 投入运行后，各电容器组将处于频繁地投切状态，这当然不宜由带触点的接触器或断路器来实现。

表 7–5　投入电容器组的组合

电容器组 Mvar	补偿容量 Mvar							
	0	10	20	30	40	50	60	70
40	0	0	0	0	1	1	1	1
20	0	0	1	1	0	0	1	1
10	0	1	0	1	0	1	0	1

TSC 的损耗在所有型式静补偿装置中是最低的。由于晶闸管阀组有一定损耗，所以比纯电容器的损耗略高一些，为 0.3%～0.5%。

当被补偿负荷有较大谐波时，由纯电容器组构成的 TSC 会放大谐波，如对某次谐波发生并联谐振，则会造成谐波严重放大，对此必须有预防措施。目前在低压电网中 TSC 已得到广泛应用。在谐波严重的场合，TSC 应该用 TSF（晶闸管投切滤波器）取代。此外，对于一些波动不太频繁的场合，也可以采用由机械接点和晶闸管开关组合成的复合开关来实现电容器组的投切。复合开关的机械接点负担正常负荷电流，晶闸管部分只在投切过程中起作用，这样可以大大降低运行损耗。

此外，目前 TSC 装置的逻辑控制和触发电路比较复杂，从而影响其可靠性。过零固态继电器（Solid State Relay，SSR）将晶闸管及其触发电路和逻辑控制电路封装成一体，同时具备零电压开通、零电流关断的特点，因而将其应用于低压电容器的投切，可以缩小体积、提高 TSC 装置的可靠性和动态补偿性能。目前大功率的 SSR 已广泛用于阻性负载和感性负载[28]。

7.7.2 晶闸管相控电抗器（TCR）

（1）TCR 的基波电压/电流特性。晶闸管相控电抗器常用两个以相反极性并联的晶闸管，它们在工频电压的正、负半周波轮流触发导通。若晶闸管恰在电压的峰值时导通，则可使电抗器完全导电，其电流滞后电压 90°，基本上是无功电流。两个晶闸管的控制角α应相等，α是以电压过零时为基准来计算的。在$\alpha=90°$时，晶闸管完全导通；当 $90°<\alpha<180°$ 时，晶闸管则部分时间导通。理论上，晶闸管的导通角σ与控制角α的关系为

$$\alpha+\frac{\sigma}{2}=180° \tag{7-16}$$

当控制角增大时，相当于增大电抗器的感抗，从而减小基波无功电流和无功功率。图 7-12（a）～（d）分别给出$\alpha=90°$、100°、130°和 150°时 TCR 的相电流 i 和线电流 i_1 的波形。

图 7-13 为 TCR 的基波电压/电流方均根值（有效值）特性曲线，其稳态运行点为 TCR 的基波等值电抗 $X(\sigma)$与供电系统的负荷线的交点。通常 TCR 的电压/电流特性曲线的斜率在 3%～10%之间可调。各运行状态得出的综合的 TCR 基波电压/电流特性曲线又称伏安特性曲线，在图 7-13 中以粗实线表示。

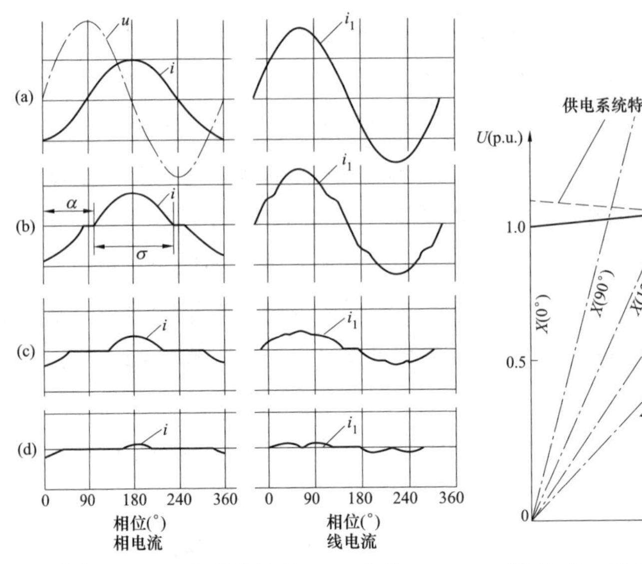

图 7–12 三角形接法的 TCR 中的相电流和线电流波形

（a）$\alpha=90°$ $\sigma=180°$；（b）$\alpha=100°$ $\sigma=160°$；（c）$\alpha=130°$ $\sigma=100°$；（d）$\alpha=150°$ $\sigma=60°$

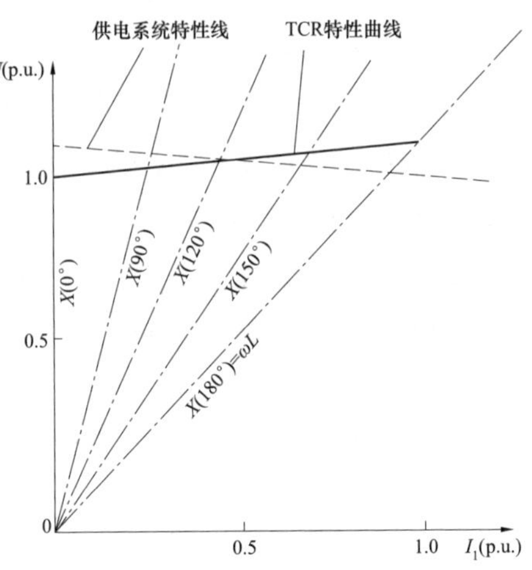

图 7–13 TCR 基波电压/电流特性曲线

（2）TCR 的负荷补偿。TCR 的相控电抗所吸收的基波电流总是滞后电压的，即只能吸收无功功率 Q_R。在实际应用中总是将 TCR 与固定电容器组 FC 并联使用，这样可将无功功率的补偿扩充到超前的范围，向供电系统输出无功功率 Q_C 或吸收负的无功功率 $-Q_C$。

上述将 FC 电容的超前电流与 TCR 相控电抗的滞后电流叠加，相当于将图 7–13 所示的 TCR 电压/电流的特性曲线偏置到第二象限超前的范围，如图 7–14 所示。

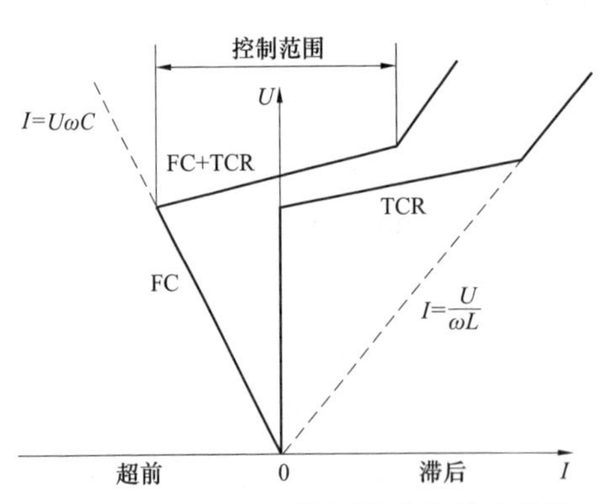

图 7–14 TCR+FC 的电压/电流特性曲线

（3）TCR 的谐波电流。在不同控制角（或导通角）下，TCR 回路将产生不同的谐波电流。

表 7–6 列出了 37 次以内的谐波电流最大含有率（注意：最大值并不都在同一控制角出现）。其基值为全

导通时的基波分量。该表中 3 的奇次倍数的谐波（3，9，15，…）加上括号，这是由于三相系统中 TCR 一般采用三角形接线方式，当系统平衡时，所有的三次谐波序列的谐波电流都在闭合三角形中流通，而线电流中不出现这些谐波。

表 7–6　　　　　　对称控制下 TCR 中谐波电流最大含有率

谐波次数	含有率（%）	谐波次数	含有率（%）
1	100	21	（0.29）
3	（13.78）	23	0.24
5	5.05	25	0.20
7	2.59	27	（0.17）
9	（1.57）	29	0.15
11	1.05	31	0.13
13	0.75	33	（0.12）
15	（0.57）	35	0.10
17	0.44	37	0.09
19	0.35		

当 TCR 用于补偿电弧炉时，由于电弧炉电流的不规则且变化很快，有必要对各相半波实现独立控制，以便减小补偿误差，但这时 TCR 将产生偶次谐波。表 7–7 列出用于不对称控制情况下 TCR 中谐波最大含有率。

表 7–7　　　　　　不对称控制下 TCR 中谐波电流最大含有率

谐波次数	2	3	4	5	7
含有率（%）	7～8	15～20	5～7	8～10	6～7

通常，工程上将三个单相 TCR 连接成三角形电路，如图 7–15（a）所示。当供电系统三相平衡时，所有的三倍次谐波电流都不会在线电流中出现。同时要确保两个反并联的晶闸管的导通角相等，以免出现直流分量和偶次谐波，这也是很重要的。目前 TCR 可以直接接在 66kV 及以下等级的母线上，当 TCR 连接的母线电压在 66kV 以上时，需将 TCR 经降压变压器接到母线上。图 7–15（b）表示 TCR 装置补偿电弧炉的主电路。

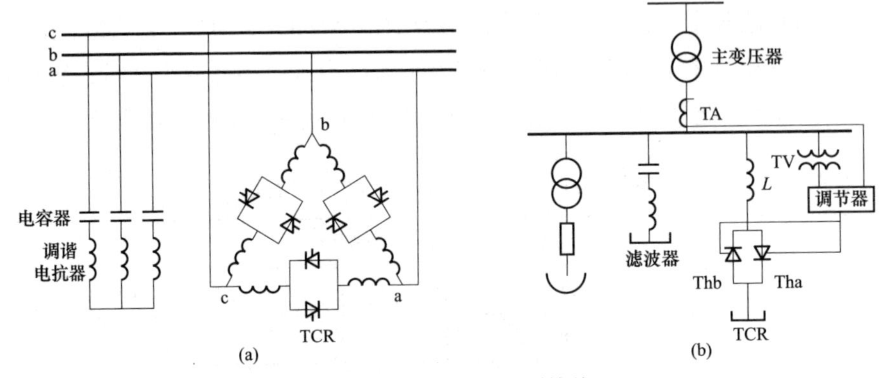

图 7–15　TCR 装置典型接线

（a）三相接线；（b）补偿电弧炉

由图 7–15（a）还可看出，每相的电抗器均分为两段，使晶闸管串接在中间。实际安装时，这两段电抗器仍叠放在一起，而所有的晶闸管则一起安装在同一阀厅（柜）中。每相晶闸管两端均接有电抗器，当线路上有暂态的冲击电压波出现时可使晶闸管得到保护。

此外，为滤除谐波一般将固定电容器组做成滤波器组，以滤除负荷（如电弧炉）和 TCR 产生的谐波，同时提供所需的无功补偿容量。

（4）响应时间。由图 7–12 可以看出，只要σ小于 180°，TCR 任何一相的导通角可以在工频连续两个半波之间任意变化，如不计调节器时间常数，动态响应时间不超过 10ms。实际上，调节系统总有一定时间常数，因此采用数字式快速调节器的条件下，动态响应时间约在 10～20ms。需指出，这里所谓响应时间仅指扰动开始到调节器起作用的时间，并不是指整个过程完成的时间，后者时间要长得多，取决于控制策略的选择（例如开环控制或是闭环控制），系统阻抗大小等因素。一般从扰动开始至调到预定变化的 90%所需的时间定义为响应时间，典型的响应时间为 30～100ms。而由扰动开始至有效地抑制扰动并使响应值稳定的时间称为复归时间（settling time），典型的复归时间为 80～300ms。用于抑制电弧炉引起电压闪变的 SVC，快速响应十分重要。

（5）分相控制。TCR 三相可以独立进行控制，连续调节无功功率，所以可用作相平衡装置。三相不平衡的补偿一般要求电感性或电容性导纳。因此 TCR 中容性部分将在平衡功能中起同样重要作用。

（6）损耗。实际应用中，SVC 的损耗是一个重要的考虑因素。TCR 的容性部分损耗随电压而变，一般变化不大。动态感性部分的损耗随导通程度增加而增大，如图7–16 所示，这部分损耗中包括电抗器的电阻性损耗和晶闸管中导通、切换等损耗（变压器和辅助设备的损耗未包括在图7–16 中）。据文献介绍，大中型TCR 的损耗为 0.5%～0.7%。

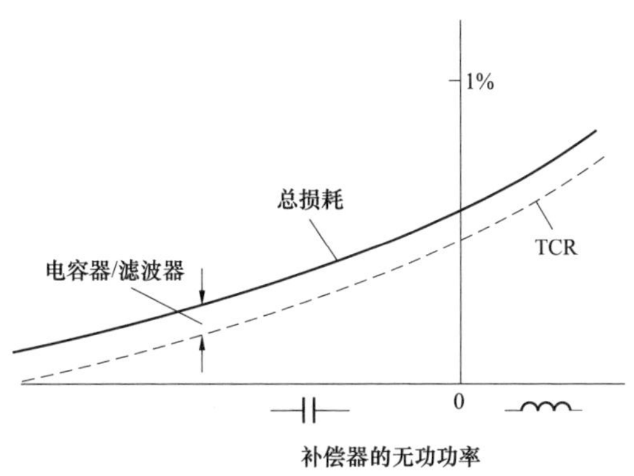

图 7–16　带固定并联电容器或滤波器的TCR 补偿器的功率损耗特性

目前 TCR 产品已完全可以立足于国内技术，与国外先进技术处于同等水平[29, 30]。已有多套 TCR 装置用于 500kV 电网的枢纽变电站，最大容量为 180Mvar，66kV（在四川龙泉驿 500kV 变电站）；在工业上，国产 TCR 最大容量已达 200Mvar，35kV（在广州联众不锈钢公司，用于 160t 交流电弧炉补偿）。

TCR 采用特殊设计可以构成 SVC 兼直流融冰装置[32]，在满足正常工况下系统调压和稳定控制需要同时，当导线覆冰时，将 SVC 模式重构为直流融冰模式，产生直流电流加热导线，融化覆冰；也能构成可移动式 SVC 装置（RSVC）[33]，可以根据电网的不断发展和变化，将 RSVC 从不需要的位置移动到电网中最能发挥作用地方，发挥其 SVC 功能，这可以节约电网建设周期和节省投资，提高 SVC 利用率。

最后要指出，过去在工业上应用的晶闸管相控高阻抗变压器（Thyristor phase controlled transformer 缩写 TCT）型静补装置是 TCR 的一种变型，它是将主电抗器的电抗并入变压器漏抗中，不另设电抗器，因此可以直接接入 110kV 及以上系统中，在某些条件下可能比 TCR 经济，但功率损耗较大，目前基本上已由 TCR 取代。不过这种装置的原理已被应用到分级（或连续）调节的可控并联电抗器（CSR）中，将在下面（见 7.9）介绍。

7.7.3　磁控电抗器（MCR）

根据磁饱和原理工作的可控电抗器，统称为磁控电抗器（MCR），MCR 有三种型式，下面分别作介绍：

（1）直流控制饱和电抗器。这种型式出现较早，在我国 20 世纪 70 年代末武钢就引进四套总容量为142.4Mvar的可控饱和电抗器型静补装置(比利时ACEC公司产品)，用于补偿1.7m大型轧机的冲击无功功率。图7–17是可控饱和电抗器型静止无功补偿装置的原理图，它包括 3 个主要部分：磁控饱和电抗器、电容器组（兼作滤波器）和可调直流电源（由直流电源和控制单元组成）。

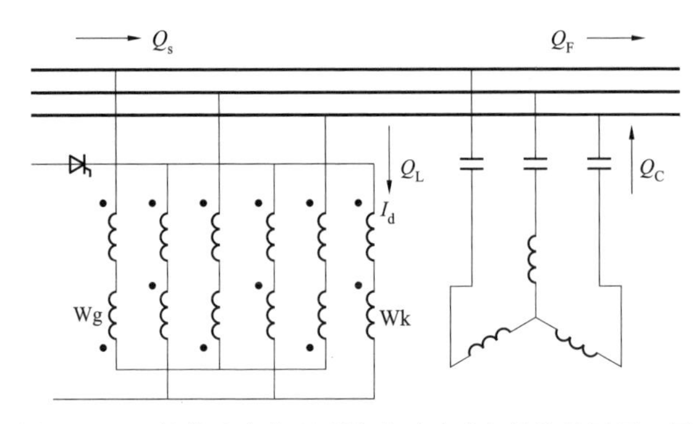

图7–17　可控饱和电抗器型静止无功功率补偿装置原理图

Wg—工作绕组；Wk—控制绕组；Q_F—负载所需的冲击无功负荷；Q_C—电容器组输出的基波恒定无功功率；Q_L—饱和电抗器吸收的可调无功功率；Q_s—电网输入的无功功率

三相饱和电抗器的工作绕组连接在电网上，改变饱和电抗器控制绕组Wk中电流I_d的大小，就可改变工作绕组Wg的感抗，从而改变无功功率Q_L的值，以补偿负载无功功率的冲击。例如当负载无功功率Q_F突然增大时，使控制回路的电流I_d减小，饱和电抗器的X_L增大，从而使电抗器吸收的无功Q_L减小，以保证电网输入的无功功率$Q_s=(Q_F+Q_L)-Q_c$保持恒定。

这种静补装置由于直流励磁绕组时间常数较大，响应时间较慢（100ms以上)，加之饱和电抗器损耗大，噪声也大，目前已很少用。

（2）磁阀式可控电抗器。20世纪70年代后期，苏联提出另一种助磁式可控电抗器，接线如图7–18所示。图7–18为一单相磁阀式可控电抗器的结构原理图。电抗器有两个等截面等长度的主铁芯 1、2（实际上主铁芯中部有一段截面积较小部分，构成“磁阀”，图中未表示）和两个等截面等长度的旁轭1、2组成。旁轭截面大于主铁芯截面。每个铁芯上绕有总匝数为N_A的上、下两个绕组，每个绕组各有一个抽头分别与晶闸管 VT1、VT2 相连，抽头比为$\delta=N_2/N_A, N_A=N_1+N_2, \delta$ 一般为1%左右，故晶闸管上电压远低于电抗器工作电压。不同铁芯上的上、下两个绕组交叉顺连后并联至电网，续流二极管VD跨接在两个绕组的交叉处。铁芯1和旁轭1、铁芯2和旁轭2分别组成两条交流磁通Φ_A的回路，铁芯1和铁芯2组成直流磁通Φ_D的回路。当晶闸管VT1、VT2均不导通时，可控电抗器相当于空载变压器，容量很小；若在电源电压的正负半周内轮流触发导通VT1、VT2，则可在绕组中产生一定大小的直流偏磁电流，其在两并联绕组中自成回路，不流向外部电路。该控制电流所产生的直流磁通使工作铁芯柱饱和，可控电抗器等值容量增大。调节晶闸管触发延迟角的大小以改变铁芯磁饱和度，从而达到控制电抗器容量的目的。从图7–18中可以看出，磁阀式可控电抗器省去了外加直流控制电源，此外，其结构较裂芯式可控电抗器（见图7–19）简单，制造成本较低。这种电抗器的动态响应时间较长。我国已能设计生产35kV的磁阀式电抗器，27.5kV的单相磁阀式可控电抗器已在多个电气铁道牵引站内投入运行。

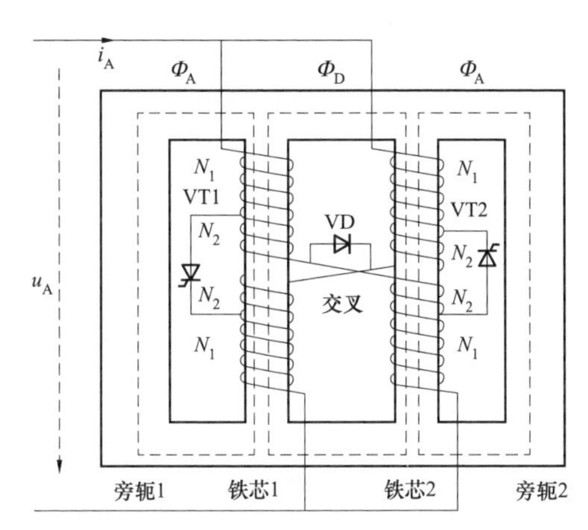

图7–18　磁阀式可控电抗器结构原理图

（3）裂芯式可控电抗器。这种电抗器主要用于超高输电线上限制工频过电压和操作过电压，并补偿线路容性无功功率。三相超高压裂芯式可控电抗器的结构原理如图7–19所示，电抗器的工作铁芯分裂为两半，匝数各为N_y的两个直流控制绕组分别套在半铁芯柱上，所产生的直流磁通在两上半铁芯自成回路，交流工作绕组N绕在整体的两个铁芯柱上。所产生的交流磁通通过两个并联半铁芯和旁轭闭合。控制绕组由电压为E_y的直流电源提供。调节E_y的大小以改变铁芯的磁饱和度，可以平滑地改变电抗器的容量。

为使裂芯式可控电抗器获得强补功能，以大幅度限制线路操作过电压，其额定磁饱和度选择应较低。低额定磁饱和度的可控电抗器会产生高水平的谐波电流。为减少谐波含有率，采用了裂相技术，即将可控电抗器分成两个容量相同的并联组，一组的主绕组接成左旋曲折型，另一组接成右旋曲折型，以自我抵消5次谐波和7次谐波，而3的倍数次谐波电流则在三角形的补偿绕组中流通（见图 7–19）。采取上述谐波抑制措施的可控电抗器在整个容量调节范围内的谐波电流含有率不超过额定基波电流的 2.5%。与此不同，磁阀式可控电抗器的额定磁饱和度选得较高，可大大减小所产生的谐波，其最大谐波含有率见表 7–8（3 的倍数次谐波电流由三角形绕组抑制，图 7–18 中未表示）。表中数值为各次谐波电流与额定基波电流的比值。

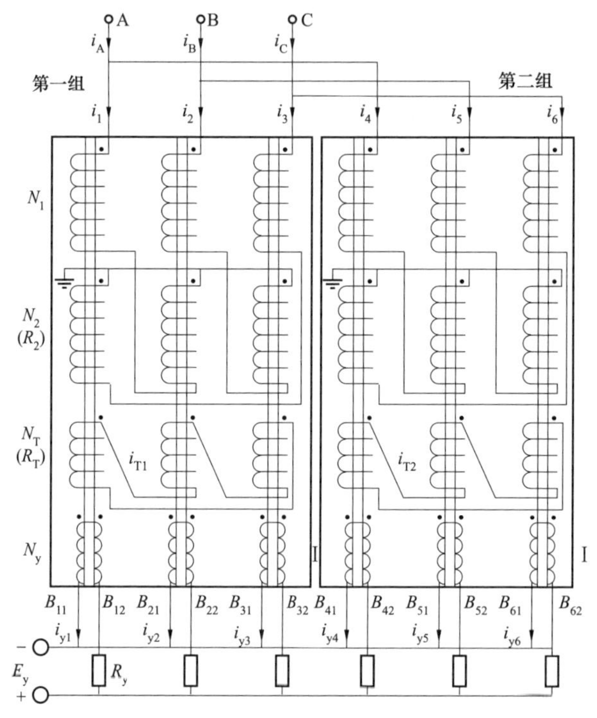

图 7–19　裂芯式可控电抗器结构原理图（三相）

表 7–8　　磁阀式可控电抗器最大谐波电流

谐波次数	5	7	11	13	17	19
谐波含有率（%）	1.60	0.86	0.35	0.25	0.15	0.12

模拟实验和理论分析结果表明，裂芯式和磁阀式可控电抗器的额定容量与空载容量之比（调节深度）可达 100 倍以上。实际运用中，可控电抗器容量调节深度为 10 倍左右就足以满足超高压电网无功补偿的要求。

在系统正常运行时，裂芯式可控电抗器的容量调节时间最快可达 0.06s 左右，可保证系统过渡过程工频过电压的限制。磁阀式可控电抗器容量调节速度约为0.3s，基本满足限制线路工频电压升高的要求。但是，由于磁阀式可控电抗器额定磁饱和度选择较高，故不像裂芯式可控电抗器那样具备大幅度限制线路操作过电压的能力。随着超（特）高压电网的发展，对无功功率的控制提出了更高的要求，国内已成功地研制出500kV三相120Mvar MCR（裂芯式）样机，于2007年投入运行。目前正在研制1000kV MCR装置。

7.7.4 各种型式SVC性能综合比较

由表7–9可知，没有各方面均绝对占优的型式，用户应结合工程具体条件适当选用。当然，随着技术的发展以及各种原材料、元器件比价的变化，某种型式在一定使用条件下有相对技术经济优势。因此，静补装置的选型应列为工程前期必要的研究项目。

表7–9　　各种型式静补装置的比较

型　式	晶闸管控制电抗器	磁控电抗器	晶闸管投切电容器
代号	TCR	MCR	TSC
无功输出	连续，感性/容性	连续，感性/容性	级差，容性
动态响应时间	10～20ms	60ms以上	约20ms
分相调节	能	能	能
限制过电压能力	依靠设计	好	无
自生谐波量	有	小	无
吸收谐波能力	好	好	无
噪声	较小	较大	很小
损耗率	0.5%～0.7%	约1%	0.3%～0.5%
可否直接接于超高压	不可	可以	不可
控制灵活性	好	好	好
运行维护	较复杂	较简单	较复杂

注 1. TCR和TSC结合起来，可能取得较好的技术经济效果。
2. 动态响应时间仅指扰动开始到补偿回路开始动作的时间。
3. 自生谐波量是指三相平衡工况下SVC本身产生的谐波。
4. 吸收谐波能力主要取决于容性部分滤波器的设计。
5. 表列损耗是指大中型装置（例如20Mvar及以上）的额定损耗；若容量较小（例如10Mvar以下），则损耗率将增大。
6. 如将TSC做成TSF，则也有较好的吸收谐波能力。

需指出，除了综合改善电能质量这一直接效果外，静补装置在电网中已成为控制无功、电压，提高输电稳定性，限制系统过电压，增加系统阻尼的重要技术措施。静补装置的应用还可以给干扰源用户带来多方面的技术经济效益。例如，炼钢电弧炉采用静补后可以提高功率因数，降低损耗，缩短熔炼时间，降低单位电耗，提高钢产量，延长炉衬使用寿命等。

7.8 静止无功发生器（SVG，STATCOM）

对于电弧炉和轧钢机等波动性负荷，常在工频的几周波内其电流都有可能出现相当大的波动，并会有相当大的谐波含量，可能导致明显的照明闪变。前述几种类型的 SVC，多为用晶闸管控制的电感或电容，因为普通晶闸管导通后不能自行关断，这使补偿器补偿的时间延迟。实际上，某些类型的 SVC 本身还产生低次谐波电流，也需要安装滤波器。通常采用的无源滤波器与 SVC 并联使用，将使合成的补偿器体积较大，有效材料消耗多。对于快速变动的波动性负荷，常用的 SVC 固有延迟时间会使其不能有效地抑制闪变，所以，要求研制具有很快响应时间、能够直接补偿负荷的无功冲击电流和谐波电流的补偿器。

近十几年来，采用可关断晶闸管（GTO）和电力晶体管（GTR）或绝缘栅双极晶体管（IGBT）等全控型电力电子器件，以及脉宽调制（PWM）技术等构成的静止无功发生器（SVG），可对波动负荷作实时补偿。

SVG 的基本原理就是将自换相桥式电路通过电抗器或者直接并联在电网上，适当地调节桥式电路交流侧输出电压的相位和幅值，或者直接控制其交流侧电流，就可以使该电路吸收或者发出满足要求的无功电流，实现动态无功补偿的目的。

SVG 可以采用电压型桥式电路或电流型桥式电路。其电路基本结构分别如图 7–20（a）和（b）所示。直流侧分别采用的是电容和电感这两种不同的储能元件。对电压型桥式电路，还需再串联上连接电抗器才能并入电网；对电流型桥式电路，还需在交流侧并联上吸收换相产生的过电压的电容器。

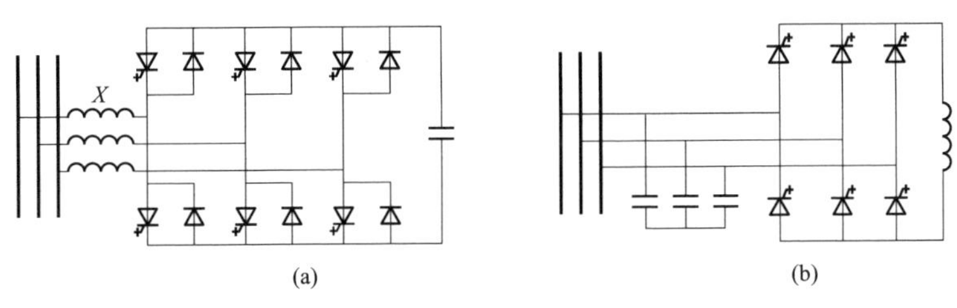

图 7–20　SVG 的电路基本结构

（a）采用电压型桥式电路；（b）采用电流型桥式电路

实际上，由于运行效率的原因，迄今投入使用的 SVG 大都采用电压型桥式电路，因此，SVG 往往专指采用自换相元件的电压型桥式电路作为动态无功补偿的装置。

由于 SVG 正常工作时就是通过电力半导体开关的通断将直流侧电压转换成交流侧与电网同频率的输出电压，就像一个电压型逆变器，只不过其交流侧输出接的不是负载，而是电网。SVG 的工作原理可以用如图 7–21（a）所示的单相等效电路图来说明。设电网电压和 SVG 输出的交流电压分别用相量 $\dot{U}_s$ 和 $\dot{U}_I$ 表示，则连接电抗 X 上的电压 $\dot{U}_L$ 即为 $\dot{U}_s$ 和 $\dot{U}_I$ 的相量差，而连接电抗的电流是可以由其电压来控制的。这个电流就是 SVG 从电网吸收的电流 $\dot{I}$ 。因此，改变 SVG 交流侧输出电压 $\dot{U}_I$ 的幅值及其相对于 $\dot{U}_s$ 的相位，就可以改变连接电抗上的电压，从而控制 SVG 从电网吸收电流的相位和幅值，也就控制了 SVG 吸收无功功率的性质和大小。

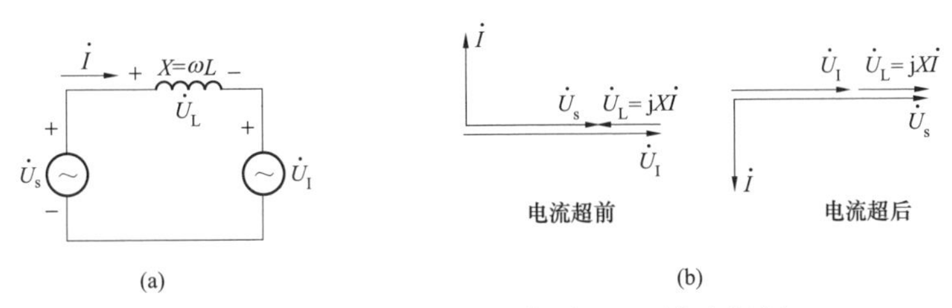

图 7–21　SVG 等效电路及工作原理（不考虑损耗）

（a）单相等效电路；（b）相量图

在图 7–21（a）的等效电路中，将连接电抗器视为纯电感，不考虑其损耗以及变流器的损耗，因此不必从电网吸收有功能量。在这种情况下，只需使 $\dot{U}_I$ 与 $\dot{U}_s$ 同相，仅改变 $\dot{U}_I$ 的幅值大小即可控制 SVG 从电网吸收的电流 $\dot{I}$ 是超前还是滞后 90°，并且能控制该电流的大小。如图 7–21（b）所示，当 $\dot{U}_I$ 大于 $\dot{U}_s$

时，电流超前电压 90°，SVG 吸收容性的无功功率；当 $\dot{U}_I$ 小于 $\dot{U}_s$ 时，电流滞后电压 90°，SVG 吸收感性的无功功率。

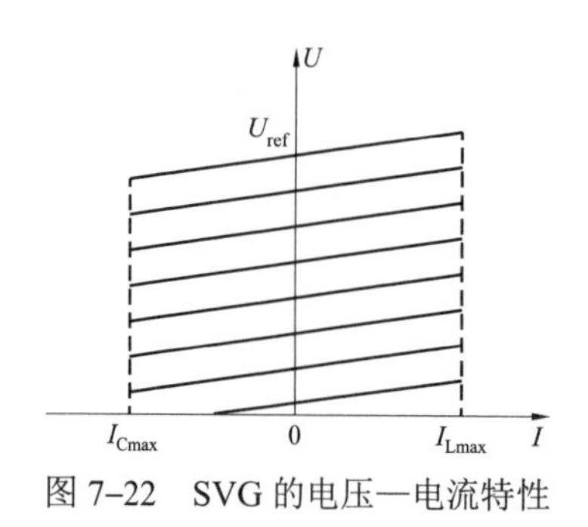

图 7–22　SVG 的电压—电流特性

根据以上对工作原理的分析，可得 SVG 的电压—电流特性如图 7–22 所示。同 TCR 等传统 SVC 装置一样，改变控制系统的参数（电网电压的参考 U_{ref}）可以使得电压–电流特性上下移动。但是可以看出，与图 7–14 所示的传统 SVC 电压–电流特性不同的是，当电网电压下降，补偿器的电压–电流特性向下调整时，SVG 可以调整其变流器交流侧电压的幅值和相位，以使其所能提供的最大无功电流 I_{Lmax} 和 I_{Cmax} 维持不变，仅受其电力半导体的电流容量限制。而传统的 SVC，由于所能提供的最大电流分别受其并联电抗器和并联电容器的阻抗特性限制，因而随着电压的降低而减小。因此 SVG 的运行范围比传统 SVC 大，SVC 的运行范围是向下收缩的三角形区域，而 SVG 的运行范围是上下等宽的近似矩形的区域。这是 SVG 优越于传统 SVC 的又一特点。

至于谐波问题，在 SVG 中则完全可以采用桥式变流电路的多重化技术、多电平技术或 PWM 技术来进行处理，以消除次数较低的谐波，并使较高次数的谐波电流减小到可以接受的程度。国内自 20 世纪 80 年代就开始 STATCOM 的研究，2011 年 35kV，±200Mvar STATCOM 示范工程投运，目前这种装置（国产）已在一些工业企业和风电场以及电网中推广应用。

当然，SVG 的控制方法和控制系统显然要比传统的 SVC 复杂。另外，SVG 要使用数量较多的大容量全控型器件，其价格目前仍比 SVC 使用的普通晶闸管要高一些，因此，SVG 由于用小的储能元件而具有的总体成本低的潜在优势，还有待于随着器件以及技术水平的提高和成本的降低来得以发挥。

7.9　可控并联电抗器（CSR）

目前的可控并联电抗器技术，根据其构成原理的不同，基本可划分为磁控型（MCR）和高阻抗变压器型两种，高阻抗变压器型又有分级可控型

（SCSR）和连续可控型两种。

SCSR 通过晶闸管分级投切变压器低压侧电抗器，可实现并联电抗器在有限个级别间快速切换[31]。

SCSR 充分利用了变压器的降压作用，使晶闸管阀工作在低电压下，同时加大变压器的漏抗，使漏抗值达到或接近 100%，再在变压器的二次侧串联接入多组电抗器，并由晶闸管和机械开关组合进行分级调节，实现感性无功功率的分级控制。典型的 SCSR 主电路方案，如图 7–23 所示。SCSR 可以满足潮流变化时电压和无功控制要求。对于大幅值振荡，可以采用乒乓投切方式阻尼，在系统发生故障或扰动时响应迅速，不产生谐波。由于免除采用晶闸管冷却回路，成本显著降低，维护方便。由于高阻抗变压器的磁通全部为漏磁通，需要特别注意电抗器本体局部过热问题。

此外，还有一种分级/连续调节 CSR 主电路方案，如图 7–24 所示。该方案相当于 1 台多个二次绕组依次工作于短路状态的多绕组变压器，每个控制绕组中串接反并联晶闸管和限流电抗器。当通过控制晶闸管使第 n 个控制绕组投入工作时，第 1、2、…、n–1 个控制绕组均已处于短路状态。因此，可以认为其电流中没有谐波。这样，一次绕组中电流谐波含量的绝对值只由第 n 个控制绕组的功率和晶闸管的导通程度决定，谐波含量不仅与第 n 个控制绕组本身的电流有关，而且还与已经处于短路状态的第 1、2、…、n–1 个控制绕组的电流有关。由于每个控制绕组的额定功率是根据电网谐波要求而设计的，只占电抗器总额定功率的一部分，所以尽管从单个控制绕组来看谐波并不小，但从工作绕组来看要小得多。因此，通过依次把各个控制绕组投入工

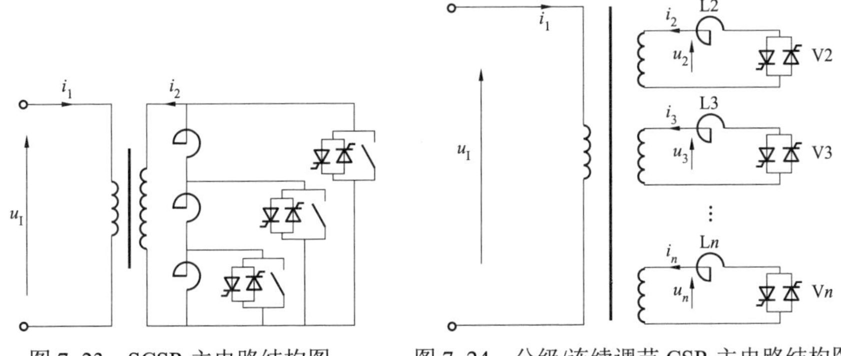

图 7–23　SCSR 主电路结构图　　图 7–24　分级/连续调节 CSR 主电路结构图

作并正确控制晶闸管的导通，在满足电流谐波要求的前提下，该装置能够实现无功功率从空载功率到额定功率的分级平滑控制。这种 SCSR 主电路方案要求根据调节的级数确定变压器二次绕组的数目，当要求级数较多时，变压器的结构会变得比较复杂。

CSR 在电网中的应用主要体现在以下方面：

（1）简化无功电压控制措施。在电网潮流的正常变化范围内，无需配置或使用其他无功电压调节手段。

（2）限制工频过电压。在电网正常运行时，CSR 无功功率可根据线路传输功率自动调节，以稳定其电压水平。此外，在线路潮流较重时，若出现末端三相跳闸甩负荷的情况，处于轻载运行的 CSR，可快速调节到系统所需的容量，以限制工频过电压。

（3）消除发电机自励磁。发电机带空载线路运行时，有可能产生自励磁。CSR 可以自动调整到合适的补偿容量，以消除自励磁，为大机组直接接入电网创造条件。

（4）限制操作过电压。由于 CSR 的调节作用使电网的等效电动势降低，加之由于 CSR 的补偿作用使空载线路的工频过电压得以抑制，从而降低了系统的操作过电压水平。CSR 具备较强的过电压和过负荷能力，可有效地限制线路计划性合闸、重合闸、故障解列等的操作过电压。

（5）无功功率动态补偿。CSR 可快速调节自身无功功率，是特高压电网理想的无功补偿设备。采用 CSR 后，可以起到无功功率动态平衡和电压波动的动态抑制。如果施加适当的附加控制，还可以增加系统阻尼，提高输电能力。

（6）抑制潜供电流。单相重合闸在我国电网 500kV 输电线路中广泛采用，因此，降低线路单相接地时的潜供电流以提高单相重合闸的成功率是改善系统可靠性和稳定性的一个重要环节。模拟实验和理论分析表明，CSR 配合中性点小电抗和一定的控制方式，可大大减小线路单相接地时的潜供电流，有效促使电弧熄灭。

由以上分析可知，CSR 主要用于解决长距离重载线路限制过电压和无功补偿的矛盾，还可将其作为一种无功补偿的手段，与 SVC 等无功补偿方案进行经济技术比较。

7.10　故障电流限制器（FCL）

FCL 是一种串联装置，在系统正常运行时其阻抗为零，不对系统运行产生任何影响。当系统发生故障时，FCL 通过投切或以其他的方式迅速增大串联阻抗来达到限制线路短路电流的目的。在适当位置装设合适的 FCL，可使电网的互联和电源容量的增加不再受制于短路电流水平，对于电网安全稳定运行具有重要意义。

串联谐振型 FCL，技术较容易实现，经济特性较好，而且满足电力系统对可靠性的要求，是目前具有应用前景的技术方案[31]，如图 7–25 所示。该方案面向 500kV 电网，其中电容器旁路采用了避雷器、晶闸管阀与快速开关 3 种保护相结合的形式，从而最大限度地保证电容器旁路保护动作的可靠性。主要部件有限流电抗器 L、谐振电容器 C、用来保护电容器的金属氧化物限压器 MOV、晶闸管保护阀 VP、旁路断路器 QF、旁路开关 QS3、阻尼电路和电流互感器 TA1～TA6。系统正常运行时 VP 处于断开状态，限流电抗器 L 和谐振电容器 C 串联接入系统中，并配置在工频谐振状态，对系统的短路阻抗和无功特性几乎没有影响。当发生短路故障时，谐振电容器 C 流过短路电流，两端电压迅速上升，检测电路判断出系统短路故障，控制保护系统分别向 QF 和 VP 发出闭合、触发命令，谐振电容器 C 被旁路退出运行，限流电抗器 L 单独接入系统起到限制故障电流的目的。QF 的闭合时间远长于晶闸管保护阀的触发导通时间，即 VP 首先导通，而 QF 在约 30ms 之后也闭合，VP 随即退出导通状态。此种开关组合的好处是，VP 中流过电流的时间很短，只有几十毫秒，可以不需要复杂的水冷却系统。系统断路器分闸后 VP 和 QF 也要随之断开，完成与电力系统继电保护重合闸的整定配合。如遇到永久性短路故

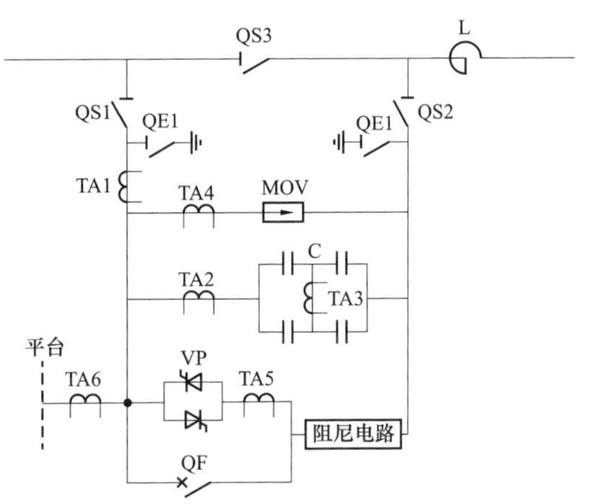

图 7–25　基于晶闸管的串联谐振型 FCL 方案

障，VP 应具有重复动作能力，在重合闸后再次将 FCL 投入限流状态。

系统发生故障后，FCL 动作时序如图 7–26 所示。方案设计中的 TA1 用于实现系统正常运行电流和故障电流的检测，TA2 用于电容器支路电流的检测与保护，TA3 用于实现电容器的差动电流检测与保护，TA4 用于 MOV 的电流检测，TA5 用于晶闸管阀支路电流的检测与保护，TA6 用于平台的闪络保护。阻尼电路用来阻尼谐振电容器通过晶闸管阀或旁路断路器放电时放电电流的峰值与频率。

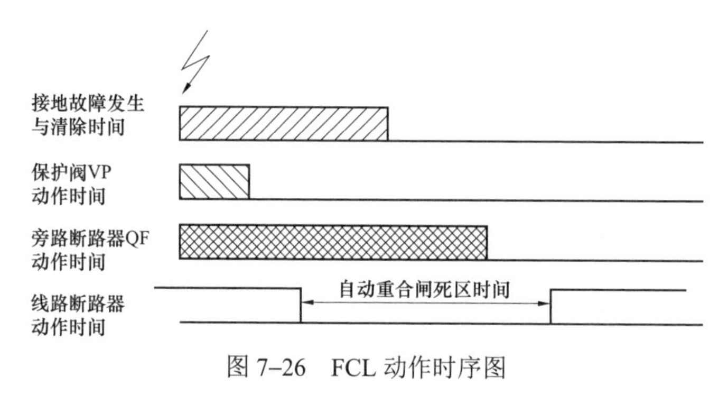

图 7–26　FCL 动作时序图

7.11　固定串联电容器和晶闸管控制串联电容器（FSC，TCSC）

串联电容器主要是用来补偿输电线路电抗、改变线路参数从而起到调压作用的一种装置。例如一条架空输电线路，未设串联电容器时的电压损耗为

$$\Delta U = \frac{P_1 R + Q_1 X}{U_1}$$

式中 R、X 为线路的电阻和电抗，$P_1 + \mathrm{j}Q_1$ 为始端功率，U_1 为始端电压。

当线路上装设串联电容 X_C 时，则有

$$\Delta U' = \frac{P_1 R + Q_1 (X - X_\mathrm{C})}{U_1}$$

显然，串接电容器后，线路电压损耗减小了，换言之，提高了线路末端电压，提高的数值为两者之差，即

$$\Delta U-\Delta U'=\frac{Q_1X_C}{U_1} \tag{7-17}$$

如保持送电线始端电压 U_1 恒定，经串联电容补偿后，线路末端所需提高的电压值一经确定，即可求得电容器的电抗值

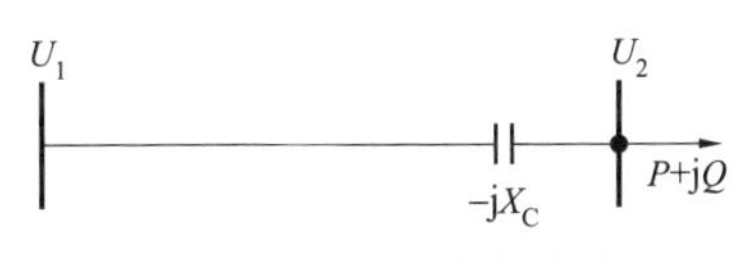

图 7–27　串联电容补偿

$$X_C=\frac{U_1(\Delta U-\Delta U')}{Q_1} \tag{7-18}$$

有了 X_C 后，就可求得电容器的容量

$$Q_C=3I^2X_C=\frac{P_1^2+Q_1^2}{U_1^2}X_C \tag{7-19}$$

式中　I——通过串联电容的最大负荷电流。

串联电容补偿调压时，一般用在单端供电的 110kV 及以下电压级的分支线上。对于负荷波动大而频繁、功率因数又很低的线路，调压效果较好。但对于负荷功率因数高 ($\cos\phi>0.95$) 的线路，串联电容补偿的调压作用就很小，这是由于功率因数越高，线路电抗对电压损耗的影响越小的缘故。

串联电容补偿的程度可用补偿度 K_C 来表示

$$K_C=\frac{X_C}{X_L} \tag{7-20}$$

式中　X_C，X_L——分别为串联电容器容抗和线路电抗。

在低压配电线路中，为了提高线路末端的电压，有时采用 $K_C>1$ 的过补偿，即串联电容完全补偿了本线路电抗，而且还补偿部分接于线路首端的变压器电抗（该线路接变压器低压侧）或者高压线路的电抗。

在超高压输电线路中，串联电容补偿线路电抗的主要目的是，提高线路的输电能力，提高电力系统稳定性，一般取 $K_C<1$。这种方法在一些工业发达国家普遍采用。

采用串联电容后，也会带来一些新问题。例如在配电线路中采用高补偿度的串联电容后，串联电容与一些容量较大的用户异步电动机或同步电动机有可能发生共振，称为电机的自激，需要采取措施加以克服。串联电容与变压器也可能发生共振，即变压器的铁磁谐振。这些现象都可能对用电设备造

成危害。在超高压输电线路中，采用串联电容后，有可能与发电机组产生一种低于工频的次同步振荡（Sub–synchronous resonance—SSR）。20 世纪 70 年代初期，美国加利福尼亚州爱迪生公司的一台汽轮发电机组，由于次同步振荡引起的轴扭振，造成轴系破坏。随着电力电子技术及控制技术的发展，一种由晶闸管控制的串联电容（Thyristor Controlled Series Capacitor—TCSC）已经问世。图 7–28 是 TCSC 的原理接线图。用一对反并联的晶闸管控制串联电容的分路电抗上的电流，也等于控制分路电抗的大小。调整晶闸管的触发角，便可在一定范围内连续调整串联电容的等值容抗或补偿度。TCSC 由于采用无触点的快速控制，因此具有一些新的功能。它的主要功能是：

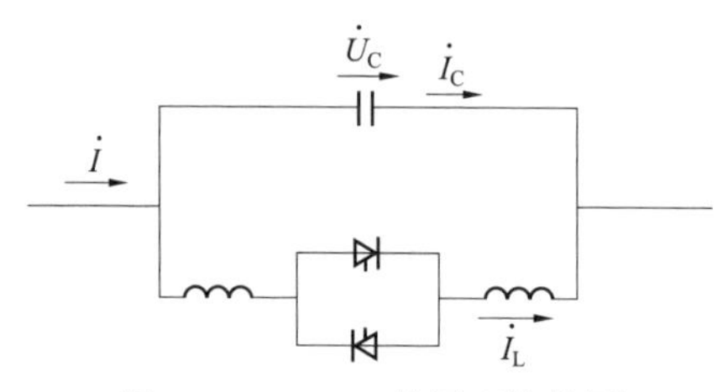

图 7–28　TCSC 的原理接线图

（1）潮流控制。由于可以连续改变等值串联电容的容抗，因此可用来进行潮流控制，改变电网中的潮流分布。

（2）阻尼线路功率振荡。可以阻尼由于系统阻尼不足或由于系统扰动引起的低频功率振荡，提高动态稳定性。

（3）提高电力系统的暂态稳定。在系统受到大的扰动时，可迅速调整晶闸管的触发角，改变串联电容的补偿度。

（4）抑制次同步振荡（SSR）。① 在发生次同步振荡时，迅速调整串联电容至最小值，对于次同步频率，TCSC 呈感抗，这样便会对 SSR 起很强的阻尼作用。② 采集当地的电流、电压，用矢量合成的方法获得远方发电机的转速相位，经过处理后用作对发电机轴振动的阻尼。

超高压输电线路串联电容补偿来提高线路输电能力，提高系统稳定性，已在各国电网中广泛采用，并发挥着巨大的作用。我国于 2004 年完成甘肃碧成 220kV TCSC 工程后开始了超高压 500kV TCSC 的研发。先后完成了多套工程，其中东北伊冯 500kV 超高压串补工程是我国自主开发与施工建设的第一套超高压可控串补工程，也是目前世界上补偿度最高的超高压 TCSC 工程；2011 年我们又研制成功三套 1000kV 特高压 TCSC 工程并投入运行，标志着我国超(特)高压 TCSC 技术达到了国际领先水平。

7.12 “定制电力”（CP）技术

“定制电力”（CP—Custom Power）技术是指供电部门通过技术手段向用户提供可靠性更高、质量更好的电力，通过应用该技术增加了电力的附加值。当前达到这一目标所采用的技术手段，常常是应用电力电子技术。它是于 1988 年首先由美国电力研究院 N.G..Hingorani 博士提出的。

用户电力的提出有如下的背景：

（1）电力工业市场化进程的加快，把对用户的服务、改进电能质量放到很重要的位置。

（2）现代工业、商业及居民用户的电气设备对电能质量更敏感，对供电可靠性要求更高。

（3）FACTS（灵活交流输电系统）概念的提出以及 FACTS 设备开发的进展（例如 SVG 在电力系统中的应用）成为定制电力的技术基础，两者有许多共通的技术。

“定制电力”技术的发展，其实可以推前到 70 年代静止无功补偿器（SVC）。SVC 是利用晶闸管阀实现对无功功率调节和控制；“定制电力”技术，则是以采用 GTO 或 IGBT 的逆变器（Inverter）为特征。具有代表性的“定制电力”技术产品目前有：① 交流不间断电源（UPS）；② 动态电压恢复器（DVR）；③ 配电静止同步补偿器（DSTATCOM 或 ASVG）；④ 有源电力滤波器（APF）和混合型滤波器；⑤ 统一电能补偿装置（UPQC）；⑥ 固态切换开关（SSTS）；⑦ 电力电子变压器（PET）；⑧ 智能型无功补偿器（IntelliVar）等。

实际上电力电子技术在“定制电力”上应用非常广泛，其产品日新月异，这里只能起“抛砖引玉”的作用。

7.12.1 交流不间断电源（UPS）

针对电压暂降事件引起的敏感负载问题，最直接和有效的解决方案是在其供电路径上安装交流不间断电源。UPS 在电力系统发生电压暂降事件时，通过释放蓄电池存储的能量向负载供电，从而保证敏感负载不受电压暂降的影响。UPS 有多种类型，最典型的有在线式与后备式两种。一个典型的在线式 UPS 系统如图 7–29 所示。

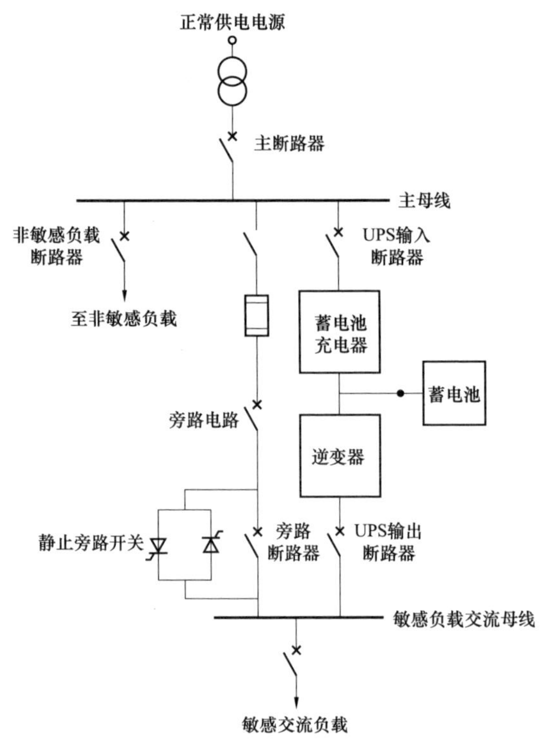

图 7–29　一个典型的在线式 UPS 系统

在线式 UPS 的运行方式为：无论发生电能质量问题与否，都通过 UPS 向敏感负载供电。当未发生电压暂降事件时，负荷运行所需要的能量实际上来自电力系统，但电力系统与负荷之间传输的电能在 UPS 经历了电能形态的变换过程。当发生电压暂降事件时，UPS 中的蓄电池将释放能量，以弥补由于电压暂降引起的供电功率的跌落。由于发生电压暂降时 UPS 内部无需进行电路切换等操作，因此，UPS 的输出几乎没有任何变化，也就是说，敏感负荷几乎感受不到电压暂降的发生。此外，由于 UPS 的隔离作用，负载还可以免受电力系统中可能存在的谐波、电压偏差等稳态电能质量问题的影响。从工作原理考虑，在线式 UPS 系统是解决电压暂降事件对敏感设备影响的理想方案，但由于必须长期不间断地供电，其中的逆变器按照连续运行模式设计，对电路可靠性的要求高，且需要配置较复杂的切换电路用来满足 UPS 的维护、更换部件、旁路电源投切等需要，这使得在线式 UPS 非常昂贵。在对于重要程度稍低的敏感负载，可考虑采用后备式的 UPS 以节省投资。后备式 UPS 在未发生电压暂降事件的情况下，逆变器处于待命状态。一旦电压暂降事件发生，迅速将负载切换为由逆变器供电。切换过程所需的时间通常在 10ms 以内，也就是说，当发生电压暂降事件时，敏感负载会经历很短时间的供电中断。如果敏感负载能够耐受这种短暂的供电中断，用后备式 UPS 作为应对电压暂降事件的解决方案是可行的，否则必须采用在线式 UPS。

对于某些关键的敏感负载，除了考虑应对电压暂降事件，还必须考虑应对较长时间供电中断的问题。在这种场合，如果仅依靠 UPS 来解决问题，就必须根据可能的供电中断时间的长短，增加用于储能的蓄电池的容量，这将增加 UPS 的投资。针对这种情况较为合理的解决方案是：增加成本较低的内燃机—发电机组与 UPS 配合，在发生较长时间的供电中断时，首先由 UPS 向敏感负载供电渡过供电中断及后续的短时过程；与此同时，迅速启动内燃机—发电机组，并在启动完成后转由内燃机—发电机组提供电能。理论上，只要能够保证燃油供应，内燃机—发电机组的供电不受时间限制。

7.12.2　动态电压恢复器（DVR）

UPS 装置无疑是敏感负载应对电压暂降乃至供电中断问题的有效解决方案，但由于它要通过敏感负载的全部功率，所需要的大容量使得 UPS 的造价昂贵，成为制约其应用的主要障碍。

电压暂降事件发生时，敏感负载所在地的电压暂降幅度与电压暂降起因的性质以及其发生地点与敏感负载所在地点的电气距离有关。按照统计规律，大幅度的电压暂降以及作为其极端情况的供电中断仅占电压暂降事件的很小比例，多数为小幅度电压暂降事件。根据这一特点，采用动态电压恢复器替代 UPS 是一种相对成本较低的解决方案。一种 DVR 装置的安装方案如图 7–30 所示。图中的用作整流的换流器也可以由储能部件代替。

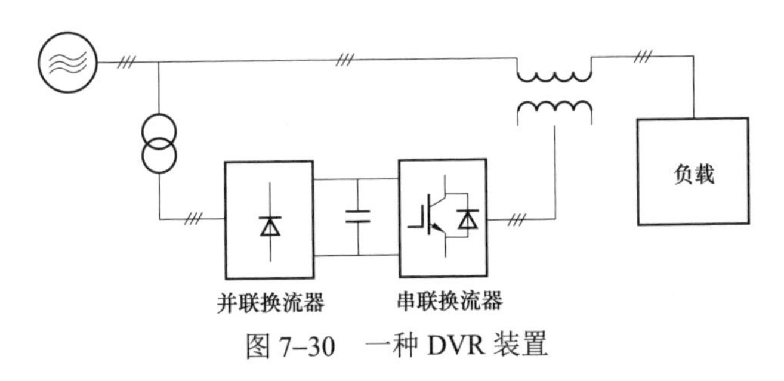

图 7–30　一种 DVR 装置

采用 DVR 解决电压暂降问题的主要思路是：在未发生电压暂降事件时，DVR 中的串联换流器处于待命状态，其输出电压为零，而并联（整流）换流器用来维持 DVR 中的直流母线电压。当电压暂降事件发生时，DVR 中的串联换流器立即动作，产生插入电压，串联在系统电压与敏感负载之间，其大小取决于电压暂降的幅度。显然，DVR 的补偿能力与电压暂降的幅度、暂降的时间、DVR 中直流电容器的大小（或储能部件的容量）等诸多因素有关。目前 DVR 装置已经可以做到补偿持续时间很短（秒以下）的 100%电压暂降（即供电中断），即全容量补偿。根据 DVR 的原理，实现较长时间的全容量补偿是可能的，但很可能会丧失其对 UPS 的成本优势。

7.12.3　配电静止同步补偿器（DSTATCOM、ASVG）

配电系统传统的无功调压手段是电压调节器（如带负荷调压变压器）和固定或机械投切的并联电容器。两者配合使用可以达到无功调压的效果。调压变本身不产生无功，但可以改变无功分配，其响应速度慢，机械触点磨损大，运行维修量大。并联电容器运行也有诸多问题，电容器的切合产生过电压过电流。固定电容器又会在轻负荷、电压水平高时起到“推波助澜”的作用，当配电系统有谐波存在时电容器有发生谐波放大的危险。为解决配电系统中上述的无功调压问题以及其他电能质量（例如谐波，不平衡等）问题，DSTATCOM 作为定制电力装置被开发出来。

配电系统的DSTATCOM和输电系统的STATCOM同样是采用电压源逆变器以并联的方式接入系统，其原理完全相同。它是由一组或多组逆变器模块、直流电容器、滤波器及变压器构成的无功电源（见图 7–31），具有响应速度快的优点，不仅能发出容性无功还能发出感性无功，系统电压低落时也能保证额定无功电流功率。两者的主要不同是：

（1）容量较小的 DSTATCOM 可以采用绝缘栅双极晶体管（IGBT），兼有滤波功能；DSTATCOM 一般采用 PWM 的逆交器（模块化的结构）。

（2）DSTATCOM 向移动式和柱上式发展。

DSTATCOM 采用 IGBT 元器件及 PWM 技术的主要考虑是减少电磁元件的数量和设备的体积、尽量少用滤波电感电容，易于实现设备的模块化，从而减少因设备容量的不同而重新设计的工作量。DSTATCOM 的 PWM 采用循

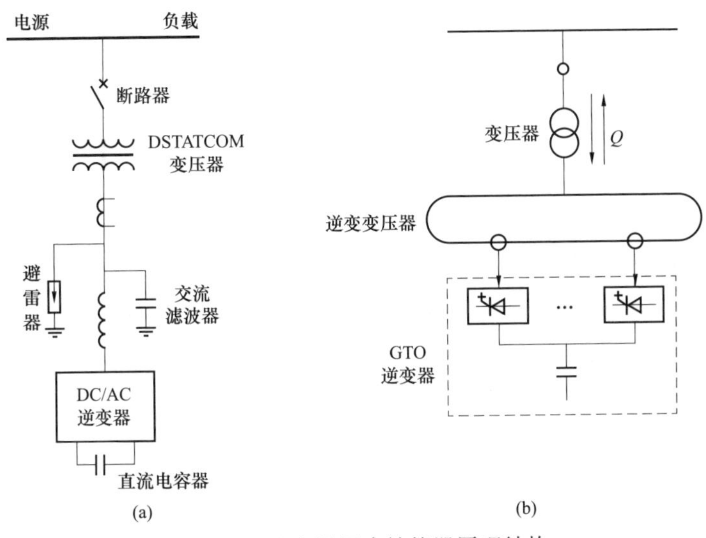

图 7–31　配电用同步补偿器原理结构

环帧（rotating frame）的控制技术，响应快，稳态调节精度高。为降低成本、简化控制板，采用了数字信号（DSP）作为控制系统的主元件。监控处理器和外围设备处理器用于顺序控制、监控和通信。DSTATCOM 有两种工作模式：电压调节模式和功率因数校正模式。在某些应用中，DSTATCOM 也能减小因负荷而产生的谐波以及不平衡问题。

美国西屋（Westinghouse）公司的 DSTATCOM 采用的元器件为 IGBT，并用 PWM 技术，如图 7–31（a）所示。图 7–31（b）为日本三菱公司的紧凑型 STATCOM 的原理结构，由于容量较大，仍用 GTO 元件，多重化结构。表 7–10 为该公司部分系列产品情况。

表 7–10　　　紧凑型 STATCOM 系列产品（日本三菱公司）

额定容量	±20Mvar±40Mvar±60Mvar±80Mvar
相数	3 相
额定电压	13.8kV，22kV，33kV*
额定频率	50Hz 或 60Hz
逆变器类型	PWM 电压逆变器（4．5kV4kA，GTO）
功能	电力系统稳定，电压偏差抑制 不平衡补偿，电压波动和闪变抑制 功率因数补偿

续表

冷却方式	纯净水封闭循环冷却**
系统特点	GTO 逆变，变换器，控制箱，冷却系统

* 使用升压变压器，额定电压可以达到 500kV，33kV 20Mvar 安装面积为 $70m^2$。

** 需要使用二次冷却水。

7.12.4 有源电力滤波器（APF）和混合型滤波器

（1）概述。消除谐波传统的方法是用电容、电感和电阻等元件构成的吸收谐波电流的无源型滤波器，但这类滤波器有不少缺点。例如：① 有效材料消耗多、体积大；② 滤波要求和无功补偿、调压要求有时难以协调；③ 滤波效果不够理想（特别是对非特征谐波有时还会放大）且易受元件或系统参数，以及电网频率等变化的影响；④ 装置的损耗较大；⑤ 在某些条件下和系统发生谐振引发事故。由于高功率大电流可关断的半导体器件（如 GTO、IGBT 等）的发展，促使有源滤波器（APF–Active Power Filter）实用化。这种滤波器设想向电网送入与原有谐波电流幅值相等、相位相同、方向相反的电流，使电源的总谐波电流为零，达到实时补偿谐波电流的目的。此外将有源和无源滤波器结合起来，各取所长，一种新型的混合型滤波器也引起了广泛的兴趣。下面分别就 APF 的原理结构等作一概要的介绍。

（2）原理结构。有源滤波器根据其与被补偿对象连接的方式不同而分为并联型和串联型两种。实际应用中多为并联型，故本讲义仅介绍并联型滤波器。

并联型有源滤波器的电路如图 7–32 所示，实际上为一逆变器。由于有源滤波器可以看作可控的电流源，因而可以主动快速（响应时间可在 5ms 以下）补偿负荷的谐波、无功功率和不平衡电流，而且这些不同的电流成分可以按需要分别补偿，从而使非线性负荷流入系统的电流为基波电流、基波正序电流或纯基波正序有功电流。但由于有源滤波器价格高，因此提出混合式滤波器方案。图 7–33 为一种混合型滤波器的原理图，它利用了无源滤波器，降低了有源滤波

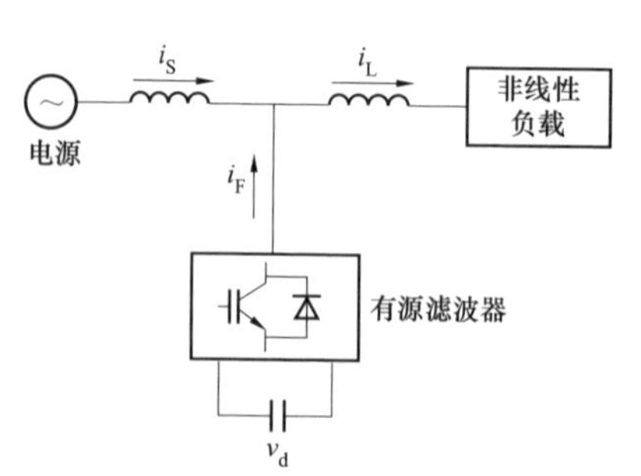

图 7–32 并联型电力有源滤波器原理图

器的容量，降低整个装置的造价。

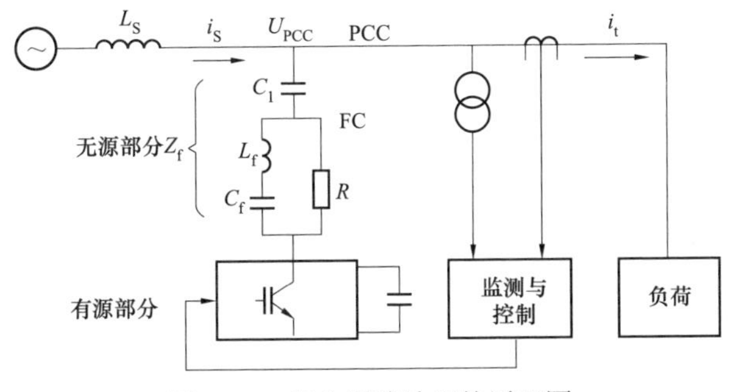

图 7–33　混合型滤波器的原理图

7.12.5　统一电能质量补偿装置（UPQC）

APF 可以解决负荷的动态电流质量问题，DVR 可以解决系统的动态电压质量问题，如果把 APF 和 DVR 组合起来，则可构成能同时补偿电压暂降、短时中断、谐波电流和谐波电压、电压闪变、系统不对称等电能质量问题的综合补偿装置，称为统一电能质量控制器（UPQC）。UPQC 的主电路结构如图 7–34 所示，分为串联单元、并联单元、直流储能单元三个部分，它既可用于三相系统，也可用于单相系统，给电压和电流波形都很敏感的重要负荷提供电源，还可以消除非线性负荷和冲击性负荷对系统的影响，相当于在负载和系统之间进行了隔离。

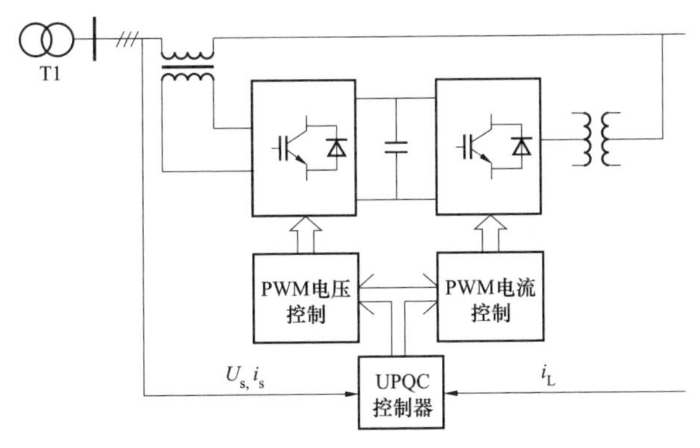

图 7–34　UPQC 结构

由于 UPQC 的串联和并联两部分共用直流单元，因此电网和装置之间必须进行隔离，否则会出现电容直通、相间短路等情况。现有 UPQC 采用的隔离方法基本上都是在并联或者是串联单元接入系统的地方增加隔离变压器。但由于变压器的非线性，它的引入也带来很多不利的因素，如增加损耗，谐波通过频带宽窄以及移相等影响 UPQC 的性能。目前 UPQC 研究的重点为并联部分与串联部分的协调控制，即并联部分为串联部分提供良好的功率支撑，维持直流侧电压的稳定。最终使并联部分能保证负荷向系统注入的电流为纯基波正序有功电流，而串联部分则确保为敏感负荷提供三相平衡，波形质量良好的电压。

7.12.6　固态切换开关（SSTS）

对于敏感负荷，为了保证可靠供电，一般需要供给两路独立的电源，一路运行，一路作为备用。一旦运行的电源出现故障，将敏感负荷迅速切换到另一路备用电源。固态切换开关就是完成这种工作的。图 7–35 为固态切换开关的原理图。主电源供电正常时，负荷通过主电源及快速开关 1 供电，固态开关 1 断开，固态开关 2 及快速开关 2 都处于断开状态，这样可以大大减小运行时的损耗。一旦检测到主电源电压异常，快速开关 1 迅速断开（一般为 4ms 以内）同时固态开关 1 触发导通，固态开关 2 等快速开关 1 断开后立即触发导通，固态开关 1 断开，然后再合上快速开关 2，等快速开关 2 合上后，断开固态开关 2，正常情况下让负荷通过快速开关 2 供电，以减小损耗。由备用电源切换到主电源的过程类似。但 SSTS 存在的问题是，双路电源要求独立，因为现代电网紧密联系，完全独立的电源几乎是不存在的，一般只能找到相对较为独立电源。

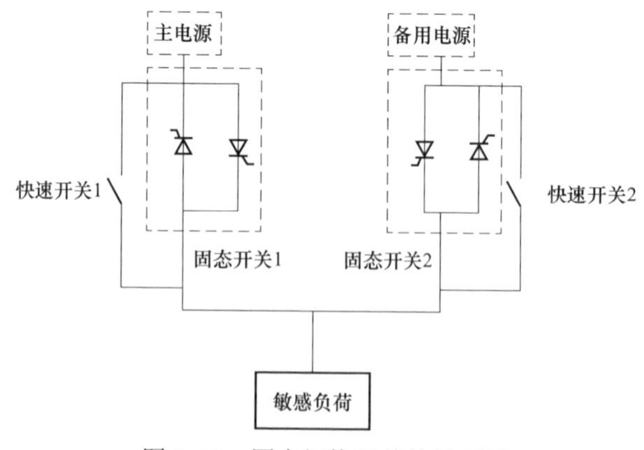

图 7–35　固态切换开关的原理图

7.12.7 电力电子变压器（PET）

PET 是一种基于电力电子装置和中、高频变压器的新型变压器，不但可以实现传统电力变压器的基本功能，而且还可以提供无功支撑、潮流控制、电能质量治理等辅助服务，有望在分布式电源接入领域获得广泛应用。

PET 的基本工作原理框图如图 7–36 所示。PET 通过电力电子装置将变压器一次侧（或者二次侧）多种类型的电源调制成中、高频功率信号，经中、高频变压器耦合，再由电力电子装置解调成为工频交流电源（或其他频率的交流电源、直流电源）。

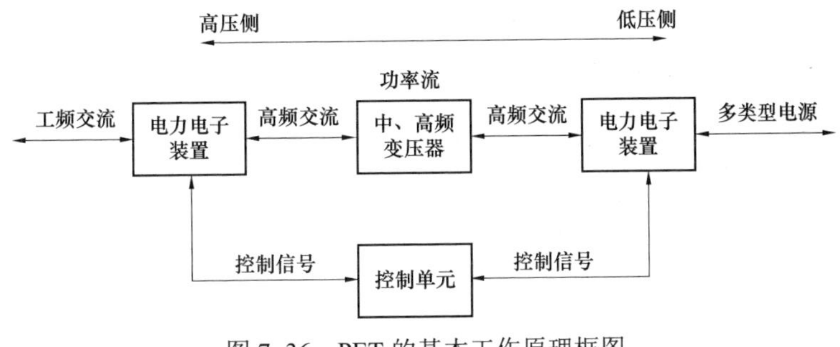

图 7–36 PET 的基本工作原理框图

PET 的单相典型结构如图 7–37 所示。高压级由 n 个 H 桥模块级联分压组

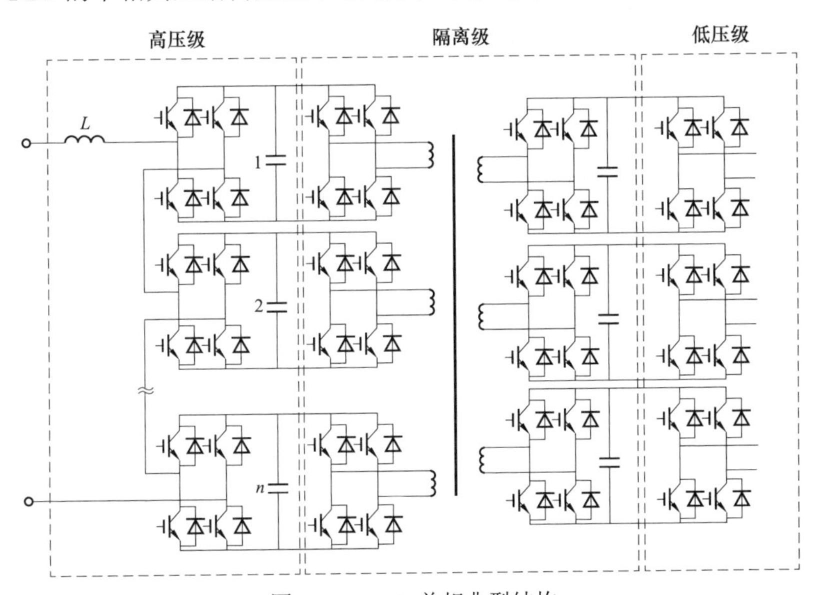

图 7–37 PET 单相典型结构

成，模块的个数主要由接入电压等级和直流母线电压等级决定；隔离级由 H 桥模块和中、高频变压器组成，该中、高频变压器可以是双绕组或多绕组结构；低压级主要由 H 桥模块串联或并联组成，低压级结构与用户供电电源需求有关。

PET 的控制策略可以分为高压级控制策略、隔离级控制策略和低压级控制策略。不管是高压级、隔离级还是低压级的控制策略，都是根据用户或电网对 PET 的功能需求而定。

7.12.8 智能型静止无功补偿器（IntelliVar）

在美国 PQS 公司开发成功 IntelliVar 产品前，静止无功补偿器是以多个设备，在现场组装连接成系统的，它包括阀及其冷却系统、控制系统、电抗器、电容器等，且主要用于输电系统或工业用户，极少用在配电系统。而 IntelliVar 将上述部件集成为一体，单相，容量为 0.7～1Mvar，运行电压为 4～20kV，柱上式，特别适用于配电系统使用。IntelliVar 包括有相控电抗器一组（即 TCR，50kvar 或 100kvar），可控硅投切电容器三组（即 TSC，每组容量 100～400kvar），以及控制器和远方通信设备。

四组可控硅阀及均压电路、可控铁芯电抗器与电容器串联的空心电抗器，全部制成为一体，浸入一 2m 高，0.5m 宽，0.5m 深的充油钢容器内。为使油充分散热，该钢容器接有两组散热器。电容器及其熔丝安装于钢容器外面。测量、控制及通信系统，装在一标准 NAMA 机箱中，通过支架固定在钢容器的外面。

由于浸入油容器的机芯包括的部件繁多，结构非常紧凑。在狭小的空间中，高低电位差大，要考虑绝缘问题，又要考虑散热问题，因此设计上有一定的难度。

该产品应用的特点：

（1）无需专门的建筑物或另外的机柜，降低了总造价；

（2）安装方便，直接并联在 10kV 高压线路上，控制系统也不需要另外的电源；

（3）为通用型，当系统运行条件变化时，很容易移到别的地方使用；

（4）运行简单，有自动启动程序，可在线对其工作状态、运行性能进行监控；

（5）工作方式，电压调节和功率因数校正两种方式；

（6）性能，在整个工作范围内可连续调节，响应速度快，1 周波。

7.13 电力储能技术

储能技术作为分布式发电、解决电能质量等领域的重要组成部分，已经得到了越来越广泛的关注。本节介绍目前关注最多且和电能质量控制关系密切的现代储能方式，并对未来储能技术的发展进行展望。

到目前为止，已经探索和开发了多种形式的储能方式，主要分为电化学储能、机械储能和电磁储能。电化学储能主要包括各种蓄电池储能；机械储能主要有抽水蓄能、飞轮储能和压缩空气储能；电磁储能有超导磁储能和超级电容器[8]。

7.13.1 电化学储能

铅酸蓄电池是最成熟的蓄电池技术，它是一种低成本的通用储能技术。随着电力电子技术的发展，使蓄电池的直流形式电能可以转变成交流电并入电网或供应交流用户。近年来，各种新型的蓄电池被相继开发，例如：钠硫电池、液流电池、锂离子电池以及钠/氯化镍电池、镍氢电池、新型铅碳超级电池，等等，并在电力系统中得到应用。现在一般用蓄电池储能可以解决电力系统高峰负荷时的电能需求和分布式发电系统中的能量存储，有时也用蓄电池储能来协助无功补偿装置，有利于抑制电压波动和闪变等。

7.13.2 机械储能

（1）抽水蓄能。抽水蓄能是目前技术上最完善、规模最大的储能技术，它对于平衡负载、稳定电网起十分重要的作用。它最早于 19 世纪 90 年代在意大利和瑞士得到应用，1933 年出现了电动—发电可逆机组，现代出现了转速可调机组以提高能量的效率。目前，全世界共有超过 90GW 的抽水储能机组投入运行，约占全球总装机容量的 3%。抽水蓄能电站可以按照地理环境条件选择适当容量建造，储存能量的释放时间可以从几小时到几天，其效率在 70%至 85%之间。我国在该领域起步较晚，20 世纪 90 年代开始进入发展期，我国兴建了广州一期二期、北京十三陵、浙江天荒坪等一批大型抽水蓄能电站。截至 2009 年底，我国抽水蓄能电站装机容量约为 1400 万 kW，占全国总装机容量的 1.6%。

抽水蓄能电站在应用时必须配备上、下游两个水库。在负荷低谷时段，抽水储能设备工作在电动机状态。将下游水库的水抽到上游水库保存。在负荷高峰时，抽水储能设备工作于发电机的状态，利用储存在上游水库中的水发电。一些高坝水电站具有储水容量，可以将其用作抽水蓄能电站进行电力调度。利用矿井或者其他洞穴实现地下抽水储能在技术上也是可行的，海洋有时也可以当作下游水库用，1999 年日本建成第一座利用海水的抽水蓄能电站。

（2）压缩空气储能。压缩空气储能（Compressed Air Energy Storage，CAES）主要由两部分组成：一是充气压循环，二是排气膨胀循环。在夜间负荷低谷时段，电动发电机组作为电动机工作，驱动压缩机将空气压入空气储存库，典型压力为 7.5MPa；白天负荷高峰时段，电动发电机组作为发电机工作，储存的压缩空气先经过回热器预热，再与燃料在燃料室里混合燃烧后，进入膨胀系统中做功（如驱动燃气轮机）发电。压缩空气储能原理如图 7–38 所示。

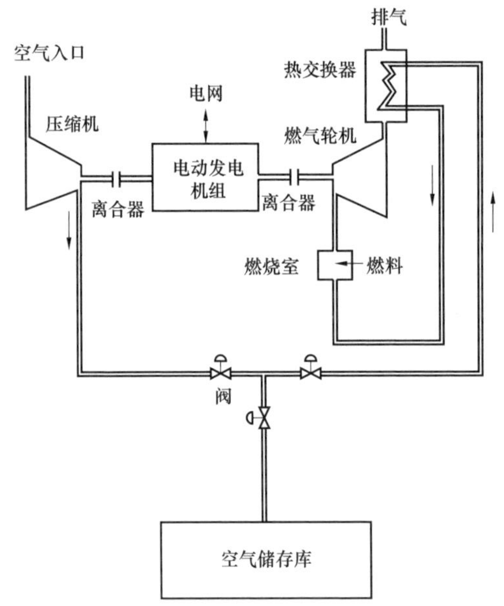

图 7–38　压缩空气储能原理

到目前为止，只有德国、美国、日本和以色列建成过压缩空气储能示范性电站。德国在 1978 年建成了世界上第一个压缩空气储能电站，压缩时输入功率约为 6 万 kW，发电时的输出功率为 29 万 kW。压缩机每 4h 的压缩空气量可供 1h 发电用，它可连续发电 2h，燃料采用的是天然气。尽管压缩空气储能的储存效率（超过 70%）略高于抽水蓄能，但它需要相当巨大的空气储存库，理想储存深度为 150～900m，可以储存在岩盐或岩石中的人工洞穴中，也可储存在天然的疏松含水层中。因受地理条件的限制，并且需要配以天然气或油等非可再生一次能源，技术上较复杂，至今的进展不大。

（3）飞轮储能。大多数现代飞轮储能系统都是由一个圆柱形旋转质量块和包括磁悬浮轴承的支撑机构组成的。采用磁悬浮轴承的目的是消除磨擦损耗，提高系统的寿命。为了保证足够高的储能效率，飞轮系统应该运行于真空度较高的环境中，以减少风阻损耗。飞轮与电动机或者发电机相连，并通过交流—直流—交流（AC—DC—AC）变换的电力电子装置与电网连接，实现飞轮与电网之间的能量交换。飞轮储能的突出优点就是几乎不需要运行维护、设备寿命长、对环境没有不良影响，但其组成和技术相当复杂，造价也高。飞轮储能原理及飞轮本体结构如图 7–39 所示。

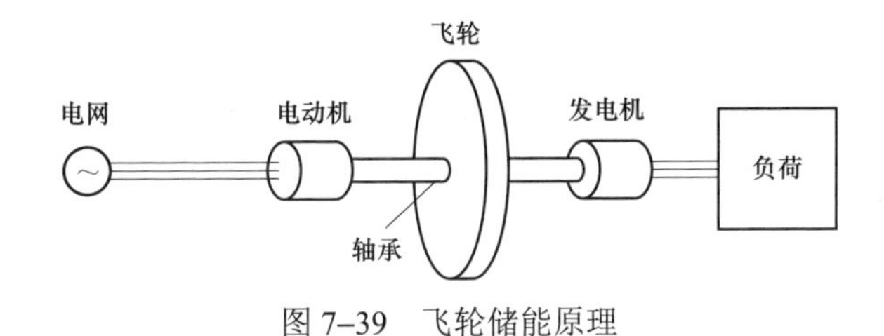

图 7–39　飞轮储能原理

目前国内外对飞轮储能在分布式发电中的应用进行了大量研究。在风力发电机中，风力发电系统并网运行的关键问题，是使风力发电机的输出电能保持频率、电压的恒定。将飞轮装置并联于风力发电系统的直流侧，利用飞轮装置吸收或发出有功和无功功率，能够改善输出电能的质量。而将飞轮储能系统应用于电力调峰则是另一个研究热点。德国和美国都研制出了用于电力调峰的大型飞轮储能系统。此外，作为一种储能供电系统，飞轮储能在太阳能、潮汐、地热等发电方面都具有良好的应用前景。飞轮储能技术正在向产业化、市场化方向发展。

7.13.3　电磁储能

（1）超导磁储能。早在 1911 年人们就发现了超导现象，但直至 20 世纪 70 年代，才首次提出将超导磁储能（Super–conducting Magnetic Energy Storage，SMES）作为一种储能技术应用于电力系统。超导磁储能由于具有快速电磁响应特性和很高的储能效率（充/放电效率超过 95%），很快引起了科技人员的注意。其原理是利用由超导线制成的线圈，将电网供电励磁所产生的磁场能量储存起来，在需要时再将储存的能量送回电网或作他用。

SMES 单元由一个置于低温环境的超导线圈组成，低温是由包含液氮或者液氦容器的深冷设备提供的。功率变换/调节系统将 SMES 单元与交流电力系统相连接，并且可以根据电力系统的需要对储能线圈进行充放电。

超导储能与其他储能技术相比具有显著的优点是：① 可以长期无损耗储存能量，能量返回效率很高；② 能量的释放速度快，通常只需几毫秒；③ 容易实施对电网电压、频率、有功和无功功率调节。

但是与其他的储能技术相比，目前 SMES 仍很昂贵，除了超导体本身的费用外，维持低温所需要的费用也相当可观。然而，如果将 SMES 线圈与现有的柔性交流输电装置（FACTS）相结合可以降低变流单元的费用，这部分费用一般在整个 SMES 成本中占最大份额。已有的研究结果表明，对输配电应用而言，微型（＜0.1MW·h）和中型（0.1～100MW·h）SMES 系统可能更为经济。使用高温超导体可以降低储能系统对于低温和制冷条件的要求，从而使 SMES 的成本进一步降低。目前在世界范围内有许多 SMES 工作正在进行或者处于研制阶段，其中绝大部分为低温超导储能装置。

超导储能今后主要的研究方向是：变流器和控制策略，降低损耗和提高稳定性，开发高温超导线材（HTS），失超保护技术等。

（2）超级电容器储能。电容是电力系统中广泛应用的一种设备。与常规电容器相比，超级电容器具有更高的介电常数、更大的表面积或者更高的耐压能力。超级电容器（Super capacitor）是 20 世纪 60 年代率先在美国出现，并在 80 年代逐渐走向市场的一种新兴的储能器件。由于使用特殊材料制作电极和电解质，这种电容器的存储容量是普通电容器的 20～1000 倍，同时又保持了传统电容器释放能量速度快的特点。这使它们成为未来储能应用的很好候选方案。

目前，超级电容大多用于高峰值功率、低容量的场合。超级电容器安装简单，体积小，并可在各种环境下运行（热、冷和潮湿），现在已经可为低功率水平的应用提供商业服务。

7.13.4 各种储能技术的比较

表 7–11 给出了各种储能技术发展现状及合适的应用范围。

表 7–11　　各种储能技术比较

储能类型		典型额定功率	额定功率下放电时间	应用场合
机械储能	抽水蓄能	100～2000MW	4～10h	调峰、日负荷调节、频率控制和系统备用
	CAES	10～300MW	1～20h	调峰、调频、系统备用、平滑可再生能源功率波动
	飞轮储能	5kW～10MW	1s～30min	调峰、频率控制、UPS、电能质量调节
电磁储能	SMES	10kW～50MW	2s～5min	电能质量调节、输配电系统稳定、抑制振荡
	超级电容器	10～1000kW	1～30s	电能质量调节（与 FACTS 结合）
电化学储能	铅酸电池	1kW～50MW	1min～3h	电能质量调节、备用电源、黑启动、UPS
	液流电池	5kW～100MW	1～20h	备用电源、能量管理、平滑可再生能源功率波动
	锂离子电池	千瓦级至兆瓦级	1min～数小时	电能质量调节、备用电源、平滑可再生能源功率波动
	钠硫电池	100kW～100MW	数小时	能质量调节、备用电源、平滑可再生能源功率波动

7.13.5　储能技术展望

目前，大规模储能技术水平与电力系统的巨大需求之间存在较大差距，需要积极弥补。适合新能源接入应用的储能技术主要是抽水储能、压缩空气储能和电化学储能。目前只有抽水蓄能技术相对成熟，而其他储能技术还处于试验示范阶段甚至初期研究阶段，其中，钠硫电池、液流电池、锂离子电池等新型电化学储能技术水平进步较快，具有巨大的发展潜力和广泛的应用前景，正在向模块化、电站化方向发展。面向分布式应用的功率型储能技术，则呈现新型电池储能、超导磁储能、超级电容器储能、飞轮储能等多种储能技术协同发展的格局，并向结构紧凑、控制智能、接入灵活的方向发展。通过试验示范和实际运行，大规模储能技术将日趋成熟，在削峰填谷、提高电网技术稳定性、改善电能质量等方面发挥愈加重要的作用。

7.14　优质电力园区的基本概念

优质电力园区(PPP)是一种包含“用户至上”经营理念的新型电力技术，通过监测园区电网的电能质量，区分用户的不同电能质量需求；通过对电网进行合理规划、改造和安装 SSTS、DVR、DSTATCOM 和 APF 等电能质量治理设备加装适当的储能装置或备用电源等多种方法，为用户提供基本服务、附加服务和优质服务等不同等级的电能质量服务水平。用户可根据自身的需要选择不同的服务等级。

优质电力园区的基本配置方案可分为三种：

（1）集中式 PPP 系统。电力用户分组后集中地由当地配电系统来控制。所有电能质量治理设备都装在一处，园区内部形成不同的电能质量等级通过馈线进行分配。

（2）分布式 PPP 系统。在这个方案里，电能质量设备（PQD）从系统移至园中并安装在使用地点，根据用户的具体需求在用户侧安装并联和串联设备。

（3）集中分布混合式 PPP 系统。它从电网和用户两方面同时进行电能质量的治理，通过供电企业与用户的协调配合，实现高可靠性、高电能质量且投资少，调度管理灵活的电力供应。

随着定制电力技术和储能装置研究的不断深入以及相关产品的推广应用，国内正在积极开展优质电力园区模式的研究与探索。

由供电部门联合企业用户，共同寻求治理现代电能质量问题和提高供电可靠性是未来的发展趋势。在高科技产业园区实现优质电力园区建设是解决园区电能质量问题的必由之路。

7.15 减小暂降影响的技术措施

实际系统中，危害性较大的电压暂降主要是由系统短路故障引起的，它的传播距离远、暂降幅值大。输电线路短路故障将会影响相关配电系统的电压质量，即使是配电系统的短路故障，也会引起相邻馈线的电压暂降。因此，一方面采取措施降低系统短路故障的发生率，以减少发生电压暂降；另一方面在短路故障发生后，合理地控制短路电流的大小及持续时间，这样也会减少因电压暂降造成的损失。在系统侧降低电压暂降危害程度的相关措施主要与继电保护设备和网络结构有关。比如：

（1）增加继电保护的动作速度。

（2）采用故障限流器，以提高故障电压。

（3）合理配置线路中的自动重合闸和熔断器。

（4）采用不同来源的双支路供电。

（5）调整运行方式，修改馈线布局结构。

（6）架空线入地、沿线树枝修剪、防雷接地保护的完善和管理等。

在用户侧减少电压暂降危害的最简单的方法是提高设备对电压暂降的承受力。然而这与设备制造商密切相关。相关的标准、指标至今还没有规范化，而且不同设备对不同的电压暂降所表现出的承受特性也不同。因此尽快协调电力公司、设备制造商以及用户对电压暂降相关标准的认同是重要而急迫的工作。

此外，在用户侧利用机械器件的转动惯性及大功率现代电力电子器件的快速投切特性，为治理电压暂降提供了新的途径。如

（1）电动—发电机组。由于转子的转动惯量较大，在一定程度上可以克服瞬间电压降的影响。

（2）飞轮蓄能系统。可以在相当范围内克服电能质量问题对负荷的影响。

（3）不间断电源（UPS）。将交流电整流后储存在蓄电池或其他储能装置中，然后再通过逆变器把直流变成交流向负荷供电。此外，还有动态电压恢复器（DVR）、固态切换开关（SSTS）、统一电能质量控制器（UPQC）和恒压变压器（CVT）等现代电力电子装置和设备。

7.16 降低有功功率冲击影响的技术措施

降低有功冲击负荷对发电机组的影响主要措施有：

（1）减小冲击负荷幅值，减少冲击频度。例如：电弧炉最大有功冲击发生在熔化期由于三相电极短路造成炉变开关跳闸，电弧炉有功功率瞬时从额定功率降为零。这种情况对于现代 UHP 炉尽管仍不可避免，但发生的概率已大大降低（较之普通电弧炉）。可以期望，随着冶炼工艺的改进，电弧炉电极控制系统响应速度进一步提高，可使这种严重工况发生概率很小，以至分析计算中可以不考虑，这就实际上降低了发电机组的有功功率冲击。另外，有多个冲击负荷的情况下，避免多个冲击严重工况的叠加（例如多台电弧炉熔

化期错开）也是一种可供选择的办法。

（2）如 4.5 节分析，有功冲击发生瞬间，是按电气距离远近来分配冲击功率的，即近区系统内发电机，不管其容量大小，将承受较大的有功冲击，这对于近区小机组的安全运行是最有威胁的，如果通过分析计算存在这种工况，则可采取改变运行方式，增加电气距离来避免这种工况。

（3）增加装机容量或扩大电力系统。系统越大，负荷冲击功率相对就越小，则引起的频率变化也越小。1987 年某钢厂要投 45MW 轧机冲击负荷，电网装机容量仅为 294MW，计算频降达 0.426Hz，后来将某钢厂电网与主网联网，装机容量达 2200MW，计算频降仅 0.047Hz。

（4）改进调速系统。汽轮发电机的调速器是控制电网频率的关键设备，其性能和灵敏度直接和频率偏差相关。一般老机组均用离心式调速器，灵敏度不好，有的在频率下降 0.4Hz 时才开始动作，难以适应频繁的冲击负荷下快速调整出力的要求。现代功频电液调速装置，失灵区可以小于 0.05Hz 左右，会大大提高频率控制的精度，快速平息有功功率波动。

（5）改善无功功率平衡，抑制电压波动。如上所述，电弧炉冲击使有功功率不平衡，会导致频率波动，若系统无功电源不足也影响无功功率的平衡。经验表明，频率下降 1%时，电压相应下降 0.8%～2%。因此在解决频率偏差的同时，应对无功平衡和电压予以足够重视，应没法同时解决。

（6）使电力系统保持足够的备用容量。工程计算证明，有功冲击引起的频率变化随着备用容量的减小而增大。我国某些电力系统在缺电时，为了减小限电，往往在备用容量上做出牺牲，这对冲击负荷引起的频率变化是不利的，应设法避免。

8 电能质量测量

8.1 概　　述

仿真计算与实际测量是了解电能质量问题的重要手段。由于许多随机、不确定因素存在，仿真计算主要用于电网与用户的规划阶段，当电网投入运行或者用户接入系统后，掌握电能质量真实情况的最有效办法是实际测量。本章扼要介绍电能质量测量方法和测量仪器的基本要求，并介绍现代在线监测系统的架构及设计要求[28]。

8.2 电能质量测量的方式

（1）连续监测。对重要变电站的枢纽点和供电点的电能质量实行连续监测，监测的主要技术指标：频率、电压、电压波动和闪变、三相电压不平衡度、负序电流、谐波、电压暂降和暂升、有功和无功功率、功率因数。控制内容主要指当电压偏差、三相电压不平衡度、电网谐波等指标越限时，发出报警或控制指令。连续监测任务主要由安装在变电站内的电能质量监测仪完成。

（2）定时巡回检测。主要适用于需要掌握供电电能质量而不需要连续检测或不具备连续检测条件而采用的检测方式。根据重要程度一般一个月或一季度检测一次，主要由便携式电能质量分析仪或手持式分析仪完成。

（3）专项检测。主要适用于事故或异常分析，以及干扰源设备接入电网（或容量变化）前后的检测，用以确定事故或异常原因以及电网电能质量指标的背景状况和干扰发生的实际量，或者验证技术措施效果。此项监测任务一般由便携式电能质量分析仪完成。

8.3　电能质量监测仪器分类和特点

（1）电能质量远程监测仪。主要功能和特点：连续监测枢纽点和供电点的电压、电压波动和闪变、三相电压不平衡度、谐波电压、频率及用户注入电网的谐波电流和负序电流；电能质量指标超限报警及数据记录；完善的网络通信功能；实现对供用电方的双向监督和电能质量故障分析与录波。这类仪器在多点监测基础上组成区域电网监测网，但只能进行固定监测点测量。

（2）便携式多功能电能质量分析仪。主要功能和特点：输入通道多，动态范围大，多种触发方式；可以记录分析三相电能质量全部或多种指标，存储量大；应用窗口宽度可变的FFT，小波变换等先进的数据信号处理方法；良好的软件平台，具备二次开发能力；丰富的软件功能和方便的操作界面。这类仪器适用于专项测试，但不适合连续远程监测和多点监测。

（3）手持式谐波分析仪。主要功能和特点：单相电压、电流输入；测试分析电压、电流的基波有效值，真有效值，2～50次谐波，有功功率，功率因数；波形存储，回放，通信接口及软件。这类仪器适用于现场定期检验和非线性设备调试。

监测设备各项指标的准确度及计算公式见表8–1。式中，u为电压实际测试值；u_N为u的给定值；f为频率实际测试值，f_N为f的给定值；ε_u为电压不平衡度实际测试值，ε_{uN}为ε_u的给定值；ε_i为电流不平衡度实际测试值，ε_{iN}为ε_i的给定值；$u(i)_h$为第h次谐波电压（电流）实际测试值；$u(i)_{hN}$为$u(i)_h$给定值，P_{st}为短时闪变测试值，P_{stN}为P_{st}给定值；δ_u为电压波动测试值，δ_{uN}为δ_u的给定值。

表8–1　　准确度和准确度计算公式

项　目	准　确　度	计　算　公　式
电压偏差	A级0.2% B级0.5%	$\left\|\frac{u-u_N}{u_N}\right\|\times 100$（%）
频率偏差	0.01Hz	$\|f-f_N\|$
三相电压不平衡度	0.2%	$\varepsilon_u-\varepsilon_{uN}$

续表

项　目	准　确　度	计　算　公　式
三相电流不平衡度	1%	$\varepsilon_i - \varepsilon_{iN}$
谐波	A 级 B 级 （详见 GB/T 14549，见表 8–2）	$\left\lvert \frac{u(i)_h - u(i)_{hN}}{u(i)_{hN}} \right\rvert \times 100$（%）
闪变	5%	$\left\lvert \frac{P_{st} - P_{stN}}{P_{stN}} \right\rvert \times 100$（%）
电压波动	5%	$\left\lvert \frac{\delta_u - \delta_{uN}}{\delta_{uN}} \right\rvert \times 100$（%）

表 8–2　　谐波测量准确度等级

级别	被测量	条件	最大允许误差
A	电压	$U_h \geqslant 1\%U_N$ $U_h < 1\%U_N$	$5\%U_h$ $0.05\%U_N$
	电流	$I_h \geqslant 3\%I_N$ $I_h < 3\%I_N$	$5\%I_h$ $0.15\%I_N$
B	电压	$U_h \geqslant 3\%U_N$ $U_h < 3\%U_N$	$5\%U_h$ $0.15\%U_N$
	电流	$I_h \geqslant 10\%I_N$ $I_h < 10\%I_N$	$\pm 5\%I_h$ $0.5\%I_N$

注　1. U_N 为标称电压，I_N 为额定电流，U_h 为谐波电压，I_h 为谐波电流。

2. A 级频率测量范围为 0～2500Hz，相角测量误差不大于±5°或±1°·h；B 级用于一般测量。

8.4　影响电能质量测量准确度的几个因素

在电能质量测量中，除仪器仪表本身误差外，尚有以下几个重要因素影响测量结果。

8.4.1　电压、电流互感器

目前电能质量的测试中，一个重要的问题是电压、电流互感器（TV、TA）的特性直接影响测量结果的准确度。以目前所用的电力谐波仪为例，其电压输入范围 0～380V，电流输入范围 0～10A，不能直接测量高压信号，必须使用电压电流传感器，将其变为适合仪器测量的信号。具体来讲，电压互感器的二次电压为100V，电流互感器的二次电流为5A（500kV系统的TA二次电流为1A），可直接输入到分析仪的输入端，解决了电信号的电气隔离问题。但是TV、TA能否不失真地将原边的电压电流信号传到二次侧，是必须关心的问题。对于谐波测量，要求互感器有确定的频率响应，以便得到稳定和可确定的结果。常规的电流和电压互感器在基波频率下的特性很好确定。但在高频下的特性尚无充分研究。

（1）电流互感器。最普通的类型是铁芯为环形绕组的互感器。这些互感器一次侧通常只有单匝（母线），可以在铁芯中引入气隙以减少剩磁和直流电流影响。根据其结构，这种互感器的一、二次侧漏电感和一、二次侧的电阻很小。在正常运行情况下，互感器一、二次侧电流很小，远不能使铁芯饱和，经常处于磁化特性的线性部分运行。

电流互感器的频率响应实际上由互感器中存在电容及其与互感器电感的关系来确定。这个电容可以是匝间的、绕组间的或者杂散电容。这些电容的效应在等值电路中可以用一个与励磁支路并联的合适电容来模拟。

试验表明，虽然这个电容对高频响应有显著的影响，但对于50次谐波频率以下的影响是可以忽略不计的，因为这些频率以下的电容阻抗比励磁支路的阻抗大很多。

（2）电压互感器。电磁式电压互感器试验表明，对大约11kV电压运行的互感器，能得到1kHz和可能2kHz或3kHz的线性响应，且响应的精确性还与互感器的负载有关。一般情况下，6～110kV电磁式电压互感器可用于1000Hz及以下谐波频率的测量。

电容式电压互感器把一个电容分压器与一个电磁式电压互感器组合在一起。这个组合能使电磁单元的绝缘要求降低，可以节省相应的费用。由电容分压器提供的附加电容将影响互感器的频率响应。国标中已明确规定，在没有采取特殊措施的情况下，电容式电压互感器不能用于谐波测量。

根据谐波测量要求和电网实际情况，电压和电流互感器的相对误差（相对于被测量）应不超过5%。由于TV、TA的误差主要取决于变比的频率特性，因此在测量的频率范围内，变比的变化不应超过5%。当需要测量谐波功率方向时，TV、TA的谐波相角误差不应超过5°。

8.4.2 高精度谐波测量中的电阻分压器和电容式分压器

在高精度的谐波电压测量中建议采用电阻式分压器（U_N<1kV）或电容式分压器（U_N>1kV）。

（1）电阻式分压器。电阻式分压器对被测电压直接进行电阻分压（电阻分两段，$R=R_1+R_2$，R_2 为输出电阻，$R_1 \gg R_2$）取得所需的信号电压，输出端测量仪器或测量电路的输入阻抗足够大时，略去其影响后，基波及谐波的信号电压为

$$U_{2h}=\frac{R_2}{R_1+R_2}U_{1h}$$

对于谐波测量，其分压比应与频率无关，保持为常数。为此，分压电阻应为无感电阻。此外在测量较高的电压时，R_1 往往由若干段电阻组成，各点对地杂散电容随着离地面的高度而变化，会影响到高频谐波的测量精度，可采取对地屏蔽的方法使离散电容均匀分布，在通常的谐波频率测量时，其影响并不明显。

（2）电容式分压器。电容式分压器可用来测量高电压中的谐波成分，将电容分两段，$C=C_1+C_2$，C_2 为输出电容，$C_2 \gg C_1$。设输出端测量仪器或测量电路的输入阻抗足够大，略去其影响后，基波及谐波的输出信号电压为

$$U_{2h}=\frac{C_1}{C_1+C_2}U_{1h}$$

在谐波测量时分压比应与频率无关，为此，须减少分压器内部的电感。根据在500kV电网谐波测试时对电容分压器的有关研究，认为CBB22金属聚丙烯电容器的频率响应较好（2000Hz时为0.9%），而CJ11金属膜电容频响较差（2000Hz时为17%）。在220kV及500kV系统中，可利用电容分压器的原理测量谐波电压。具体做法是采用电流互感器套管的末屏电容 C_1，外接分压电容 C_2 抽取电压。一般测量仪器与测点距离较远，为便于信号传输，该抽取电压较高（如100V），至仪器处再进行二次分压。该二次分压可考虑电容分压或电阻分压，具体采用哪一种，需对包括测量仪器输入阻抗在内的整个分压系统的分压比和相角误差的频率特性进行分析确定。由于分压器是采用直接接入高电压系统，测量系统和高电压并未隔离，在实际测量中，为保证测量人员和测量仪器的安全，必须采用各种必要的安全隔离措施。

（3）信号传输。对于测量仪器远离测试点的谐波测量，必须设置被测信号的传输系统。在现场测量时，信号传输将会收到来自各种因素的静电和电磁干扰，前者通过电容耦合效应，后者通过电磁耦合作用产生。为防止干扰，传输线路一般采用双芯屏蔽电缆。屏蔽采用一点接地，避免因多点接地在地电阻上由回路干扰电流形成电位差出现在测量回路中。屏蔽接地与测量系统的接地之间应避免引起各种干扰和影响。

8.4.3 采样方式及其对测量算法的影响

电能质量参数测量的基础是数据采样，采样方式的选择对测量算法有很大的影响。采样可分为异步采样和同步采样。

（1）异步采样。异步采样也称定时采样，即采样间隔保持固定不变。采样频率 f_s 通常为电力系统标称工频 f_0 的整数倍 Nf_0，但电力系统运行中基频 f_1 可能发生变化而偏离 f_0，特别是对于小功率供电系统，其供电电网信号频率受负载影响有较大波动。这时采样频率 f_s 相对于基频 f_1 不再是整数倍关系，继续采用这种采样方式会给许多基于同步采样的算法带来误差。

解决这一问题的方式是采用一定的算法对计算的误差进行修正，或者改用同步采样方式。

（2）同步采样。同步采样跟踪系统频率的变化，采样频率 f_s 不再是恒定不变的，当系统频率发生变化时，通过动态调整采样周期 T_s 来实现 $f_s/f_1=N$ 为不变整数，以保证采样频率与信号频率同步。

实现同步采样的方法主要有两种：硬件同步采样法和软件同步采样法。硬件同步采样法即用数字锁相环技术实现同步采样。软件同步采样法，利用电力系统频率变化缓慢的特点，采用一定的算法实时计算系统频率，并根据计算结果调整采样频率，使其跟踪信号频率的变化，实现同步。在保证频率跟踪准确性的前提下，采用同步采样能提高电参量测量算法的精度。

8.5 电能质量指标的测量方法

对于同一个电能质量现象，保证监测设备测量结果的一致性是对电能质量监测系统的基本要求。为此，需要统一电能质量测量方法，保证测量和评估结果的一致性和可比性。本节主要讨论谐波、三相不平衡、电压波动和闪变、电压偏差、电压事件测量的基本方法。

8.5.1 谐波

非线性负荷从电网中吸收非正弦电流，引起电网电压畸变。和波形畸变相关的电能质量指标有谐波、间谐波和高次谐波，其数学定义如表 8–3 所示。谐波频率为基波频率的整数倍，谐波次数至 50 次。谐波幅值以均方根值表示。间谐波频率为基波频率的非整数倍。高次谐波：频率范围 2k～9kHz，中心频率为 2.1k～8.9kHz，带宽固定为 200Hz。

表 8–3　　　　波形畸变的数学定义

谐波指标项目	频　谱　分　量
谐波	$f = hf_1(0 < h \leqslant 50)$
间谐波	$f \neq hf_1(0 < h \leqslant 50)$
直流	$f = 0\text{Hz}(f = hf_1,\ h = 0)$
高次谐波	$f = 2000 + k \times 200\text{Hz}$ （k=0，1，…，35）

注　f_1 为基波频率，h 为谐波次数。

目前对于电力系统谐波的测量方法有很多，主要分为四种：基于傅里叶变换的谐波测量、基于瞬时无功功率的谐波测量、基于神经网络的谐波测量和基于小波分析的谐波测量。目前，在电力系统谐波测量仪器中实际应用的基本上都是比较成熟的傅里叶分析的算法。

IEC 标准和国家标准中对于谐波的测量也都规定采用傅里叶分析的方法。傅里叶分析方法的基本思想是用傅里叶级数表示非正弦连续时间周期信号，从而达到对信号进行谐波分析的目的。使用该方法测量谐波的主要优点是精度较高、使用方便。IEC61000–4–7 规定谐波频谱分析方法采用离散傅里叶级数法（DFT）。一个周期为 T 的函数可分解成无限个三角级数之和的形式，如式（8–1）所示。

$$
\begin{aligned}
f(t) &= c_0 + \sum_{k=1}^{\infty} c_k \sin\left(\frac{k}{N}\omega_1 t + \varphi_k\right) \\
&= c_0 + \sum_{k=1}^{\infty}\left(a_k \cos\frac{k}{N}\omega_1 t + b_k \sin\frac{k}{N}\omega_1 t\right)
\end{aligned}
\tag{8–1}
$$

$$a_{\mathrm{k}}=\frac{2}{T}\int_{0}^{T}f(t)\times\cos\left(\frac{k}{N}\omega_{1}t\right)\mathrm{d}t$$

$$b_{\mathrm{k}}=\frac{2}{T}\int_{0}^{T}f(t)\times\sin\left(\frac{k}{N}\omega_{1}t\right)\mathrm{d}t$$

$$c_{0}=\frac{1}{T}\int_{0}^{T}f(t)\,\mathrm{d}t$$

式中　ω_1——基波的角频率；

T——时间窗的宽度，T是在一个时域函数上进行傅里叶变换的时间段；

c_0——直流分量；

c_{k}——频率分量$f_{\mathrm{k}}=\frac{k}{N}f_1$的幅值；

f_1——基波频率；

k——相对于频率分辨率的次数，即相对频率基准（$f=1/T$）的阶数；

N——窗口宽度内基波周期的个数；

φ_{k}——谱线 k 的相角。

傅里叶变换会产生频谱混叠、频谱泄漏和栅栏效应。解决频谱泄漏问题的一种方法是采取加窗，加窗就是将原始采样波形乘以幅值变化平滑且边缘趋于零的有限长度的窗来减小每个周期边界处的突变。谐波测量中一般用到的窗函数为矩形窗和汉宁窗。由于矩形窗具有较好的频率分辨力，电网谐波测量一般采用与电网基波周期严格同步采样加矩形窗的傅里叶变换，谐波测量的基本时间窗宽规定为 10 周期。

（1）谐波和间谐波。用于电网的电能质量监测装置谐波测量的基本结构如图 8–1 所示。其中，输出 1 为 DFT 分析结果；输出 2：谐波与间谐波子组；输出 3：谐波组和间谐波组；输出 4：根据相关标准的限值检测测量结果的符合性。

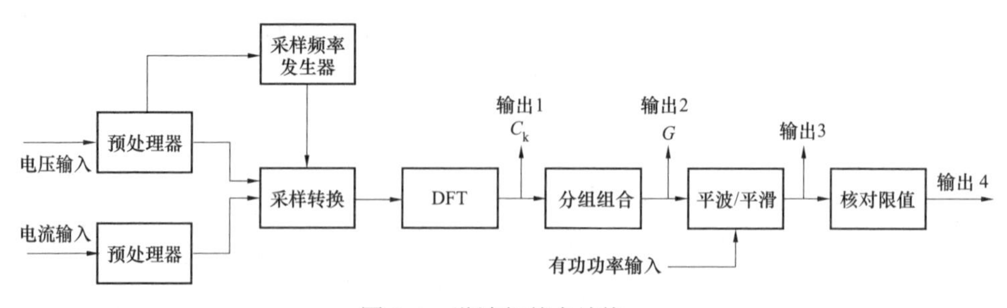

图 8–1　谐波仪基本结构

h 次谐波组方均根值 $G_{\text{eff},h}$ 由第 h 次谐波及其两侧对称的间谐波分量按式（8–2）计算，如图 8–2 所示。

$$G_{\text{eff},h}=\sqrt{\frac{C_{k-5}^{2}}{2}+\sum_{i=-4}^{4}C_{k+i}^{2}+\frac{C_{k+5}^{2}}{2}} \tag{8–2}$$

式中　$G_{\text{eff},h}$ ——h 次谐波组有效值；

C_k ——第 h 次谐波有效值；

$C_{k+1,2,3,4,5}$ ——紧邻第 h 次谐波右侧连续的第 1、2、3、4、5 个间谐波频谱分量有效值；

$C_{k-1,2,3,4,5}$ ——紧邻第 h 次谐波左侧连续的第 1、2、3、4、5 个间谐波频谱分量有效值。

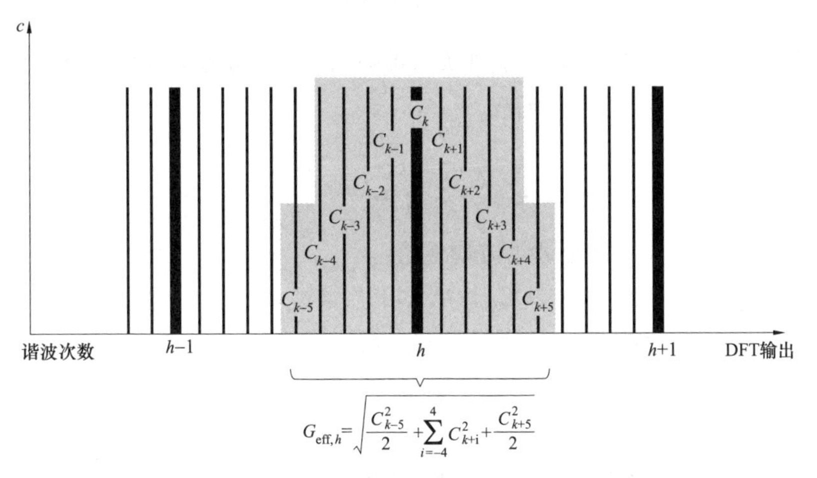

图 8–2　谐波组方均根值示意图（50Hz 系统）

h 次谐波子组方均根值 $G_{\text{rms},h}$ 由第 h 次谐波及其相邻的两个间谐波分量按式（8–3）计算，如图 8–3 所示。

$$G_{\text{rms},h}=\sqrt{\sum_{i=-1}^{1}C_{k+i}^{2}} \tag{8–3}$$

式中　$G_{\text{rms},h}$ ——h 次谐波子组方均根值；

C_k ——第 h 次谐波；

C_{k+1} ——第 h 次谐波右侧紧邻的第 1 个间谐波频谱分量；

C_{k-1} ——第 h 次谐波左侧紧邻的第 1 个间谐波频谱分量。

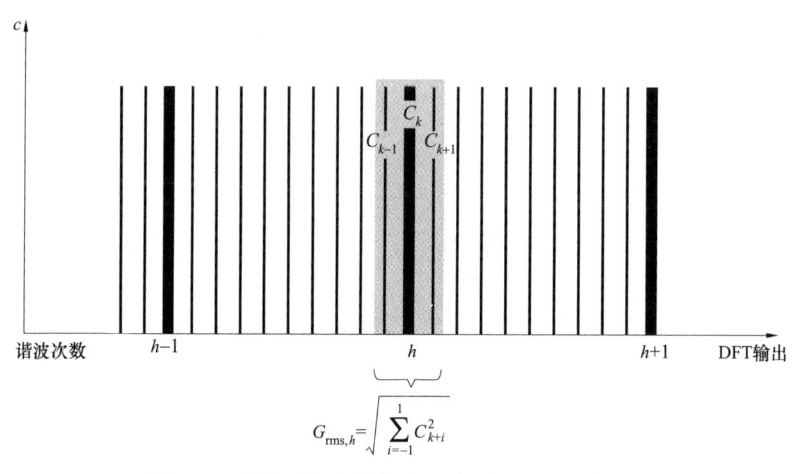

图 8–3　谐波子组方均根值示意图（50Hz 系统）

h 次间谐波组方均根值 $C_{\text{eff},h}$ 由 h 次谐波与 h+1 次谐波之间的间谐波分量按式（8–4）计算，如图 8–4 所示。

$$C_{\text{eff},h}=\sqrt{\sum_{i=1}^{9}C_{k+i}^2} \tag{8–4}$$

式中　$C_{\text{eff},h}$ ——h 次间谐波组方均根值；

$C_{k+1,2,3,4,5,6,7,8,9}$ ——第 h 次谐波 C_k 与第 h+1 次谐波 C_{k+10} 之间连续 9 个间谐波频谱分量。

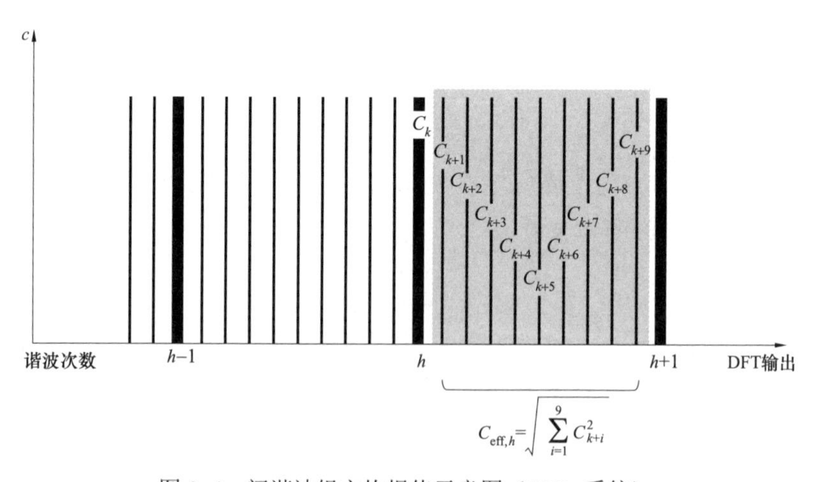

图 8–4　间谐波组方均根值示意图（50Hz 系统）

h 次间谐波子组 $C_{\text{irms},h}$ 由第 h 次谐波与 h+1 次谐波之间的间谐波分量按式（8–5）计算，如图 8–5 所示。

$$C_{\text{irms},h}=\sqrt{\sum_{i=2}^{8}C_{k+i}^{2}} \tag{8–5}$$

式中　$C_{\text{irms},h}$ ——h 次间谐波子组方均根值；

$C_{k+2,3,4,5,6,7,8}$ ——第 h 次谐波 C_k 与第 h+1 次谐波 C_{k+10} 之间不与其直接相邻的连续 7 个间谐波频谱分量。

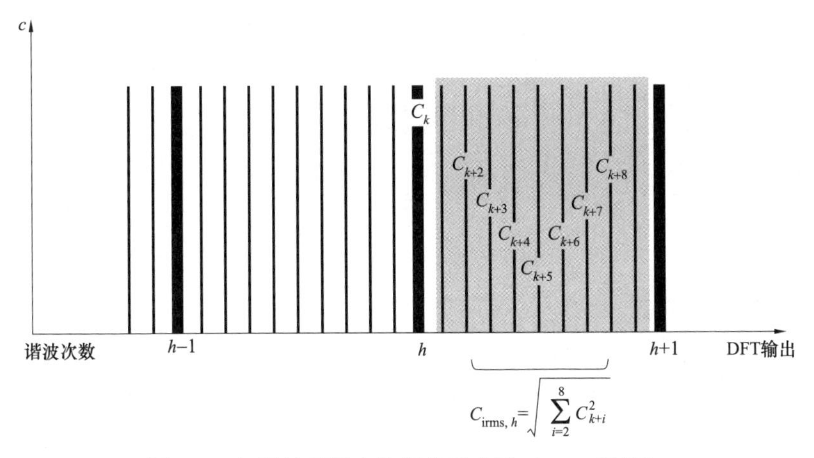

图 8–5　间谐波子组方均根值示意图（50Hz 系统）

（2）高次谐波。现代交直交传动的电力电子设备，例如高速动车组的谐波频谱较宽，2kHz 以上的高次谐波测量对电气化铁路电能质量特性分析十分重要。对于高次谐波测量，建议采样频率至少应大于 20kHz，测量的基本时间窗宽为 100ms，DFT 的频谱分辨率为 10Hz，采样信号无需与电网基波周期同步，与谐波测量方法的比较如表 8–4 所示。

表 8–4　谐波和高次谐波测量方法比较

	频率范围	谱线	时间窗	DFT 频谱间隔	子组	同步要求
谐波	0～2.5kHz	50	10 周期	5Hz	3 条 DFT 谱线	严格
高次谐波	2k～9kHz	35	100ms	10Hz	20 条 DFT 谱线	无

高次谐波根据式（8–6）进行计算，如图 8–6 所示。

$$G_b = \sqrt{\sum_{f=b-90}^{b+100} C_f^2} \tag{8-6}$$

式中　b——中心频率，如 2100Hz、2300Hz、2500Hz，最高中心频率为 8900Hz；

C_f——DFT 输出的频率 f 分量的有效值。高次谐波测量数目共 35 条。

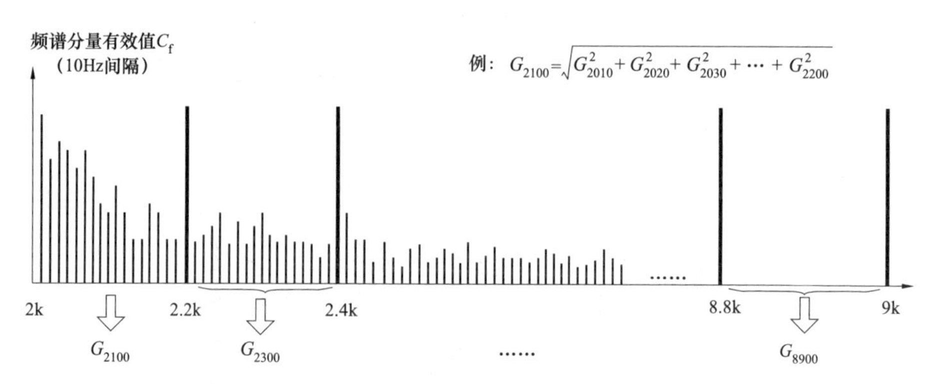

图 8–6　高次谐波的计算方法

8.5.2　三相不平衡

单相负荷接入三相对称的电力系统，将引起电网接入点三相基波电压/电流大小不相等和/或相角差不满足互差 120° 的关系。三相不平衡度包括负序不平衡度和零序不平衡度。负序不平衡度由电压负序分量与正序分量的百分比表示，如式（8–7）。零序不平衡度由电压零序分量与正序分量的百分比表示，如式（8–8）。

$$u_2 = \frac{U_{1,-}}{U_{1,+}} \times 100\% \tag{8-7}$$

$$u_0 = \frac{U_{1,0}}{U_{1,+}} \times 100\% \tag{8-8}$$

式中　$U_{1,+}$——基波的正序电压方均根值；

$U_{1,-}$——基波的负序电压方均根值；

$U_{1,0}$——基波的零序电压方均根值。

为了描述简单，以下的电气参量均是指基波分量，不再注明基波标识。

采用对称分量法分析，相电压的正、负、零序的表达式如式（8–9），线电压的序分量见式（8–10）。

$$\begin{bmatrix}\dot{U}_+\\ \dot{U}_-\\ \dot{U}_0\end{bmatrix}=\frac{1}{3}\begin{pmatrix}1 & a & a^2\\ 1 & a^2 & a\\ 1 & 1 & 1\end{pmatrix}\begin{bmatrix}\dot{U}_a\\ \dot{U}_b\\ \dot{U}_c\end{bmatrix} \tag{8-9}$$

$$\begin{aligned}\begin{bmatrix}\dot{U}_+\\ \dot{U}_-\\ \dot{U}_0\end{bmatrix}&=\frac{1}{3}\begin{pmatrix}1 & a & a^2\\ 1 & a^2 & a\\ 1 & 1 & 1\end{pmatrix}\begin{bmatrix}\dot{U}_{ab}\\ \dot{U}_{bc}\\ \dot{U}_{ca}\end{bmatrix}\\ &=\frac{1}{3}\begin{pmatrix}1 & a & a^2\\ 1 & a^2 & a\\ 1 & 1 & 1\end{pmatrix}\begin{pmatrix}1 & -1 & 0\\ 0 & 1 & -1\\ -1 & 0 & 1\end{pmatrix}\begin{bmatrix}\dot{U}_a\\ \dot{U}_b\\ \dot{U}_c\end{bmatrix}\\ &=\frac{\sqrt{3}}{3}\begin{pmatrix}e^{j30^\circ} & ae^{j30^\circ} & a^2e^{j30^\circ}\\ 1 & a^2e^{-j30^\circ} & ae^{-j30^\circ}\\ 0 & 0 & 0\end{pmatrix}\begin{bmatrix}\dot{U}_a\\ \dot{U}_b\\ \dot{U}_c\end{bmatrix}\end{aligned} \tag{8-10}$$

式中　$\dot{U}_a$、$\dot{U}_b$、$\dot{U}_c$——相电压的基波有效值；

　　$\dot{U}_{ab}$、$\dot{U}_{bc}$、$\dot{U}_{ca}$——线电压的基波有效值。

为电网供电的三相三线系统，三相电压的测量对象一般为线电压，线电压的特点是没有零序分量。因此，可以将基于线电压方均根值的不平衡度定义为式（8–11）所示的表达式。

$$u_2=\sqrt{\frac{1-\sqrt{3-6\beta}}{1+\sqrt{3-6\beta}}}\times 100\%,\quad \beta=\frac{(U_{ab}^4+U_{bc}^4+U_{ca}^4)}{(U_{ab}^2+U_{bc}^2+U_{ca}^2)^2} \tag{8-11}$$

式中　$\dot{U}_{ab}$、$\dot{U}_{bc}$、$\dot{U}_{ca}$——线电压的基波有效值。

8.5.3　电压波动与闪变

电网负荷变动可能引起电网方均根（有效值）一系列的变动或连续改变，即电压波动。电压变动幅度 d 和电压变动频度分别是衡量电压波动大小和快慢的指标。电压变动 d 的定义表达式为

$$d=\frac{\Delta U}{U_N}\times 100\% \tag{8-12}$$

式中　ΔU——电压方均根值曲线上相邻两个极值电压之差；

　　U_N——系统标称电压。

电压波动会引起灯光闪烁，严重时会刺激人的视感神经，使人难以忍受而情绪烦躁，这是直接对人体造成污染的电能质量问题。闪变则是电压波动

在一段时期内的累计效果，它通过灯光照度不稳定造成的视感来反映，主要由短时闪变 P_{st} 和长时间闪变 P_{lt} 来衡量。

纵观电压波动和闪变的标准，国际上的趋势是逐步以 IEC 的闪变值为主，绝大部分闪变仪采用 IEC61000–4–15 测量方法。我国国标也由 GB 12326—1990 引用日本的ΔV10 指标改为目前引用 IEC 的闪变指标，以和国际标准接轨。

IEC 的闪变检测方法为平方解调法，其基本原理是将输入电压进行平方运算后，经过解调滤波器取得波动信号，这非常适合于利用数字信号处理的方法实现。检测过程总体上可以分为 3 个部分：第 1 部分为电压输入适配调整；第 2 部分模拟视觉系统模型，即灯—眼—脑反应链的频率响应特性，主要包括带通滤波、视感度加权滤波及平滑平均滤波；第 3 部分为测量到瞬时闪变视感度的统计分析。闪变的统计计算可参照图 8–7 所示的流程图。

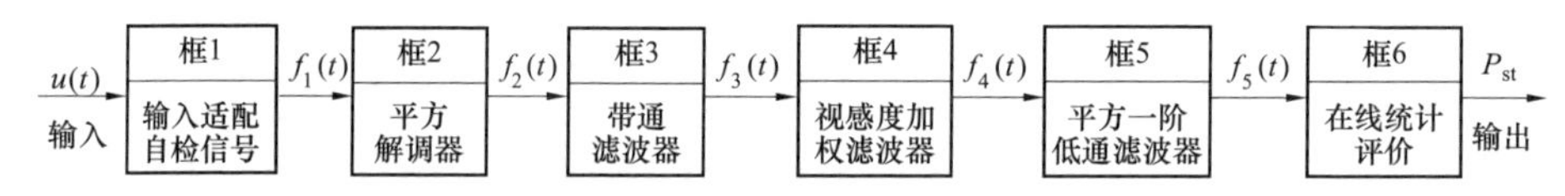

图 8–7　闪变的统计计算流程图

8.5.4　电压偏差

电力系统中的负荷以及发电机组的出力随时发生着变化，电网结构也随着运行方式的改变而变化，在系统运行中的任何时刻，电源供给的功率与系统需求的有功功率和无功功率都应相平衡。系统各节点的电压水平与电力系统中无功功率潮流密切相关。电压偏差则指系统在正常运行条件下，某一节点的实际运行电压与系统标称电压之差对系统标称电压的百分数（%）。供电电压偏差是通过连续测量，最终按式（8–13）计算获得

$$\text{电压偏差（\%）}=\frac{\text{电压测量值}-\text{系统标称电压}}{\text{系统标称电压}}\times 100\% \qquad (8\text{–}13)$$

式（8–13）中测量电压有效值的基本时间窗口规定为 10 个周波，并且每个测量时间窗口应该与紧邻的测量时间窗口接续而不重叠。

8.5.5　电压事件

电压事件包括电压暂降、电压暂升、电压短时中断和电压长时中断。

电压暂降是指供电电压有效值突然降低到标称值的 90%至 10%之间，然后在很短时间内恢复正常的现象。暂降电压深度和持续时间是描述电压暂降的两个主要指标。电压暂降的持续时间通常在 10ms～1min 之间；电压暂降的深度指电压暂降期间最小有效值与标称电压的差值，标称电压±10%之内的电压变化，不属于暂降。

电压暂升是指，电压有效值上升至标称值的 110%以上，持续时间为 0.5 个周期至 1min 的现象。

短时中断是指电压有效值降至标称值的 10%以下，持续时间 10ms～3min 的现象。

长时中断是指电压有效值降至标称值的 10%以下，持续时间 3min 以上的现象。

电压事件的监测一般采用半周期刷新有效值方法，即从基波过零处开始计算，每半个周期进行刷新的电压方均根值。

电压暂降、暂升和电压中断等电压事件的测量与判断阈值为标称电压的百分数。

8.5.6 标记

在事件型电能质量的暂态过程中，往往伴随着衰减的高频振荡和不平衡等现象。此时得到的电网的稳态电能质量数据将是一些不可信的信息。为了防止单一事件时不同电能质量参数重复记录的现象，IEC61000–4–30 电能质量测量方法的标准中引入了“标记（flagging）”概念，就是对电压暂降、电压暂升或者电压中断发生过程中，谐波及间谐波、不平衡、电压波动与闪变、供电电压偏差等稳态电能质量指标的测量结果作出标记。然后，在进行稳态电能质量指标统计时剔除标记数据，以剔除事件型电能质量问题对稳态电能质量数据的影响。

8.5.7 时钟同步

为了保证监测数据的一致性和可比性，监测终端时钟应与世界标准时间同步，测量结果则以绝对时间作标签。供电电压幅值、谐波、间谐波、不平衡的统计值（如 3s 值、10min 值、2h 值）以 10 周期计算值为基础，在每个绝对 10min 时刻重新开始时钟同步。若是 10s 值计算（只适用于频率测量），在每个绝对 10s 钟时刻重新开始时钟同步。

8.6 电能质量在线监测

8.6.1 概述

电能质量在线监测系统由电能质量监测终端、信息通道以及服务站和客户端组成，是电能质量状况分析、评估和管理的有效手段[25]。通过实时监测电能质量，能够为相关部门提供及时有效的电能质量数据，这些数据的获得和发布将大幅提高管理部门的工作效率。同时，通过长期监测、积累实测数据监测报告，掌握电能质量特性及其影响规律，可为研究制定供电方案和供电规划提供参考，为制定科学合理的综合治理技术提供基础资料。

8.6.2 电网电能质量监测系统需求

电力系统分区分层的管理方式要求电网电能质量监测系统具有分布式结构，以满足电网分散性监测的要求，并能够方便快捷地增加/移除电网监测点终端，以适应电网的快速发展。同时，监测系统还应适应电力系统分层管理体制，层级子系统之间应能够根据其职能范围实行分层管理、数据共享和互相监督。

电能质量监测系统建设可能覆盖某个地区电网、省电网，甚至多个网省电网，而现有的各个电能质量监测系统之间通信规约差别较大，有选择 IEC 标准的，有选择国家标准的，也有自行定义要求的。因此，要实现监测信息的互联互通，应使系统参照有关的国家标准和国际标准统一规范，从而保证系统的开放性和可扩展性。

根据电网负荷的电能质量特点，可监测包括谐波、三相不平衡、电压波动与闪变、电压偏差、频率偏差、电压暂降等电能质量指标。考虑到指标的监测和存储时间要求，其数据量往往是巨大的。以谐波监测为例，一天一路（三相）电压和一路（三相）电流采集产生的数据就有约 110M。对于包含 100 个监测点的系统，五年的数据量可达到十几 TB。如此海量监测数据的存储、分析和处理是监测系统设计时需要考虑的重点。

为了对不同监测点、不同类型负荷监测点的数据进行时间和空间上的对比分析，则要求不同监测点监测数据具有同步性。此外，监测数据的同步性也是进行谐波和负序渗透分析、污染源定位等工作的前提。

8.6.3 监测系统架构

为满足电网电能质量监测的需求，监测系统应按照分层分布式结构组建，如图 8–8 所示。一个省级监测系统可覆盖多个区域电网，各监测终端接入相应区域的通信网络。监测终端的监测数据可送入区域电网服务站，或直接送入上一级电网服务站。通过系统的权限管理功能，可使不同级别的用户得到各自允许范围内的网络中任意监测点的监测或统计信息。

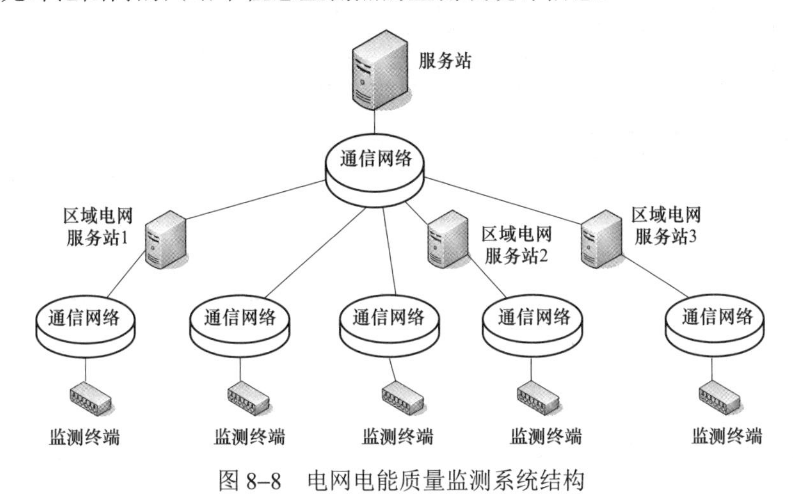

图 8–8 电网电能质量监测系统结构

监测系统的典型系统构成如图 8–9 所示。每个监测系统均分为监测设备层、服务层和客户层三个层次。

监测设备层由监测终端和适配单元（数据汇总与转发功能，可选）构成，具有监测数据采集的功能，以统一格式将数据传输至服务层。

服务层是电能质量监测系统的核心机构，它由若干个服务站构成，是监测设备层、客户层之间数据交互的纽带，具有监测数据管理与分析、系统维护、权限管理等功能；服务站通常包括数据库服务器、应用服务器、Web 服务器、通信服务器等。不同服务站之间通过网络互联实现数据交换。

客户层通过网络访问服务层，具有监测数据访问、浏览、查询等功能。

监测设备层、服务层和客户层之间通过通信网连接。根据各地电网建设实际情况，通信网络可包括电力广域网、专用的数据通信网或局域网。

不同监测系统通过服务层的通信服务功能相互关联，实现信息的互联互通，以及必要的互操作功能。

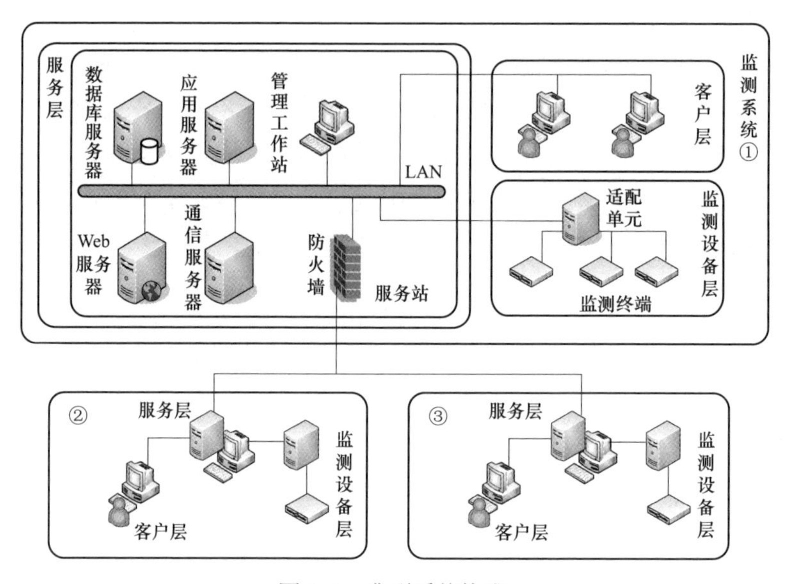

图 8–9　典型系统构成

8.6.4　监测系统的基本要求

（1）监测系统硬件。监测系统硬件（服务器、工作站、网络设备和配套设备等）应考虑可靠性、可维护性、开放性和可扩充性要求。计算机系统宜采用分布式结构，其中具有关键应用的计算机硬件应有冗余配置。互连网络也可采用冗余配置，以保证电能质量监测系统的可靠运行。系统各组成部分间的通信应以光纤以太网络为主干，每个电能质量监测终端设备宜具有固定的网络地址。

（2）监测系统软件。监测系统软件宜按多层次软件结构设计，遵循模块化设计原则，所选操作系统应具有开放性、高可靠性和安全性。除系统软件、应用软件外，还应配置包括数据库管理、人机管理、网络管理、系统管理等在内的支持软件，以及当地及远方在线故障诊断软件。监测系统还可包含扩展功能，例如电能质量事件源定位、事件原因分析以及治理决策等。

（3）数据采集。电能质量监测系统应具有按设定周期定时采集数据和按指令召唤即时采集数据两种监测终端电能质量数据采集方式。其中指令召唤采集方式应具有召唤事件数据、实时数据和历史监测数据的功能。

电能质量监测过程中，发生指标超标、电压事件等情况下，可能需要进行相应的波形记录。鉴于 IEEE 工作组制订的记录动态波形数据信息的 COMTRADE 文件格式的广泛应用，电能质量监测系统应能支持 COMTRADE 格式录波数据的导入和导出。

（4）数据存储。对于电网电能质量监测系统，海量监测数据的存储是一个比较重要与困难的问题。监测系统应能完整存储监测终端上传数据，支持灵活设定历史数据存储周期的功能；存储介质应采用冗余配置，并有定期利用磁盘阵列、光盘刻录等方式进行数据备份的功能；数据服务器应具有保存最近 2～5 年的完整历史数据的功能，对于 2～5 年以上的数据宜采用备份存储；数据存储宜采用压缩存储形式，应遵循数据先进先出原则。

（5）数据分析处理。数据分析与处理是电网电能质量监测系统的核心工作，电能质量监测系统应具有对终端上传的监测数据进行数据校验、统计、计算、显示、查询、导入导出与报表的功能，具体要求为：① 数据处理。系统应具备数据合理性检查和处理功能，支持基本代数运算，具有将历史数据导出成典型文件格式（如 EXCEL 文件格式）的功能。② 统计计算。系统可以统计指定时段间隔内的测量值的最大值、最小值、平均值、95%和 99%概率值、越限次数、越限率、合格率，并支持 ITIC 曲线、SEMI 曲线和 SARFI 指标。系统应可对统计过程设置告警值，当统计值达到告警值时则发出告警信号。③ 图形显示。系统应能支持电能质量参数的图形、表格、曲线、棒图、饼图等表达形式，支持告警推画面功能，可进行画面拷贝，并可同画面显示不同监测点的数据信息。④ 数据查询。系统可按电网区域条件查询，按电网层次结构条件查询，按负荷类型及接入点电压等级等查询，按对象单个属性条件或多个属性组合条件查询。⑤ 报表。系统应具有根据设定报表格式进行报表的自动形成、修改、上传的功能。

（6）数据通信。数据通信是电网电能质量监测系统中的重要环节。IEC61850 作为基于网络通信平台的变电站自动化系统唯一的国际标准，未来将成为电力系统从调度中心到变电站、变电站内、配电自动化无缝连接的通信标准。同时 IEC61970 是目前以及未来电力系统控制中心唯一的应用接口标准。电能质量监测系统应引用 IEC61850 和 IEC61970 标准对系统通信与接口体系进行规范，根据电网监测系统的特点和结构特征进行必要的兼容扩展和约束性规定，形成与 IEC61850 和 IEC61970 兼容的、适用于该系统的通信与接口体系。

（7）其他。电能质量监测系统还应具有设置电网及负荷的基本信息、对监测终端参数进行远程设置、以 Web 网页形式发布电能质量监测或统计数据、独立完善管理用户权限、根据 GPS 信号进行系统对时以及当地或远程进行系统维护的能力。

监测系统应可利用监测数据，实现电网电能质量污区图绘制、电能质量事件诊断、负荷建模等高级应用功能。

9 电能质量的经济评估

9.1 概　　述

电能质量对国民经济和人民生活的影响与日俱增，不同质量指标偏离理想值的程度不同，对各种设备有不同的影响。从实用角度，电能质量指标可分为变化型指标（即和连续性扰动相关的指标）和事件型指标（即和突发性扰动相关的指标)。变化型指标主要有电压偏差、频率偏差、谐波、三相不平衡、电压波动和闪变等；事件型指标主要有电压暂降、暂升和短时（瞬时）断电等。可以采取不同措施解决电能质量问题。一般用相关的标准限值作为电能质量合格与否的判断依据，但还有许多情况，没有或不能用标准来判断，特别是事件型指标，目前还没有统一的标准。改善电能质量，既有技术效益，也有经济效益。标准规定的限值可以作为技术评估的准则，但不能作为经济效益的评判依据。经济效益的评估涉及的因素较多，且对改善电能质量措施的采用有时起关键的作用，值得深入研究。目前这方面发表的文献较少，特别是经济效益的预测分析，缺少相关的参考资料。本章对改善电能质量变化型指标和事件型指标的经济效益评估方法做了扼要论述，介绍了一些实用计算公式和经验参数，有助于全面地分析改善电能质量的节能降耗等经济效益。

9.2 电能质量变化型指标的经济评估

对于变化型指标评估电能质量降低造成的经济损失，包括：① 有功功率损耗和电能消费的增加；② 缩短电气设备的使用寿命；③ 使无功功率消耗增加，恶化功率因数；④ 加大供电系统设备容量，增大系统的投资；⑤ 使产品的质量降低、数量减少，降低劳动生产率以至破坏生产设备和工艺过程。

前四种损失发生在电力系统和用户主要电气设备上，即异步电动机、同步电机、电力变压器、电力线路和电力电容器上，电能质量一些主要指标对其影响可以计算出来[34, 35]，第⑤种影响对不同设备、不同行业、不同生产线差别很大，目前仅有一些经验数据，尚无定论。

本章不讨论电能质量恶化可能导致系统性事故的情况，也不对用户难以参与的频率偏差影响做经济评估。

9.2.1　电压不平衡和电压波形畸变造成的损失

（1）有功功率附加损耗 ΔP 估算

1）异步电动机和同步电机

$$\Delta P = \left(k'\varepsilon_{\mathrm{U}}^2 + k''\sum_{h=2}^{\infty}\frac{U_h^2}{h\sqrt{h}} \right) P_{\mathrm{N}} \tag{9-1}$$

式中　ε_{U} ——电压不平衡度（标幺值）；

U_h ——h 次谐波电压含有率（标幺值）；

P_{N} ——电机额定功率；

k'、k'' ——系数。

对于异步电动机　$k' = 2.41k_{\mathrm{m}}$；$k'' = 2.0k_{\mathrm{m}}$。

k_{m} 取值：功率 5kW 及以下　$k_{\mathrm{m}} = 3 + 0.3(5 - P_{\mathrm{N}})$；

功率 5～100kW　$k_{\mathrm{m}} = 1.0 + 0.021(1000 - P_{\mathrm{N}})$；

功率大于 100kW　$k_{\mathrm{m}} = 0.4 + 0.000\ 67(1000 - P_{\mathrm{N}})$。

对于同步电机：k' 和 k'' 值查表 9–1。

表 9–1　　系数 k'、k''、d''、d' 值

电　气　设　备	k'	k''	d''	d'
异步电动机	$2.41k_{\mathrm{m}}$	$2.0k_{\mathrm{m}}$	434	389
同步电机：				
汽轮发电机	1.86	1.77	1448	1223
凸极发电机和电动机：				
带阻尼绕组	0.68	1.12	531	677
无阻尼绕组	0.27	0.40	213	270
调相机	1.31	1.95	1022	1321

续表

电 气 设 备	k'	k''	d''	d'
电力变压器：				
系统联络用（35～220kV）	0.5	0.3	338	113
普通车间用（6～10kV）	2.67	1.62	610	207
专用车间用（6～10kV）	0.67	0.41	153	52
静止电容器组	0.003	0.003	2.6	2.6

2）电力变压器

$$\Delta P = \left(k'\varepsilon_{\mathrm{U}}^2 + k''\sum_{h=2}^{\infty}\frac{1+0.05h^2}{h\sqrt{h}}U_h^2 \right) S_{\mathrm{T}} \tag{9-2}$$

式中 S_{T}——变压器的额定容量；

k'、k'' 查表 9–1。

3）电容器组

$$\Delta P = \left(k'\varepsilon_{\mathrm{U}}^2 + k''\sum_{h=2}^{\infty} hU_h^2 \right) Q_{\mathrm{C}} \tag{9-3}$$

式中 Q_{C}——电容器的容量；

k'、k'' 查表 9–1。

4）电力线路。由不平衡、非正弦电流流过电力线而造成的附加有功功率损耗等于此工况下的有功损耗和平衡、正弦电流下通过线路的有功损耗之差

$$\Delta P = \left(3I_1^2 + 3I_2^2 + 1.41\sum_{h=2}^{\infty}\sqrt{h}I_h^2 \right) R - \Delta P_{\mathrm{S}} \tag{9-4}$$

式中 I_1 和 I_2——正序和负序电流有效值；

R——线路基波电阻值；

ΔP_{S}——线路通过对称正弦电流时有功损耗。

（2）电气设备使用寿命缩短倍数 γ 的估算。由于有功损耗增加，使设备绝缘运行温度升高，从而使设备绝缘使用寿命缩短。绝缘寿命可以用下式表示：

$$Z = c\exp(-b\theta) \tag{9-5}$$

式中 c 和 b——取决于绝缘材料的常数；

θ——绝缘运行温度。

若绝缘设计寿命为Z_N，相应的温度为θ_N，则在θ时寿命为Z。

相对寿命为

$$\overset{*}{Z}=\frac{Z}{Z_N}=\frac{c\exp(-b\theta)}{c\exp(-b\theta_N)}=\exp(-b\Delta\tau) \tag{9–6}$$

式中　$\Delta\tau=\theta-\theta_N$

一般用$\overset{*}{Z}$的倒数γ来反映寿命变化

$$\gamma=1/\overset{*}{Z}=\exp b\Delta\tau \tag{9–7}$$

γ称为寿命缩短倍数，因不平衡和谐波的影响γ值计算如下：

1）异步电动机和同步电机

$$\gamma=\exp\left(d'\varepsilon_U^2+d''\sum_{h=2}^{\infty}\frac{U_h}{h\sqrt{h}}\right) \tag{9–8}$$

式中　d'和d''查表9–1（下同）。

2）电力变压器

$$\gamma=\exp\left(d'\varepsilon_U^2+d''\sum_{h=2}^{\infty}\frac{1+0.05h^2+\dfrac{1.7}{\sqrt{h}}}{h\sqrt{h}}U_h^2\right) \tag{9–9}$$

3）电容器组

$$\gamma=\exp\left(d'\varepsilon_U^2+d''\sum_{h=2}^{\infty}hU_h^2\right) \tag{9–10}$$

9.2.2　电压波动和电压偏差造成的损失

（1）在工业企业电网中，电弧炉、电焊机和轧机等冲击性负荷会引起电压有效值的波动。由于电压波动引起的有功功率损耗的增加应根据电压有效值的包络线形状来评估。在轧机电网中，电压波动的包络线可视为周期性的，可以确定调制指数m，$m=(U-U_{min})/2U$，式中U和U_{min}分别为没有波动时电网电压值和调制时电压最低值，则波动引起的附加损耗为

$$\Delta P\approx 2m\Delta P_0 \tag{9–11}$$

式中　ΔP_0——没有波动时电网中有功功率总损耗。

一般$\Delta P/\Delta P_0\approx 0.05\sim 0.09$。

对于不规则冲击负荷（电弧炉、电焊机）引起的电压波动，其包络线是非周期性的，则其附加损耗和波动电流标准偏差标幺值$\overset{*}{D}_I$成正比（以额定电

流为基值）。

$$\Delta P=\overset{*}{D}_{\mathrm{I}}\,\Delta P_0 \tag{9-12}$$

一般在电弧炉电网中，$\overset{*}{D}_{\mathrm{I}}\approx 0.02\sim 0.1$（20t 以下小容量电弧炉取较大值，容量越大$\overset{*}{D}_{\mathrm{I}}$越小）。

（2）电压偏差引起有功功率损耗的增加，是一个十分复杂的问题，例如电动机在不同负载的情况下，电压偏差对其损耗影响就不同，作为对电网某节点粗略计算，可从用电流增量引起的附加损耗来估计。如果电网中线路和变压器等设备等效电阻为 R，则损耗 $P=3I^2R$，由于电压负偏差，引起电流增大ΔI，则$\dfrac{\mathrm{d}P}{\mathrm{d}I}=6IR$，得$\Delta P\approx 6IR\Delta I$，相对损耗

$$\frac{\Delta P}{P}=2\frac{\Delta I}{I}\approx 2\Delta\overset{*}{U} \tag{9-13}$$

式中　$\Delta\overset{*}{U}$——电压偏差标幺值（电压降低$\Delta\overset{*}{U}$应取“+”号）。

9.2.3　增加电网投资费用

在不平衡方式和考虑高次谐波影响时，电网中相应元件设计容量将加大，从而增加设备投资费用，其费用之差为

$$\sum_{j=1}^{m}\Delta z_{\mathrm{j}}=\sum_{j=1}^{m}(z'_{\mathrm{j}}-z''_{\mathrm{j}}) \tag{9-14}$$

式中　z'_{j}和z''_{j}——电网中第 j 个供电元件分别按不平衡畸变方式和对称正弦方式条件下选取的费用。

9.3　突发事件型指标的经济评估

当输配电系统中发生短路故障、感应电机启动、雷击、开关操作、变压器以及电容器组的投切等事件时，均可能引起供电电压的暂降、暂升和短时（瞬时）中断等一类的突发性事件，对敏感用户（以微电子技术为核心的负荷）造成危害。据统计，在欧美发达工业国，由电压暂降或短时（瞬时）中断引起电力用户对供电的投诉占整个电能质量问题投诉数量的 80%以上。

要解决这一类电能质量的危害，必须进行下列工作：① 掌握供用电系统产生这类事件的特性以及设备本身耐受特性；② 估算与电能质量突发事件相

关的损失费用；③ 提出可能采用的解决方案，评估这些方案的费用和效益；④ 按投资和效益综合最佳的原则，确定方案。

下面对以上四方面问题分别作扼要介绍。

9.3.1 供电系统特性以及设备耐受特性

首先了解供电系统受到的扰动种类和其发生的频度。对于大多数工业设备，最主要的扰动为电压暂降和短时断电，这些现象在电力部门可靠性统计中未被包括在内［我国供电可靠性指标中的停电是指供电电压幅值为零且持续时间超过 5min（有的国家规定为 1min 以上）的现象］。

对于设备处发生的电压暂降，一般用其幅值和持续时间来表征其特性。图 9–1 是发生在美国某个塑料制造厂电压暂降的幅值和持续时间电能质量事件的例子。图中同时绘出美国标准 SEMI F47 中所规定的半导体制造设备耐受水平曲线，在曲线上方的事件，设备应能承受。此标准中的曲线也对其他许多工业有指导作用。图中加圆圈的数据点表示所发生的事件导致生产过程中断。显然，该工厂的设备还不能满足 SEMI F47 标准。

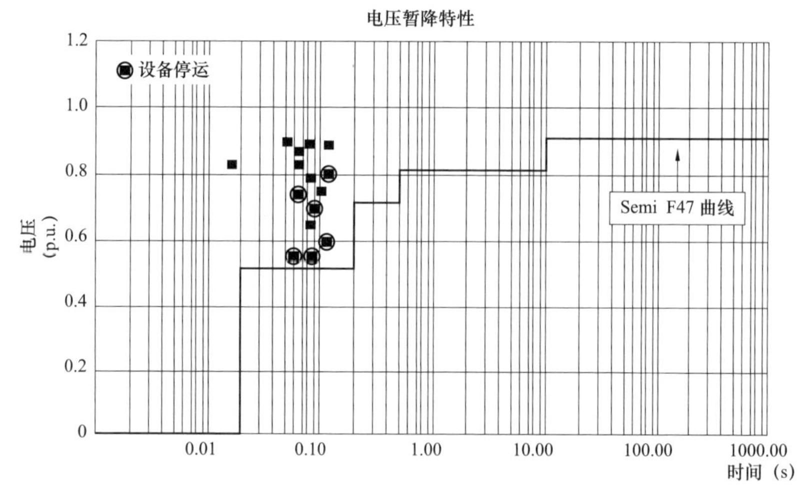

图 9–1 某制造厂电压暂降事件

（凡是引起生产过程破坏的事件，加圆圈表示）

由于电压暂降和中断事件是随机性的，这需要较长时间（例如 1～3 年）监测积累，而设备的耐受性，也是需要大量监测统计的（除非设备制造商能提供确切的耐受曲线）。而且还应考虑，供电系统的变化也将影响这些事件的发生次数以及幅值和持续时间。因此，提出一个合理的系统特性和设备耐受性并不是轻而易举的事。一般事件次数的期望值应利用 SARFI 指标（System Average RMS Variation Frequency Index），即在一定时间（例如一年）内电压暂降的幅值低于门限值（阈值）的频度统计值。只是目前国内尚未开展这方面工作，无从获取相关资料。

9.3.2 估计与突发事件相关的损失费用

对于事件型指标，评估电能质量造成的经济损失应包括：① 造成产品的直接损失（主要是指停产造成产量减少）；② 与劳动相关的损失，例如工作人员空闲、加班费、清理以及检修费用；③ 附加费用，例如设备损坏、失去商机费以及货物延误交付的罚款等。

考虑上述三类损失，就可以列出一个与某扰动相关的所有损失费用的明细表，求出一次扰动的损失费。对于经济分析，往往可以从暂时中断的损失费出发。表 9–2 是文献［36］提供的工业和商业各行业中每次暂时断电的损失费。

表 9–2　　　　暂时断电典型费用（$/kW 负荷）

类　别	暂时断电损失费（$/kW 负荷）	
	最　小	最　大
工业：		
汽车制造	5.0	7.5
橡胶和塑料	3.0	4.5
纺织	2.0	4.0
造纸	1.5	2.5
印刷（新闻报纸）	1.0	2.0
石油化工	3.0	5.0
金属生产	2.0	4.0
玻璃	4.0	6.0
采矿	2.0	4.0
食品加工	3.0	5.0
制药	5.0	50.0
电子	8.0	12.0
半导体制造	20.0	60.0

续表

类　　别	暂时断电损失费（$/kW 负荷）	
	最　　小	最　　大
商业：		
通信、信息产业	1.0	10.0
医院、银行、民用服务	2.0	3.0
餐馆、酒吧、旅馆	0.5	1.0
商店	0.1	0.5

各种费用一般随电能质量扰动的严重度（由幅值和持续时间两因素决定）而变。这种关系常可以用一个加权因子加以规定。利用一次暂时中断的费用作为基础提出加权因子。

通常，一次暂时中断会引起不采取某种技术措施的敏感设备或工序破坏（停运）。不同电压暂降常会造成不同影响，导致总停运中某个比例的停运。

如果电压暂降 40%，导致暂时中断造成经济损失的 80%，则对于 40%暂降的加权因子为 0.8。同样，若暂降至 75%仅造成中断损失费的 10%，则加权因子为 0.1。

对于一个事件，采用加权因子之后，事件的损失费就表示为一次暂时中断费用的标幺值。则若干加权事件可以综合，结果用等值暂时中断次数表达所有事件的总损失费用。

表 9–3 给出了一次调研所使用的加权因了实例。加权因子可以进一步扩充，将影响所有三相的暂降和仅影响一相或两相的暂降做区分。表 9–3 还把加权因子和期望的性能结合起来，以确定与电压暂降和中断相关的年度总费用。在本实例中该费用是一次中断的 16.9 倍。如果一次中断费用是$40 000，则与电压暂降和中断相关的年度总费用是$676 000。

表 9–3　　　　加权因子和期望的电压暂降性能相结合，以确定电能质量变化的总费用

事件类别	经济分析的加权因子	每年事件次数	总的等值中断次数
中断	1	5	5
最低电压低于 50%的暂降	0.8	3	2.4

续表

事件类别	经济分析的加权因子	每年事件次数	总的等值中断次数
最低电压 50%～70%的暂降	0.4	15	6
最低电压 70%～90%的暂降	0.1	35	3.5/16.9*

注 *16.9 为总次数。

9.3.3 提出方案，评估相应的费用和效益

用于改善性能的解决方案范围很广，其费用和效益也各不相同。可以在电气系统采用不同解决方案，在不同地点达到不同的水平。

原则上有四种主要可选方案：

（1）改善供电系统（提供优质电力）。

（2）在用户入口处采取技术措施以保护整个工厂。

（3）在装置内部设备处实行电力调节。

（4）设备本身的解决方案（规范、设计、局部电力调节）。

一般讲，这些解决方案的费用随着所需保护负荷功率的增加而增加。这意味着，如果能做到把敏感设备或控制系统和不需要保护的设备隔离（单独地加以保护），则一般更为省钱。

改善电能质量可选方案的评估实际上是一种经济上的比较。必须对不同可选方案的电能质量变化的经济影响和改善性能所需费用作评估。

表 9–4 提供了美国用于改善电压暂降和中断性能的一些通用技术措施的初始投资和年运行费用的例子。这些费用经常变化，所以不应当将其视为任何特定产品的示范。

表 9–4　　　　抑制电压暂降的技术费用

电力调节设备类别	典型造价（$/kVA）	运行和维护费（每年为初始价格的百分数）
控制系统的保护（＜5kVA）		
稳压变压器（CVT）	1000	10%
不间断电源（UPS）	500	25%
有源串联补偿器	250	5%
设备（机器）的保护（10～300kVA）		
不间断电源（UPS）	500	15%

续表

电力调节设备类别	典型造价（$/kVA）	运行和维护费（每年为初始价格的百分数）
飞轮备用 UPS	500	7%
有源串联补偿器	200	5%
工厂（装置）的保护（2～10MVA）		
不间断电源（UPS）	500	15%
飞轮备用 UPS	500	5%
动态电压恢复器（DVR） ——升高电压 50%	300	5%

除了技术措施费用之外，每个所选的解决方案效益需要根据所能达到的性能改善做定量评估。解决方案的效益，如电能质量费用，一般随电能质量扰动的严重度而变。这个关系，可以用“避免的电压暂降%”值来确定。表 9–5 说明，由表 9–4 中各种可以用于典型工业部门的技术措施示例改善效益的概念。

表 9–5　对于一个特殊案例的改善电能质量各种解决方案的效益*

	中断	暂降，%		
		最低电压低于 50%	最低电压 50%～70%	最低电压 70%～90%
CVT（控制）	0	20	70	100
动态电压暂降校正器/DVR	0	20	90	100
飞轮储能技术	70	100	100	100
UPS（蓄电池组）	100	100	100	100
静态开关	100	80	70	50
快速切换开关	80	70	60	40

注　本表中所列值表示，采用每种方案所改善达到的电压暂降或中断水平不再影响设施中设备百分数。

9.3.4　治理方案的确定

比较改善性能的不同可选方案的过程，涉及确定每种方案年度总费用，费用中包括与电压暂降相关的费用（记住：各种解决方案一般不会完全消除这些费用）和实施解决方案折合的年度费用。目标是使这些费用（电能质量费用+解决费用）最少。

根据总的年度费用（年度电能质量费用+年度电能质量解决费用）对不同的电能质量解决方案做比较。比较分析中一般包括不采取任何措施的方案，通常将其视为基本情况。不采取任何措施的方案，其年度电能质量解决费用为零，但年度电能质量费用最高。

许多费用（电能质量费、运行费以及维护费）是自然的年度费用。而与购买和安装各种解决技术有关的费用是一次性预付费用，可以用一个适当的利率以及设定的寿命或评估周期将其折合到年度费用。

图 9–2 给出一个为典型工业设施做这种类型分析的例子[36]。设施的总负荷为 5MW，但仅有约 2MW 负荷需要保护以免生产破坏。电压暂降的性能在表 9–3 中给出。一次中断为$40 000，而电压暂降的费用则根据前面给出的加权因子确定。表 9–5 中给出的 6 个选择方案分析结果，由此可以求出年度费用。折合的年度费用是基于 15 年寿命以及利率 10%计算出来的。

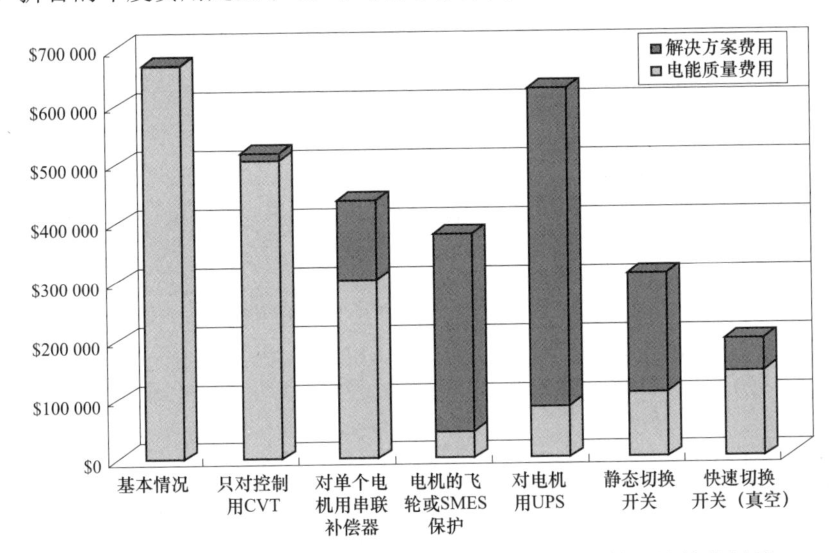

图 9–2　用总的年度折合费用把各个解决方案与基本情况比较的例子

令人感兴趣的是所有选择的方案都减少了年度总费用（换言之，对该设施来讲，任何一个选择方案，在设定的利率和寿命下，和现状比都有纯利）。同样引人注目的是，在这个案例中最好的解决方案涉及在电力公司侧采用设施（快速切换开关）。不过，这里有一个重要的前提，就是有一条可利用的备用馈线，而且从电力公司供到这条备用馈线的连接不需要花费，只出设备和运行费。

更为一般情况下在设施内部进行解决，采用有源串联补偿器或者飞轮备用电源对 2MW 的敏感负荷的保护实现了合理化。在这种场合，只用 CVT 保护控制部分，但这不是最好的解决方案，因为电机本身对电压暂降也是敏感的。

9.4　经济评估其他一些考虑因素

（1）若电网中存在谐波而使功率因数补偿电容器不能正常投入运行时，存在两种情况：① 电容器组切除。这种情况应计及低功率因数造成的电费罚款以及无功功率的网损问题；② 电容器组改造（串联电抗器或改为滤波器）。这种情况应计及改造费用。关于利用无源滤波器进行谐波治理的技术经济效益，文献［37］提供了相当多的实例，可供参考。

（2）在 6～10kV 电网中如存在较大的谐波电压，则发生单相接地概率增加，同时由单相接地过渡到多相短路接地的概率也增加。国外的经验数据：当电网谐波电压总畸变率为 5%～7%时，电网单相接地每年增加 6%～20%；而短路过渡的概率增加 15%。

（3）关于工业电弧炉采用动态无功补偿后经济效益的估算。工业电弧炉是电网中主要冲击负荷，例如目前 30t 及以上炉子接入 110kV 及以下电网一般需要考虑动态无功补偿装置（常用 TCR 型 SVC）。SVC 装置可以解决电弧炉造成的电压波动、谐波、三相不平衡以及闪变等电能质量问题，同时可以改善功率因数、提高电弧炉的生产率，即增加产量，提高质量，降低吨钢电耗，延长炉衬使用寿命，对企业有明显的经济效益。

国外试验表明，若使母线电压波动减小 10%，则电弧炉输入功率可以提高 20%。并可以缩短冶炼时间 ΔT_{md} ，计算公式如下

$$\Delta T_{\mathrm{md}} = \frac{GW60}{F}\frac{P_2 - P_1}{P_2 \bullet P_1}\text{（min）} \tag{9-15}$$

式中　G——电弧炉吨数；

F——利用系数（≈0.8）；

W——耗电量 kWh/t；

P_1——无补偿时电弧炉功率，MW；

P_2——有补偿时电弧炉功率，MW。

【例】已知 W=600kWh/t，G=150t，电弧炉的平均功率 P_1=57MW。由计算结果可知，投入 SVC 后使炉变 33kV 母线电压波动减小 5.5%，则约使电弧炉输入功率增加 11%，电弧炉的平均功率达到 P_2=57×（1+0.11）=63.3MW，可减少每炉钢冶炼时间

$$\Delta T_{\mathrm{md}} = \frac{150 \times 600 \times 60}{0.8 \times 10^3} \times \frac{63.3 - 57}{63.3 \times 57} = 11.8\,(\mathrm{min})$$

（4）电压偏差大小对有些产品的电耗或生产率有明显的影响，表 3–1 所示为电压降低对电解铝生产影响的统计结果[10]。文献［35］认为，总体上，由电压偏差造成的损失最大，而由非正弦和电压不对称造成的损失平均为电压偏差损失的 0.4～0.5 倍。

（5）实际上，电能质量的影响，除了以上所述内容以外，许多情况下需要结合电网、负荷和工程特点做更全面的量化比较。例如在电力系统中某一枢纽点上采用 SVC，则应分析对提高输电能力，降低电网损耗，改善系统的静态和暂态稳定性，抑制振荡等的作用。文献［38］提供了在电力系统中采用国产 SVC 装置的一些技术经济效益情况。

9.5 总　　结

改善电能质量可以针对不同的指标采取相应措施解决。原则上可以将电能质量指标按变化型和事件型两大类处理。任何指标的改善，应计及技术措施的成本和运行费及其改善相应指标的效益。对于变化型指标，可以计算出相关设备上的功率损耗、使用寿命的变化、容量利用率以及功率因数变化的经济效益，尽量计及对产品产量和质量的影响；对于事件型指标， 经济评估涉及供电系统特性、设备的耐受特性、经济损失费用、各种技术方案的费用和效益，以及按投资和效益综合最佳的原则确定方案。由于突发事件的随机性、扰动参数的大范围变动性、设备性能的多样性以及各种技术措施的适用性，使得经济评估分析显得相当复杂，做好此工作，需要有足够长时间的基础资料积累。本章介绍了一些国外评估方法和参考资料，国内这方面工作较落后，急需开展这方面研究工作，切实提高电能质量，减少损失。

10 电功率理论的概况与发展

10.1 引　　言

功率是电气技术领域中的基本概念，它在能量传输的速度、效率以及许多电磁现象的解释方面都有着重要的作用。正弦条件下，已有很完备的功率理论体系。但随着电力电子技术的发展，换流设备被广泛采用，电力系统中大量非线性负荷的增加，使得系统电压、电流波形畸变，传统的功率定义在新的工况下已产生较大的误差或不再适用，开展非正弦条件下的功率理论研究具有重要的实际意义。

功率理论本质上是对有功功率和视在功率间的差异性进行解释，这一差异在正弦条件下被定义为无功功率，而在非正弦或三相不平衡条件下，对这一差异的物理意义进行解释变得非常困难。本章首先简要介绍传统的功率理论，指出其在非正弦电路中不适用性，然后分别对 Budeanu、Shepherd & Zakikhani 、Fryze 以及 Akagi 等的功率理论进行简单的分析和评价。最后对 IEEE 电力与能源学会提出的 IEEE Std 1459—2000 标准作较为详细的介绍，以期推动我国在这方面的应用和研究。

10.2 传统正弦电路功率理论

传统的功率理论建立在线性正弦交流电路的基础上，设正弦电压源给线性负载供电，电压、电流用式（10–1）、式（10–2）表示

$$u=\sqrt{2}U\sin(\omega t+\psi) \tag{10–1}$$

$$i=\sqrt{2}I\sin(\omega t+\psi-\varphi) \tag{10–2}$$

式中　φ ——电流和电压间相位移，一般 $-90^{\circ}\leqslant\varphi\leqslant 90^{\circ}$；

ψ——初相角。（以下推导中略去ψ，但不失为一般性）。

瞬时功率为

$$
\begin{aligned}
p(t) = ui = \sqrt{2}U\sin\omega t \cdot \sqrt{2}I\sin(\omega t - \varphi) &= UI[\cos\varphi - \cos(2\omega t - \varphi)] \\
= UI\cos\varphi(1 - \cos 2\omega t) - UI\sin\varphi\sin 2\omega t &
\end{aligned} \tag{10–3}
$$

有功功率 P 为瞬时功率在一个周期内的平均值

$$P = \frac{1}{T}\int_0^T p(t)\,\mathrm{d}t = UI\cos\varphi \tag{10–4}$$

视在功率 S 定义为电压和电流方均根值的乘积，反映了电气设备功率的设计额定值或设备的正常可利用容量

$$S = UI \tag{10–5}$$

功率因数 PF 反映设备容量利用率

$$PF = \frac{P}{S} = \cos\varphi \tag{10–6}$$

由式（10–3），瞬时功率可以重新写为

$$p(t) = \underbrace{P[1 - \cos(2\omega t)]}_{(\mathrm{I})} - \underbrace{Q\sin(2\omega t)}_{(\mathrm{II})} \tag{10–7}$$

式中

$$Q = UI\sin\varphi \tag{10–8}$$

图 10–1 对于给定的电压和电流画出了上述的功率分量。该图中，交流电流滞后于交流电压一个相位移φ。根据式（10–7）和图 10–1，容易理解一个单相交流系统中的能量流（瞬时功率）不是单方向也不是恒定的。在对应区域“A”的时间段，电源向负载传输功率；而在对应区域“B”的时间段，该能量中的某一比例被反送回电源。按式（10–7），瞬时功率中和有功功率有关的部分（I）虽然按 2 倍频率变化，但恒大于零，平均值为 P；而和无功功率 Q 有关的部分（II）则按 2 倍频率变化，最大值为 Q，平均值为零。由式（10–4）、式（10–5）、式（10–8）可知 P、Q、S 构成一直角三角形，将其称为功率三角形。为了计算上运用复数的便利，定义了复数功率$\tilde{S}$：

$$\tilde{S} = P + \mathrm{j}Q \tag{10–9}$$

以式（10–4）和式（10–8）代入，

$$\tilde{S} = UI(\cos\varphi + \mathrm{j}\sin\varphi) = UI\mathrm{e}^{\mathrm{j}\varphi} = U\mathrm{e}^{\mathrm{j}\psi} \cdot I\mathrm{e}^{-\mathrm{j}(\psi - \varphi)} \tag{10–10}$$

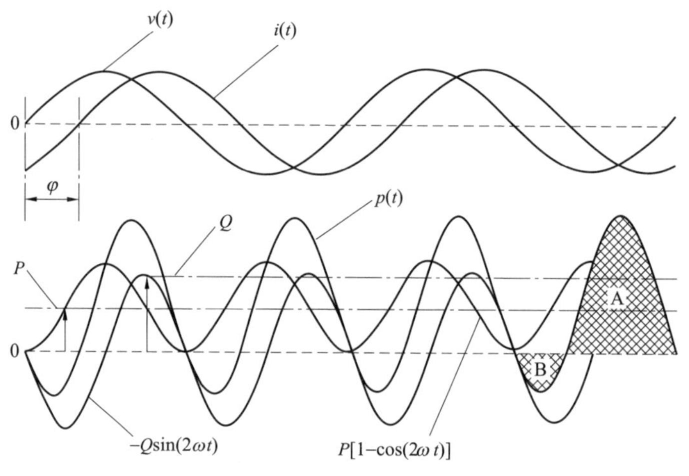

图 10–1　有功功率和无功功率的传统概念

式（10–10）中 $Ue^{j\psi}$ 即为复数电压有效值 $\dot{U}$，而 $Ie^{-j(\psi-\varphi)}$ 为复数电流有效值的共轭复数，以 $\overset{*}{I}$ 表示，因此

$$\tilde{S}=\dot{U}\overset{*}{I} \tag{10–11}$$

即复数电压与共轭复数电流的乘积等于复数功率，其实数部分为平均功率（有功功率），虚数部分为无功功率。传统的正弦电路理论可以证明：电路中平均功率（有功功率）和无功功率都有守恒关系，而视在功率则没有守恒关系，但复数功率也是守恒的。上述原理，在电网中可以作如下表述：电网中各电源所供出的复数功率的代数和必须等于各负载所吸收的复数功率的代数和。也就是各个电源所供出的有功功率的和应等于各负载所吸收（消耗）的有功功率之和；各电源所供出的无功功率的代数和应等于各负载所吸收的无功功率的代数和。这是能量守恒定律在交流电网中的表现形式，这也是目前电网中普遍实施的频率和电压调节的理论基础。

根据式（10–7），人们往往将无功功率称为“没有作功的功率部分”或“振荡性功率”。按照传统的定义，无功功率表示了一个平均值为零的功率分量。但是，无功功率的这种物理意义是在基本的无功装置仅仅只有电容器和电感器的时代建立的，那时并不存在电力电子装置。而电力电子装置可以在没有储能元件的情况下产生无功功率。例如分析一个全波晶闸管控制电阻电路的工作情况（图 10–2）[39]。

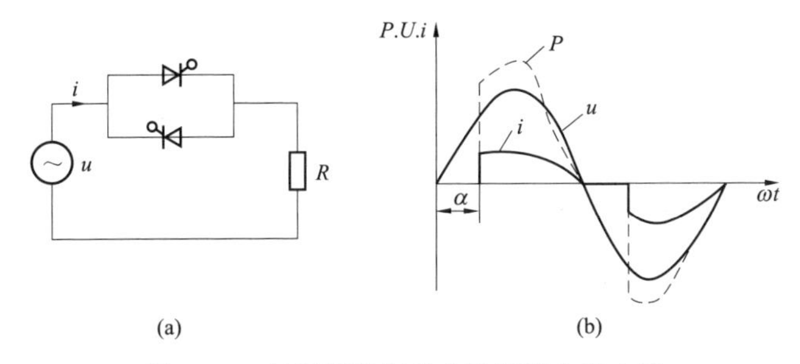

图 10–2　晶闸管控制的全波整流电阻电路

（a）电路；（b）波形

由于触发角 α 的存在，流经电阻的电流发生了畸变，电路的功率因数 $\cos\varphi$ 已经不是 1，

$$\cos\varphi=\frac{P}{S}=\frac{UI}{\overline{U}I}=\sqrt{\frac{1}{2\pi}\sin 2\alpha+\frac{\pi-\alpha}{\pi}} \qquad (10\text{–}12)$$

式中　U ——电阻两端电压的有效值；

I ——回路电流有效值；

$\overline{U}$ ——交流电源正弦波电压的有效值。

由式（10–12）看出，控制角 α 越大，电路的功率因数越低，其原因是电流波形发生了畸变，控制角 α 越大，畸变越厉害。

按传统的概念，负载的功率因数小于 1，就表明负载需要无功功率。图 10–2 中的负载是由晶闸管元件和电阻元件构成的，并没有储能元件，这样就提出了一个问题：如果无功功率代表电源和负载之间能量的来回交换，那么像这里举出的例子，电路中没有储能，怎么会在某一段时刻把能量倒送给电源呢！不能认为上述没有储能元件引起的“无功”现象仅仅是一种虚构，因为大量使用晶闸管器件的电力用户，其功率因数往往很低，为了改善功率因数，确实需要安装改善功率因数的补偿电容器，也就是说负载确实需要无功功率。

众所周知，晶闸管无功电源（SVG），它借助人工换相技术，既可以像电容器一样向电力系统送出无功功率，又可以像电抗器一样从系统吸收无功功率。以上无功功率现象发生于非正弦电路，因此必须对传统的无功理论进行修正，或创建新的功率理论。

10.3 非正弦频域功率理论

10.3.1 Budeanu 理论的介绍

1927 年 Budeanu 首次提出非正弦条件下的功率定义，它对非正弦的电压和电流进行傅里叶（fourier）分解，在此基础上对有功和无功功率、功率因数等进行了定义。

有功功率
$$P=\sum_{h=1}^{\infty}U_hI_h\cos\varphi_h \tag{10–13}$$

无功功率
$$Q_{\mathrm{B}}=\sum_{h=1}^{\infty}U_hI_h\sin\varphi_h \tag{10–14}$$

（下标 B 表示按 Budeanu 定义得到的量）

上述定义的无功功率并不包括不同频率谐波电压和谐波电流的交叉乘积，因此引入畸变功率 D_B

$$\begin{aligned}D_{\mathrm{B}}^2&=S^2-P^2-Q_{\mathrm{B}}^2\\&=\left(\Sigma U_h^2\right)\left(\Sigma I_h^2\right)-\left(\Sigma U_hI_h\cos\varphi_h\right)^2-\left(\Sigma U_hI_h\sin\varphi_h\right)^2\end{aligned} \tag{10–15}$$

Budeanu 理论中的有功功率、视在功率和功率因数的定义与传统功率理论相同，分别如式（10–4）、式（10–5）、式（10–6）所示。无功功率 Q_{B}、畸变功率 D_{B} 仅仅是正弦条件下的功率定义在数学上的推广，没有明确的物理意义。

正弦条件下，单相系统的视在功率、有功功率和无功功率为功率三角形的关系，而在非正弦条件下，由于畸变功率的存在，功率关系表示为功率四面体，如图 10–3 所示。

由上述定义可知：Budeanu 理论是基于傅里叶变换，因此只适用于电压和电流为周期波形，局限于稳态分析，且计算量大。将非正弦条件下的电路等效为不同频率激励下的独立电路之和，在此基础上定义无功功率为各独立电路中的无功功率的加和，并不能反映电路间能量来回振荡的真实量值，按式（10–14）计算也有可能出现相互抵消的

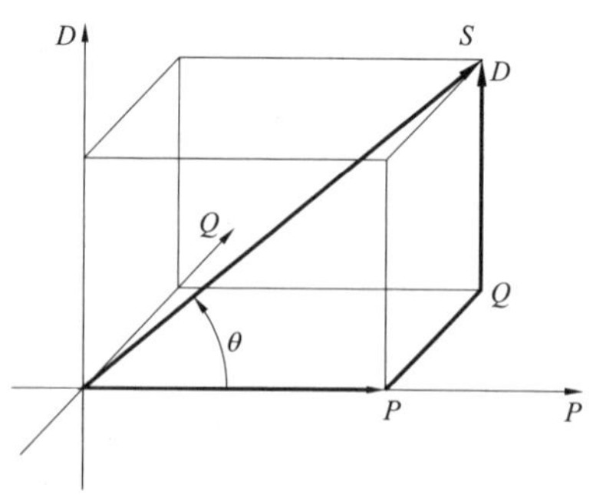

图 10–3　功率四面体

情况。实际上，不同频率的无功功率是无法互相补偿的，互相抵消也就是不合理的。因此该定义失去了正弦条件下无功功率的物理意义。畸变功率 D_B 也不具有表征电压电流波形畸变的特性，各功率分量的测量也难以实现。

非正弦电压下，当负荷为非线性时，会导致电流与电压中的频率次数并不完全相同，电压、电流公式表达式如下

$$e=\sqrt{2}\sum_{1}^{n}E_n\sin(n\omega t+a_n)+\sqrt{2}\sum^{m}E_m\sin(m\omega t+a_m) \tag{10–16}$$

$$i=\sqrt{2}\sum_{1}^{n}I_n\sin(n\omega t+a_n+\varphi_n)+\sqrt{2}\sum^{p}I_p\sin(p\omega t+a_p) \tag{10–17}$$

10.3.2 Shepherd & Zakikhani 理论的介绍

1972 年 Shepherd & Zakikhani 提出一个新的频域法[40]，该理论将负载电流分解成两个正交分量 i_R 与 i_x

$$i_R=\sqrt{2}\sum_{1}^{n}I_n\cos\varphi_n\sin(n\omega t+a_n) \tag{10–18}$$

$$i_X=\sqrt{2}\sum_{1}^{n}I_n\sin\varphi_n\cos(n\omega t+a_n) \tag{10–19}$$

$$I_R=\sqrt{\sum_{1}^{n}I_n^2\cos^2\varphi_n} \tag{10–20}$$

$$I_X=\sqrt{\sum_{1}^{n}I_n^2\sin^2\varphi_n} \tag{10–21}$$

式中 φ_n ——电压第 n 次谐波与电流 n 次谐波间的相位差；

a_n——电压第 n 次谐波的初相位。

$$P=\frac{1}{T}\int_0^T ei\mathrm{d}t=\sum_{1}^{n}E_nI_n\cos\varphi_n \tag{10–22}$$

定义：

视在功率

$$\begin{aligned}S^2&=\frac{1}{T_e}\int_0^{T_e}e^2\mathrm{d}t\frac{1}{T_i}\int_0^{T_i}i^2\mathrm{d}t\\&=\left(\sum_{1}^{n}E_n^2+\sum^{m}E_m^2\right)\left(\sum_{1}^{n}I_n^2+\sum^{p}I_p^2\right)\end{aligned} \tag{10–23}$$

有功视在功率 $$S_{\mathrm{R}}^2=\sum_1^n E_n^2 \sum_1^n I_n^2 \cos^2 \varphi_n=\sum_1^n E_n^2 I_{\mathrm{R}}^2 \tag{10-24}$$

无功视在功率 $$S_{\mathrm{X}}^2=\sum_1^n E_n^2 \sum_1^n I_n^2 \sin^2 \varphi_n=\sum_1^n E_n^2 I_{\mathrm{X}}^2 \tag{10-25}$$

畸变视在功率 $$S_{\mathrm{D}}^2=\sum_1^n E_n^2 \sum^p I_p^2+\sum^m E_m^2\left(\sum_1^n I_n^2+\sum^p I_p^2\right) \tag{10-26}$$

$$S^2=S_{\mathrm{R}}^2+S_{\mathrm{X}}^2+S_{\mathrm{D}}^2 \tag{10-27}$$

式中 S_{R} 和 S_{X}——电压电流中同频率分量间产生的功率；

S_{D}——电压电流中的不同频率分量间产生的功率，S_{D} 的产生是由负荷的非线性造成的。

在无功功率补偿方面，补偿 S_{X} 比补偿 Q_{B} 的功率因数更高，因为 S_{X} 计算中不存在无功功率相互抵消问题，且这样定义的优点在于可利用无源线性元件 C 或 L 将 S_{X} 补偿至最小，以减小视在功率，获得较大的功率因数。但 S_{R} 一般大于 P，它与 P 的内在联系定义中未给出明确的解释，而且大于 P 的部分对于能量传输也是无效的，如何对其补偿？当然 S_{R} 和 S_{X} 的测量也相当困难，因此难以为人们接受。

10.4 非正弦时域功率理论

1932 年，Fryze 提出了一套时域中的功率定义。时域分析避开分解为傅里叶级数的步骤，而且不限于电压为正弦波形，将电流 $i(t)$ 按电压波形分解成为两个正交分量，其中有功分量 $i_{\mathrm{p}}(t)$ 与电压 $u(t)$ 的波形一致，即

$$i_{\mathrm{p}}(t)=Gu(t) \tag{10-28}$$

G 为一比例常数，它的取值应满足下式

$$\frac{1}{T}\int_0^T u(t) i_{\mathrm{p}}(t)\mathrm{d}t=P \tag{10-29}$$

即可得出

$$P=G\frac{1}{T}\int_0^T u^2(t)\mathrm{d}t=GU^2 \tag{10-30}$$

所以

$$G = \frac{P}{U^2} \tag{10–31}$$

即

$$i_p(t) = \frac{P}{U^2} u(t) \tag{10–32}$$

电流的无功分量$i_q(t)$满足

$$i_q(t) = i(t) - i_p(t) \tag{10–33}$$

且有

$$I^2 = I_p^2 + I_q^2 \tag{10–34}$$

式中　I、I_p、I_q——$i(t)$、$i_p(t)$、$i_q(t)$的方均根值。

则定义

有功功率

$$P = UI_p \tag{10–35}$$

无功功率

$$Q_F = UI_q \tag{10–36}$$

视在功率

$$S = UI = P^2 + Q_F^2 \tag{10–37}$$

Fryze 理论中的视在功率、有功功率定义与传统功率理论相同，且有功功率 P、无功功率 Q 和视在功率 S 成功率三角形关系。Fryze 理论将电流瞬时值 $i(t)$ 分解为有功电流 $i_p(t)$ 和无功电流 $i_q(t)$ 两个正交量，其中有功电流 $i_p(t)$ 与瞬时电压曲线 $u(t)$ 成正比，即波形、相位完全相同，幅值相差 $\frac{P}{U^2}$ 倍。可以证明，无功电流 $i_q(t)$ 对有功功率没有贡献。与 Budeanu 无功功率定义相比，Fryze 定义的无功功率是由电压和电流的所有谐波分量产生的，不对同次谐波或者交叉次谐波进行区分。

由上述分析可知：Fryze 不需进行傅里叶分解，因而计算量相对较小，对于电流补偿来说，Fryze 具有明显的优势，只需将瞬时电流中与电压波形成正比的部分提取出来，剩下的即是需要完全补偿的分量；对于无功功率补偿来说，由于确定系数需一个周期的积分，i_q 会有一定的延时，这个延时对分离 i_q 是必要的，从这个角度看，该功率定义不适用于暂态过程。此外，该理论不如频域法下功率定义量那样有明确的物理意义，不能提供能改善功率因数到何种程度的信息，因此在工程上未能应用。

10.5 瞬时无功理论

10.5.1 原理简述

三相电路瞬时无功功率理论首先于 1983 年由日本的赤木泰文（Akagi）提出，即 p–q 理论[41]。它是以瞬时有功功率 p 和瞬时无功功率 q 的定义为基础的，将传统功率理论中的有效值、相位、有功功率和无功功率等概念推广到瞬时值，建立了三相电路瞬时无功理论与传统功率理论的统一数学描述。瞬时无功理论的核心是采用变换矩阵将三相电路的各相电压和电流瞬时值变换到两相正交的 α–β 坐标系上研究。

设三相电路的瞬时电压和瞬时电流分别为 e_a、e_b、e_c 以及 i_a、i_b、i_c，变换到两相正交的 α–β 坐标上（严格地讲应是 α–β–0 坐标，关于零序分量下面另行论述），两相瞬时电压为 e_α、e_β，两相瞬时电流为 i_α、i_β，则有

$$\begin{bmatrix} e_\alpha \\ e_\beta \end{bmatrix} = C_{32} \begin{bmatrix} e_a \\ e_b \\ e_c \end{bmatrix}, \begin{bmatrix} i_\alpha \\ i_\beta \end{bmatrix} = C_{32} \begin{bmatrix} i_a \\ i_b \\ i_c \end{bmatrix} \tag{10–38}$$

式中 $C_{32}=\sqrt{\dfrac{2}{3}}\begin{bmatrix} 1 & -1/2 & -1/2 \\ 0 & \sqrt{3}/2 & -\sqrt{3}/2 \end{bmatrix}$

定义三相瞬时有功功率 p 和瞬时无功功率 q 为

$$\begin{bmatrix} p \\ q \end{bmatrix} = \begin{bmatrix} e_\alpha & e_\beta \\ e_\beta & -e_\alpha \end{bmatrix} \begin{bmatrix} i_\alpha \\ i_\beta \end{bmatrix} = c_{pq} \begin{bmatrix} i_\alpha \\ i_\beta \end{bmatrix} \tag{10–39}$$

将其写成反变换形式，求其基波分量并分解如下

$$\begin{bmatrix} i_{\alpha f} \\ i_{\beta f} \end{bmatrix} = \begin{bmatrix} e_\alpha & e_\beta \\ e_\beta & -e_\alpha \end{bmatrix}^{-1} \begin{bmatrix} \bar{p} \\ \bar{q} \end{bmatrix} = \frac{1}{e_\alpha^2 + e_\beta^2} \begin{bmatrix} e_\alpha & e_\beta \\ e_\beta & -e_\alpha \end{bmatrix} \begin{bmatrix} \bar{p} \\ \bar{q} \end{bmatrix} \tag{10–40}$$

$$\begin{bmatrix} i_{af} \\ i_{bf} \\ i_{cf} \end{bmatrix} = C_{23} \begin{bmatrix} i_{\alpha f} \\ i_{\beta f} \end{bmatrix} \tag{10–41}$$

式中　$\bar{p}$、$\bar{q}$——p、q 的直流分量；

$i_{\alpha f}$、$i_{\beta f}$——i_α、i_β的基波分量；

i_{af}、i_{bf}、i_{cf}——i_a、i_b、i_c 的基波分量。

$p-q$ 运算方法的原理如图 10－4 所示（图中 LPF 为低通滤波器）。此框图表明如何利用瞬时功率理论取出谐波电流的 i_{ah}、i_{bh}、i_{ch}。

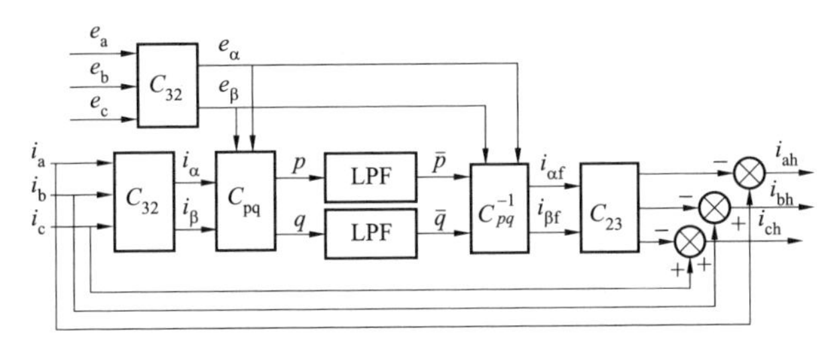

图 10–4　pq 运算方法的原理框图

10.5.2　三相～二相变换矩阵的来源及其应用上的局限性

由式（10–38）可知，三相～二相变换矩阵 $C_{32} = \sqrt{\frac{2}{3}} \begin{bmatrix} 0 & -1/2 & -1/2 \\ 0 & \sqrt{3}/2 & -\sqrt{3}/2 \end{bmatrix}$ 是关键环节，目前凡涉及瞬时无功功率的计算或数据提取，均用此变换矩阵或其逆矩阵。对此矩阵不加分析地使用是导致瞬时无功功率误用的关键。为此，本节将变换矩阵的来源做一个简单的推导，在此基础上，对其局限性做分析。

下面将以相电流为例说明旧变数（abc 轴上的变数）与新变数（xy 轴上的变数）之间的联系。三相电流瞬时值 i_a、i_b、i_c 可由一个平面上以ω速度（逆时针）旋转的纵合矢量$\vec{I}$ 在静止 abc 坐标轴上的投影所决定（a、b、c 互差$\frac{2}{3}\pi$），如图 10–5 所示，则有

$$
\begin{cases}
i_a = I\cos\delta \\
i_b = I\cos(\delta - 120^\circ) \\
i_c = I\cos(\delta + 120^\circ)
\end{cases}
\qquad (10\text{–}42)
$$

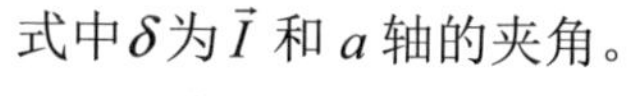

式中δ为$\vec{I}$和a轴的夹角。

显然 $i_a+i_b+i_c=0$，且 i_a、i_b、i_c 三相对称。

另一方面，$\vec{I}$ 也可用在互相垂直的 x、y 轴上的投影表示（见图 10–5）。x、y 轴一般可视为旋转的；特殊情况可视为静止的。在图 10–5 中，假定 x 轴和 a 轴夹角为δ_k（δ_k是变化的），则有

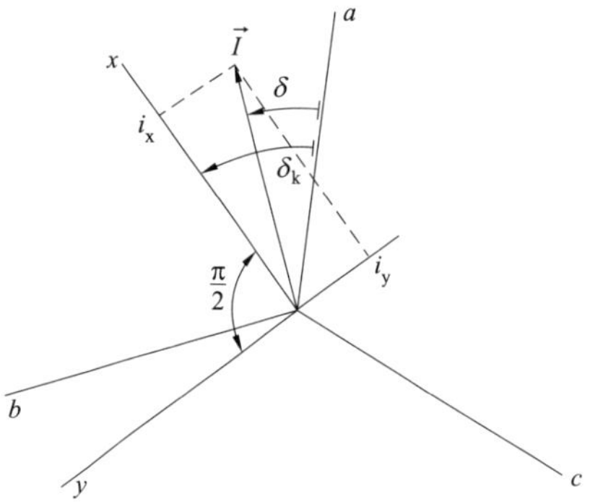

图 10–5　电流的综合矢量及其在旋转的 x，y 轴上的投影

$$
\begin{cases}
i_x = I\cos(\delta_k - \delta) \\
i_y = I\cos(\delta_k - \delta)
\end{cases}
\qquad (10\text{–}43)
$$

现将式（10–43）中 i_x、i_y 用电流 I_a、I_b、I_c 表示。利用三角关系

$$
\cos(\delta_k - \delta) = \frac{2}{3}[\cos\delta_k \cos\delta + \cos(\delta_k - 120^\circ)\cos(\delta - 120^\circ) + \cos(\delta_k + 120^\circ)\cos(\delta + 120^\circ)]
$$

$$
\sin(\delta_k - \delta) = \frac{2}{3}[\sin\delta_k \cos\delta + \sin(\delta_k - 120^\circ)\cos(\delta - 120^\circ) + \sin(\delta_k + 120^\circ)\cos(\delta + 120^\circ)]
$$

并计及式（10–42），可把公式（10–43）改写成

$$
\begin{cases}
i_x = \dfrac{2}{3}\left[i_a\cos\delta_k + i_b\cos(\delta_k - 120^\circ) + i_c\cos(\delta_k + 120^\circ)\right] \\
i_y = -\dfrac{2}{3}\left[i_a\sin\delta_k + i_b\cos(\delta_k - 120^\circ) + i_c\sin(\delta_k + 120^\circ)\right]
\end{cases}
\qquad (10\text{–}44)
$$

式（10–44）是在假定 $i_a + i_b + i_c = 3i_0 = 0$ 的情况下得到的。但是不难证明，它们在 $i_0 \neq 0$ 时仍然有效。在这种情况下可以先不管电流 i_a，i_b，i_c，而研究电流 i'_a，i'_b，i'_c，且令

$$
i'_a = i_a - i_0; i'_b = i_b - i_0; i'_c = i_c - i_0 \qquad (10\text{–}45)
$$

由于 $i'_a + i'_c + i'_c = 0$，故对这几个电流来说，式（10–44）是正确的，即

$$\begin{cases} i_x = \dfrac{2}{3}[i'_a \cos\delta_k + i'_b \cos(\delta_k - 120°) + i'_c \cos(\delta_k + 120°)] \\ i_y = \dfrac{2}{3}[i'_a \sin\delta_k + i'_b \sin(\delta_k - 120°) + i'_c \sin(\delta_k + 120°)] \end{cases} \quad (10\text{–}46)$$

将式(10–45)中电流代入式(10–46)，可见电流 i_x、i_y 的式子还是具有式(10–44)的形式，即这个式子在 $i_0 \neq 0$ 时亦正确。

不论 x，y 轴的形式如何，在电流系统 i_x、i_y 中总须加入一个同样的电流 i_0，以满足等量变数的线性变换关系，而且 i_0 的选定是与电流 i_x、i_y 的形式无关的。

若采用在空间上静止的 x，y 轴，这样的坐标轴叫做 α, β 坐标轴，并且一般取 α 轴与原来 abc 坐标系中的 a 轴相重合（图 10–6），在 abc 轴上的旧变数与 α, β 轴上的新变数之间关系式可由式（10–44）中令 $\delta_k = 0$ 求得。它们具有下列形式：

$$\begin{cases} i_\alpha = \dfrac{2}{3}\left[i_a - \dfrac{1}{2}(i_b + i_c)\right] \\ i_\beta = (i_b - i_c)/\sqrt{3} \\ i_0 = \dfrac{1}{3}(i_a + i_b + i_c) \end{cases} \quad (10\text{–}47)$$

需要注意的是，式（10–38）中 C_{32} 是标准化形式的变换矩阵，即用此矩阵，可使电压和电流变换后总功率不变，因此其系数和式（10–47）有所不同（差一比例系数 $\sqrt{3/2}$），但本质上就是式（10–47）的系数矩阵。其逆变换关系式为

$$\begin{cases} i_a = i_0 + i_a \\ i_b = i_0 - (1/2)(i_\alpha - \sqrt{3}i_\beta) \\ i_c = i_0 - (1/2)(i_\alpha + \sqrt{3}i_\beta) \end{cases} \quad (10\text{–}48)$$

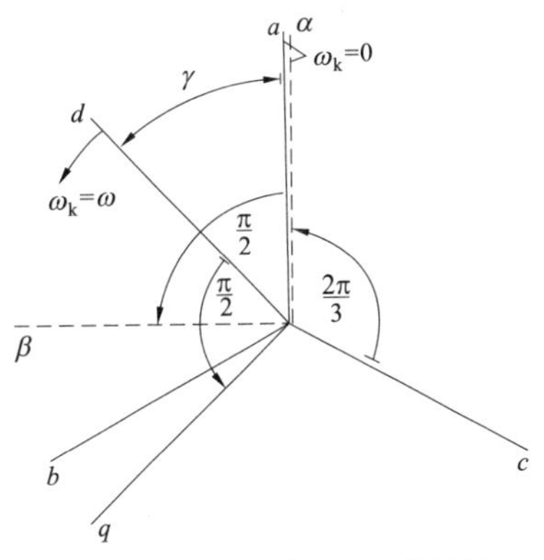

图 10–6　α，β 与 d，q 坐标轴

ω_k——坐标轴的转速

当然有的问题选择与转子一起转动的坐标系中进行研究比较合适。这个坐标轴系统称为 d、q 轴（图 10–6，其中 ω_k 为坐标轴的转速），相关公式的推导省略。

从以上推导中，我们可以明显看到，a、b、c 和α、β轴之间变换矩阵是利用综合矢量在轴上投影获得的，而综合矢量在 a、b、c 轴的投影必然是对称的，因此两者之间的变换关系只能用于正弦对称情况。文献[43、43]进一步通过实例计算和分析来验证上述论断，并将瞬时无功方法与傅里叶方法作对比，得出相应的结论。

10.5.3 瞬时无功理论的评述

自从瞬时无功理论创立以来，许多专业技术人员将其视为快速检测的基础。为输出电流中的谐波电流成分和短时间确定无功量，不加分析地加以使用。目前国内专业杂志或学术会上还在陆续发表相关文章，在工程上或检测控制中使用这个变换带来的问题还未被充分认识。

通过上述分析，可以得出如下结论：

（1）交流系统 a，b，c 和α, β坐标之间变换关系是以电气量的综合矢量在相应坐标系上投影获得的。由于综合矢量在 a，b，c 上投影一定符合三相正弦对称条件，因此 abc 和α–β坐标变换关系只适用正弦对称情况。

（2）若 a，b，c 三相量不对称（不论其和是否为零），普遍的情况是所得的α, β量不正交，也就是没有解耦。认为变换成α, β量都是正交的，是对α–β变换的误解。

（3）如果三相电压或电流是对称的，一般分析时只需对其中一相进行就可以了，用不到用瞬时无功理论变换，否则使简单的问题复杂化。

（4）瞬时无功法就是在傅里叶方法上加入一段正交变换，这段正交变换使这个方法在三相电流不对称时，负序电流被当作谐波，和谐波合并一起取出，使之不能获得正确的谐波值。

（5）谐波检测必须回到傅里叶方法去，对称与否，单相或三相，傅里叶方法均可用。当然，对此方法仍可以提出各种改进办法，使其更为实用。

10.6 IEEE Std 1459：现代电力系统功率定义

由于现代电网中非线性负荷的剧增，传统的功率理论在许多情况下已不适用，而非正弦条件下的功率理论又各有其局限性，不能用于相关电气量值的检测和补偿装置的设计。20 世纪 80 年代中期再次掀起了对功率定义的研究热潮。主要成果是 1996 年，IEEE 颁布了非正弦电力系统中电气量的实用定义和功率定义的指导准则。准则是由 Alexander Emanuel 教授领导的 IEEE 非正弦工况工作组综合而成的。随后被 IEEE Std 1459—2000[44]（即《用于正弦、非正弦、平衡或不平衡条件下电力量值测量的 IEEE 试用标准定义》）收录。此标准扩展了许多理论，例如提出了用正序基频视在功率 S_1^+、正序基频无功功率 Q_1^+ 及正序基频有功功率 P_1^+ 作为描述三相电能转换和利用时的最重要的量。下面对该理论做较为详细地介绍。

10.6.1 非正弦不平衡条件下的电压量和电流量

参考文献[44]提出的功率定义可以从污染分量中分离出理想的正弦基频分量。下面仅考虑非正弦不平衡条件下（或因为供电电压不对称，或因为负荷元件不平衡）的三相电力系统。通过单相正弦平衡电路中定义的相关量来简化非正弦不平衡的三相电力系统[44,45]。

假设非正弦相电压和线电流定义如下（b、c 相类似）

$$u_{\mathrm{a}}(t)=\sqrt{2}\sum_{h\neq 0}^{\infty}U_{\mathrm{a}}(h)\sin(h\omega_1 t+\alpha_{\mathrm{a},h}) \tag{10-49}$$

$$i_{\mathrm{a}}(t)=I_{\mathrm{a0}}+\sqrt{2}\sum_{h\neq 0}^{\infty}I_{\mathrm{a}}(h)\sin(h\omega_1 t+\beta_{\mathrm{a},h}) \tag{10-50}$$

在电压中直流分量 U_{a0}、U_{b0} 和 U_{c0} 总为零。线电流中的直流分量 I_{a0}、I_{b0} 和 I_{c0} 可以不为零，取决于负载特性。

相电压 U_{a} 和线电流 I_{a} 的方均根值和谐波分量有关（b、c 相类似）

$$\begin{gathered}U_{\mathrm{a}}^2=U_{\mathrm{a}}^2(1)+\sum_{h\neq 1}^{\infty}U_{\mathrm{a}}^2(h)=U_{a}^2(1)+U_{\mathrm{a}H}^2\\ \left(U_{\mathrm{a}H}^2=\sum_{h\neq 1}^{\infty}U_{\mathrm{a}}(h)\right)\end{gathered} \tag{10-51}$$

$$\begin{gathered}I_{\mathrm{a}}^2=I_{\mathrm{a}}^2(1)+\sum_{h\neq 1}^{\infty}I_{\mathrm{a}}^2(h)=I_{\mathrm{a}}^2(1)+I_{\mathrm{a}H}^2\\ \left(I_{\mathrm{a}H}^2=\sum_{h\neq 1}^{\infty}I_{\mathrm{a}}(h)\right)\end{gathered} \tag{10-52}$$

上述电压和电流公式明显区分了基频和非基频分量（总谐波）。有效三相电压和电流可以写作

$$U_e^2 = U_{e1}^2 + U_{eH}^2 \tag{10-53}$$

$$I_e^2 = I_{e1}^2 + I_{eH}^2 \tag{10-54}$$

因为在三线制电力系统中没有中性线电流，有效三相电压和电流的计算可表示[1]

$$U_e = \sqrt{\frac{U_a^2 + U_b^2 + U_c^2}{3}} \tag{10-55}$$

$$I_e = \sqrt{\frac{I_a^2 + I_b^2 + I_c^2}{3}} \tag{10-56}$$

在三相三线制系统中由于无法采用人为中性点来测量相电压，则有效三相电压可以由相间电压方均根值计算

$$U_e = \sqrt{\frac{U_{ab}^2 + U_{bc}^2 + U_{ca}^2}{9}} \tag{10-57}$$

在三相三线制电力系统中有效电压和有效电流的基频和非基频分量的定义为

$$U_{e1} = \sqrt{\frac{U_{ab}^2(1) + U_{bc}^2(1) + U_{ca}^2(1)}{9}} \tag{10-58}$$

$$U_{eH} = \sqrt{\frac{U_{abH}^2 + U_{bcH}^2 + U_{caH}^2}{9}} \tag{10-59}$$

$$I_{e1} = \sqrt{\frac{I_a^2(1) + I_b^2(1) + I_c^2(1)}{3}} \tag{10-60}$$

$$I_{eH} = \sqrt{\frac{I_{aH}^2(1) + I_{bH}^2(1) + I_{cH}^2}{3}} \tag{10-61}$$

有效三相非基频电压和电流值定义为

[1] 有效相电压 U_e 和有效线电流 I_e 是依据下述假定求得的：设三相平衡电路电压为 U_e，电流为 I_e 时，其有功功率损耗正好等于实际的三相不平衡电路的损耗。根据 U_e、I_e 定义了有效视在功率：$S_e=3U_eI_e$。相关公式推导见 IEEE Std 1459。

$$U_{eH}=\sqrt{\frac{\sum\limits_{h\neq 1}^{\infty}[U_a^2(h)+U_b^2(h)+U_c^2(h)]}{3}} \tag{10-62}$$

$$I_{eH}=\sqrt{\frac{\sum\limits_{h\neq 1}^{\infty}[I_a^2(h)+I_b^2(h)+I_c^2(h)]}{3}} \tag{10-63}$$

三相四线制电力系统中不平衡情况下的有效电压和电流定义为

$$U_e=\sqrt{\frac{1}{18}[3(U_a^2+U_b^2+U_c^2)+U_{ab}^2+U_{bc}^2+U_{ca}^2]} \tag{10-64}$$

$$I_{eH}=\sqrt{\frac{I_a^2+I_b^2+I_c^2+I_n^2}{3}} \tag{10-65}$$

其中

$$U_{e1}=\sqrt{\frac{1}{18}[3(U_a^2(1)+U_b^2(1)+U_c^2(1)+U_{ab}^2(1)+U_{bc}^2(1)+U_{ca}^2(1)]} \tag{10-66}$$

$$U_{eH}=\sqrt{\frac{1}{18}[3(U_{aH}^2+U_{bH}^2+U_{cH}^2)+U_{abH}^2+U_{bcH}^2+U_{caH}^2]} \tag{10-67}$$

$$I_{e1}=\sqrt{\frac{I_a^2(1)+I_b^2(1)+I_c^2(1)+I_n^2(1)}{3}} \tag{10-68}$$

$$I_{eH}=\sqrt{\frac{I_{aH}^2+I_{bH}^2+I_{cH}^2+I_{nH}^2}{3}} \tag{10-69}$$

10.6.2 视在功率定义

广泛使用的视在功率定义一般为算数视在功率和矢量视在功率。IEEE 1459 中阐述并论证了有效视在功率是最合适的定义。在工业测量装置中使用的功率计算方法通常并不关注有效视在功率的重要性。多数测量装置甚至错误地使用了 Budeanu 的无功功率定义做计算，并在一些报告中指出存在物理上不能解释的畸变功率。不同的视在功率方法归纳如下。

（1）算术视在功率。三相电力系统的 Budeanu 功率定义是基于对应相的相关量描述的

$$\left.\begin{aligned} S_{\mathrm{a}} &= \sqrt{P_{\mathrm{a}}^{2} + Q_{\mathrm{Ba}}^{2} + D_{\mathrm{Ba}}^{2}} \\ S_{\mathrm{b}} &= \sqrt{P_{\mathrm{b}}^{2} + Q_{\mathrm{Bb}}^{2} + D_{\mathrm{Bb}}^{2}} \\ S_{\mathrm{c}} &= \sqrt{P_{\mathrm{c}}^{2} + Q_{\mathrm{Bc}}^{2} + D_{\mathrm{Bc}}^{2}} \end{aligned}\right\} \tag{10–70}$$

$$Q_{\mathrm{Ba}} = \sum_{h=1}^{\infty} Q_{\mathrm{a}}(h) I_{\mathrm{a}}(h) \sin(\alpha_{\mathrm{a},h} - \beta_{\mathrm{a},h}) = \sum_{h=1}^{\infty} Q_{\mathrm{a}}(h) \tag{10-71}$$

$$D_{\mathrm{Ba}} = \sqrt{S_{\mathrm{a}}^{2} - P_{\mathrm{a}}^{2} - Q_{\mathrm{Ba}}^{2}} \tag{10–72}$$

式中　S_{a}——a 相的视在功率（b、c 相类似）；

Q_{Ba}——Budeanu 无功功率（b、c 相类似）；

D_{Ba}——Budeanu 的“畸变”功率（b、c 相类似）。

三相算术视在功率（S_{A}）为

$$S_{\mathrm{a}}=S_{\mathrm{a}}+S_{\mathrm{b}}+S_{\mathrm{c}} \tag{10–73}$$

（2）矢量视在功率。三相总有功功率、Budeanu 无功功率和畸变功率可以按下式计算[1]

$$\begin{aligned} P_{\Sigma,3\varphi} &= P_{\mathrm{a}} + P_{\mathrm{b}} + P_{\mathrm{c}} \\ Q_{\mathrm{B},3\varphi} &= Q_{\mathrm{Ba}} + Q_{\mathrm{Bb}} + Q_{\mathrm{Bc}} \\ D_{\Sigma,3\varphi} &= Q_{\mathrm{Ba}} + Q_{\mathrm{Bb}} + Q_{\mathrm{Bc}} \end{aligned} \tag{10–74}$$

式中　$P_{\Sigma,3\varphi}$——包括基频分量的三相总（或联合）有功功率。

三相矢量视在功率（S_{V}）为

$$S_{\mathrm{V}} = \sqrt{P_{\Sigma,3\varphi}^{2} + Q_{B,3\varphi}^{2} + D_{B,3\varphi}^{2}} \tag{10–75}$$

（3）有效视在功率。三相有效视在功率 S_{e} 可以用基频与非基频电压和电流分量表示

$$S_{\mathrm{e}}^{2} = (U_{\mathrm{e}} I_{\mathrm{e}})^{2} = (U_{\mathrm{e1}} I_{\mathrm{e1}})^{2} = (U_{\mathrm{e1}} I_{\mathrm{e}H})^{2} = (U_{\mathrm{e}H} I_{\mathrm{e1}})^{2} = (U_{\mathrm{e}H} I_{\mathrm{e}H})^{2} \tag{10–76}$$

三相有效视在功率包括基频视在功率 S_{e1} 和非基频视在功率 S_{eN}

$$S_{\mathrm{e}}^{2} = S_{\mathrm{e1}}^{2} + S_{\mathrm{eN}}^{2} \tag{10–77}$$

---

[1] 每相的有功功率（P_{a}、P_{b}、P_{c}）中包括谐波分量。本章中所列的三相联合有功功率为 $P_{\Sigma,3\varphi}$，和 IEEE 1459 为三相定义所使用的 P 相类似（单相、三相所使用的符号相同）。

所定义的非基频视在功率包括三个畸变分量[1]

$$S_{eN}^2=(U_{e1}I_{eH})^2+(U_{eH}I_{e1}{}^2)+(U_{e1}I_{eH})^2=D_{e1}^2+D_{eU}^2+D_{eH}^2 \tag{10–78}$$

式中 $U_{e1}I_{eH}$——电流畸变功率，D_{e1}；

$U_{eH}I_{e1}$——电压畸变功率，D_{eU}；

$U_{eH}I_{eH}$——谐波畸变功率，D_{eH}。

有效谐波视在功率 S_{eH} 与谐波畸变功率 D_{eH}、有效（或联合）谐波有功功率 $P_{H,3\varphi}$ 有关

$$S_{eH}^2=P_{H,3\varphi}^2+D_{eH}^2 \tag{10–79}$$

三相电力系统的畸变水平分别由电压总谐波畸变率 THD_{eU} 和电流总谐波畸变率 THD_{e1} 定义

$$THD_{eU}=\frac{U_{eH}}{U_{e1}} \tag{10–80}$$

$$THD_{eI}=\frac{I_{eH}}{I_{e1}} \tag{10–81}$$

等效总谐波畸变率可以用于表示 S_{eN}（非基频视在功率），D_{e1}、D_{eU}、S_{eH}

$$S_{eN}=S_{e1}\sqrt{(THD_{eU})^2+(THD_{e1})^2+(THD_{eU}THD_{e1})^2} \tag{10–82}$$

$$D_{e1}=S_{e1}THD_{e1} \tag{10–83}$$

$$D_{eU}=S_{e1}THD_{eU} \tag{10–84}$$

$$D_{eH}=S_{e1}THD_{e1}THD_{eU} \tag{10–85}$$

10.6.3 谐波污染及不平衡

基准非基频视在功率 S_{eN}/S_{e1} 与总谐波畸变率有关

$$\left(\frac{S_{eN}}{S_{e1}}\right)^2=(THD_{eI})^2+(THD_{eU})^2+(THD_{eI}THD_{eU})^2 \tag{10–86}$$

不平衡负载会造成三相基频视在功率增加，但增量不会转移到基频有功功率，IEEE 1459 中基频功率分离如下

$$S_{u1}=\sqrt{S_{e1}^2-[S_1^+]^2} \tag{10–87}$$

[1] IEEE 1459 中用符号 e 表示，这些畸变功率基于“有效的”三相值。

$$S_1^+ = 3U_1^+ I_1^+ \tag{10-88}$$

分量S_1^+是正序基频视在功率，是由基频正序电压U_1^+和基频正序电流I_1^+的方均根值计算得到。S_{u1}是不平衡的影响，称作不平衡基频视在功率：

（1）式（10–86）包括谐波污染水平的定量测量。零值表示没有谐波污染。S_{eN}/S_{e1}的比率与谐波污染水平有关。

（2）类似的，S_{u1}/S_{e1}给出了一种表征不平衡水平（包括电压不对称和负载不平衡的影响）的测量方法。

10.6.4 基频有功功率和无功功率

三相非正弦不平衡电力系统的基频视在功率、有功功率和基频无功功率应基于正序分量计算

$$\begin{aligned} S_1^+ &= \sqrt{(P_1^+) + (Q_1^+)^2} \\ P_1^+ &= 3U_1^+ I_1^+ \cos\theta_1^+ \\ Q_1^+ &= 3U_1^+ I_1^+ \sin\theta_1^+ \end{aligned} \tag{10-89}$$

式中　S_1^+——正序基频视在功率；

P_1^+——正序基频有功功率；

Q_1^+——正序基频无功功率。

10.6.5 功率因数定义

功率因数的定义如下

$$PF_e = \frac{P_{\Sigma,3\varphi}}{S_e} = \frac{P_{3\varphi}^+ + P_{3\varphi,H}}{S_e} \tag{10-90}$$

在基频分量中利用的电能由正序分量定义

$$PF_1 = \frac{P_1^+}{S_1^+} \tag{10-91}$$

式中　PF_1——基于基频正序分量计算出的功率因数。

三相总（或联合）有功功率$P_{\Sigma 3\varphi}$既包括三相基频有功功率$P_{3\varphi}^+$也包括三相总谐波有功功率$P_{3\varphi,\mathrm{H}}$

$$P_{\Sigma,3\varphi} = \sum_{h=0}^{\infty} P_{3\varphi}(h) = P_{3\varphi}^+ + \sum_{h\neq 1}^{\infty} P_{3\varphi}(h) = P_{3\varphi}^+ + P_{3\varphi,\mathrm{H}} \tag{10-92}$$

当三相电力系统为非正弦不平衡时，功率因数计算式中不能使用算术功率或矢量功率

$$PF_{\mathrm{A}} = \frac{P_{\Sigma,3\varphi}}{S_{\mathrm{A}}}（算术功率因数） \tag{10-93}$$

$$PF_{\mathrm{V}} = \frac{P_{\Sigma,3\varphi}}{S_{\mathrm{V}}}（矢量功率因数） \tag{10-94}$$

当电力系统处于正弦平衡时，有 $PF_{\mathrm{A}}=PF_{\mathrm{V}}=PF_{\mathrm{e}}$。IEEE 1459 论证了如果电力系统不平衡且非正弦时，有 $PF_{\mathrm{e}}<PF_{\mathrm{A}}<PF_{\mathrm{V}}$，并建议使用有效功率因数表达式。该标准所提出的功率和电压测量规定已被文献[46]采用。

现代电力系统已经广泛使用数字化的数据，随着监测装置及计算手段的发展，数据的频率分析也变得较容易。在电功率的公式及其表述中，可以直接便捷地采用IEEE Std 1459—2000标准。2010年3月，该标准的修订版以IEEE标准定义正式出版，主要供电能和电力测量仪器设计之用，但还不是通用完善的功率理论。

10.7 总　　结

从电力系统的实际需求角度出发，理想的功率理论应满足如下条件：

（1）适用于单相和多相系统；

（2）适用于不平衡、畸变条件下的电力系统；

（3）具有完整的物理解释；

（4）能有效提取补偿设备的参考电流，便于电流补偿；

（5）数据存储量不大；

（6）能够实现对无功功率、三相不对称及波形畸变的责任方判断，这一点在未来的有源智能配电网中将会显得更加重要。

根据功率理论应满足的若干条件，本文除了对传统正弦电路功率理论进行回顾和评述外，还对 Budeanu、Shepherd & Zakikhani、Fryze、瞬时无功功率理论和 IEEE Std 1459 标准这 5 种理论进行了初步分析和介绍，可以看出，目前的功率理论均未达到上述 6 个条件的要求。

随着智能电网的发展，分布式发电、微网等新技术的出现，使得电力系统从一个单方向传输功率的被动系统变为双向能量流动并采用大量智能电气设备的复杂非线性网络，功率理论作为电力系统的基础，也将面临更大的挑战，功率理论的完善和发展任重而道远[47]。

参 考 文 献

[1] 马尔柯维奇. 动力系统运行方式[M]. 张钟俊，译，增订第三版，北京：中国工业出版社，1965.

[2] 山西省电力公司编. 用电（第四册）[M]. 北京：中国电力出版社，2002.

[3] GB/Z 18039.1–2000《电磁兼容　环境　电磁环境的分类》idt IEC 61000–2–5: 1996[S].

[4] IEEE Std. 1159–2009: IEEE Recommended Practice for Monitoring Electric Power Quality [S]. IEEE & Energy Society, Jun, 2009.

[5] 李冶. 电能质量国家标准应用指南[M]. 北京：中国标准出版社，2009.

[6] [美国] Mcgranaghan M. 改善电能质量是经济增长战略的重要部分[C]. 电能质量国际研讨会（补充文集），2002.

[7] 肖遥，李澍森. 开放竞争的电力市场与电能质量[C]. 江苏电能质量研讨会——2002 文选，2002（4）：98–102.

[8] 刘振亚. 智能电网技术[M]. 北京：中国电力出版社，2010.

[9] Jonathan Manson & Roman Targosz. European Power Quality Survey Report [R]. November 2008.

[10] 蔡邠. 电力系统频率[M]. 北京：中国电力出版社，1998.

[11] 钢铁企业电力设计手册（上册）[M]. 北京：冶金工业出版社，1996.

[12] 林海雪. 电力系统的三相不平衡[M]. 北京：中国电力出版社，1998.

[13] 林海雪. 电力系统中的间谐波问题[J]. 供用电，2001（3）：6～9.

[14] 林海雪. 电压暂降和短时断电研究综述[C]. 第七届电能质量研讨会论文集. 北京：中国标准出版社，2014（8）：79～86.

[15] IEC 61000–2–2, EMC–Part2–2: Environment-Compatibility levels for low-frequency conducted disturbances and signalling in public low-voltage power supply system [S]. International Standard. 2002–03.

[16] 刘连光. 太阳风暴侵袭电网及损伤设备的本质[J]. 动力与电气工程师，2010（2）：15–20.

[17] 陈建业. 工业企业电能质量控制[M]. 北京：机械工业出版社，2008.

[18] 吴竞昌. 供电系统谐波[M]. 北京：中国电力出版社. 1998.

[19] 张直平. 城市电网谐波手册[M]. 北京：中国电力出版社，2001.

[20] IEC 61000–2–4: 2002《EMC-Compatibility levels in industrial plants for low-frequency conducted disturbances》[S].

[21] [新西兰] Jos Arrillage 等著. 电力系统谐波（第二版）[M]. 林海雪等，译，北京：中国出版社，2008.

[22] 欧洲 LPQI 培训教材. 电能质量应用指南[M]. 国际铜业协会（中国），译，2008.

[23] 李群湛，贺建国. 电气化铁路电能质量及其综合控制技术[M]. 西南交通大学电气工程学院，2007.

[24] 林海雪. 炼钢电弧炉的供电问题及相关标准规定[C]. 第四届电能质量及柔性输电技术研讨会论文集，2012.

[25] 林海雪. 电弧炉有功功率冲击对发电机组的影响[C]. 第五届电能质量及柔性输电技术研讨会论文，2014.

[26] 姜齐荣. 有关设备对电压暂降敏感度的综述[J]. 电能质量，2012（4）：26–29.

[27] 肖湘宁. 电能质量分析与控制[M]. 北京：中国电力出版社，2010.

[28] IEC 61000–4–30: 2008《EMC Part 4–30: Testing and measurement techniques-Power quality measurement methods》[S].

[29] 任丕德，刘发友，周胜军. 动态无功补偿技术的应用研究[J]. 电网技术，2004（23）：81–83.

[30] 周胜军，谈萌，于坤山. 电网 SVC 参数选择研究[C]. 第四届电能质量及柔性输电技术研讨会论文集，2012.

[31] 国网公司建设运行部，中国电科院组编. 灵活交流输电技术在国家骨干电网中的工程应用[M]. 北京：中国电力出版社，2008.

[32] 李长宇，段昊，张帆，等. 直流融冰兼 SVC 系统的谐波和无功仿真分析[C]. 第五届电能质量研讨会论文集，2010.

[33] 刘洋，李长宇，徐桂芝. 可移动式 SVC（RSVC）装置在电网中落点选择分析[C]. 第五届电能质量研讨会论文集，2010.

[34] Шидловский А. К., Кузнецов В.Г. Повышение качества энергии в электрческих сетях (м). Киев: Наук. Думка, 1985.

[35] Жежеленко И.В. показатели качества электроэнергии и их контроль на промышленных

предприяти. Москва энергоатомиэдат. 1986.

[36] [美] McGranaghan M 等（林海雪编译）. 电压暂降耐受能力的经济分析[J]. 供用电，2005（6）：62–64.

[37] 龙绍清. 广东省谐波治理的技术经济效益统计分析[J]. 广东电力，1996（3）：30–31.

[38] 葛维春. 动态无功补偿装置应用于电网节能效益分析（M）. 第一届电力行业电能质量及柔性输电标准化技术委员会论文集，2006.

[39] 杨以涵，吴立苹. 电力系统无功功率及无功功率补偿概念的剖析[J].华北电力学院学报，1986（3）：1–13.

[40] W. Shepherd, P. Zakikhani. Suggested definitions of reactive power for nonsinusoidal systems[J]. Proc, IEE. Vol. 119, NO. 9, 1972: 1361–1362.

[41] H. Akaqi, E. H. Watanabe, M. Aredes. 瞬时功率理论及其在电力调节中的应用[M]. 徐政译. 北京：机械工业出版社，2009.

[42] 赵贺，林海雪. 论电工领域中对α–β变换的误用[J]. 电网技术. Vol.37,2013(11): 2997–3000.

[43] 赵贺. 评“瞬时无功理论”和方法[C]. 第三届全国电能质量学术会议暨电能质量行业发展论坛论文集, 2013.

[44] IEEE Std 1459–2000, IEEE Trial-Use Standard Definitions for the Measurement of Electric Power Quantities Under Sinusoidal, Nonsinusoidal, Balanced, or Unbalanced Conditions [S]. IEEE Power Engineering Society, New York, USA, 21 June 2000.

[45] [意] Angelo Baggini 主编. 电能质量手册[M]. 肖湘宁等，译. 北京：中国电力出版社，2010.

[46] IEC 61400–21: Wind turbines-Part 21 Measurement and assessment of power quality characteristics of grid connected wind turbines. 2008 (international standard).

[47] 郭静，陶顺，肖湘宁. 非正弦条件下的功率理论综述[C]. 北京：中国标准出版社，第六届电能质量国际研讨会论文集，2012：3–9.